实验实践类与创新创业类系列教材

光电子学实验指导

田亚玲 刘效增 主编

图书在版编目(CIP)数据

光电子学实验指导 / 田亚玲，刘效增主编. —西安：西安交通大学出版社，2023.2

ISBN 978-7-5693-1914-9

Ⅰ. ①光… Ⅱ. ①田… ②刘… Ⅲ. ①光电子学—实验—高等学校—教材 Ⅳ. ①TN201-33

中国版本图书馆 CIP 数据核字(2021)第 255837 号

GUANGDIANZIXUE SHIYAN ZHIDAO

书　　名　光电子学实验指导
主　　编　田亚玲　刘效增
责任编辑　刘雅洁
责任校对　李　文
装帧设计　伍　胜

出版发行　西安交通大学出版社
（西安市兴庆南路 1 号　邮政编码 710048）
网　　址　http：//www. xjtupress. com
电　　话　(029)82668357　82667874(发行中心)
(029)82668315(总编办)
传　　真　(029)82668280
印　　刷　西安日报社印务中心

开　　本　787mm×1092mm　1/16　印张 13.75　字数 315 千字
版次印次　2023 年 2 月第 1 版　2023 年 2 月第 1 次印刷
书　　号　ISBN 978-7-5693-1914-9
定　　价　36.00 元

如发现印装问题，请与本社市场营销中心联系。
订购热线：(029)82665248　82667874
投稿热线：(029)82664954
读者信箱：85780210@qq. com

前　言

光电子学实验是西安交通大学电子科学与技术专业的一门专业核心课程，多年来一直使用自编讲义进行教学。随着本专业培养方案数次修订，本门课程的教学内容也随之进行了多次调整。经过这些年的实践探索，逐步开设了一批适合电子科学与技术专业光电子方向的专业实验，原实验教学讲义也逐步丰富成熟，特总结为本教材。本教材主要作为普通高等学校电子科学与技术专业实验教学用书，也可作为应用型高等院校的实验实训教材，并可作为光学、光学工程或仪器科学相关专业硕士研究生相关领域的实验参考教材。

本教材由长期从事光电子学实验教学的相关人员共同编写，由实验和附录两部分构成。其中，实验部分依据现有最新实验仪器、设备编写，突出本科高校对学生实践能力培养要求，主要涉及激光原理与技术、光电子学、现代光学、光电子材料与器件、光通信原理与技术、光电检测技术等理论课程内容，共 24 个实验。除与光电子学课程相对应的典型实验外，增设了综合应用型实验，其内容具有较强的应用性和前沿性，注重培养学生综合实验素质，为其今后从事光通信、光信息处理、光传感等方面的研究开发工作提供必要的基础知识。附录部分对光电子学实验中几种常用工具的使用方法进行了详细介绍，使学生能迅速融入相关的学习、科研和实践中。

本教材的出版得到了西安交通大学本科教学改革研究项目的经费支持，特此感谢！

虽然本教材中各实验项目相关内容已经过全体编者多次研讨和实验教学的验证，但由于编者水平有限且时间仓促，书中不当之处在所难免，真诚期待读者批评指正！

编者

2022 年 8 月

目　　录

实验1　He－Ne激光器调腔与模式分析实验

【实验目的】

1. 掌握He－Ne激光器的基本组成和谐振腔的调节方法。
2. 了解激光器模的形成及特点，掌握模式分析的基本方法。
3. 掌握利用共焦扫描干涉仪分析激光器输出模式的方法。

【实验仪器】

外腔式He－Ne激光器；反射镜；共焦扫描干涉仪；偏振片；光电探测器；示波器等。

【实验原理】

He－Ne激光器是最早研制成功的气体激光器，其工作物质是氦气和氖气，可获得数十种谱线的连续振荡，在可见及红外波段可产生多条激光谱线，其中最强的是632.8 nm、1.15 μm和3.39 μm三条谱线。由于气态工作物质的光学均匀性远比固体好，所以气体激光器易于获得衍射极限的高斯光束，方向性好。气体工作物质的谱线宽度远比固体的小，因而产生的激光的单色性好。He－Ne激光器结构简单、体积小、价格低廉，在准直、定位、全息照相、测量、精密计量等方面得到了广泛应用。

1. He－Ne激光器的结构

实验中使用的He－Ne激光器主要由气体放电管、激励电源、一个全反射镜和一个部分反射镜以一定间距平行放置构成的谐振腔组成，如图1－1所示。气体放电管为He－Ne激光器的核心，通常由管长几十厘米的毛细管(毛细管半径为毫米量级)和贮气室构成。放电管内充有氦氖混合气体，混合气体中一般He比Ne多5至10倍，He为辅助气体，用于提高Ne原子的泵浦速率。阳极一般采用钨棒，阴极多采用电子发射率高而溅射率小的铝及其合金等冷阴极材料，为增加电子发射面积，减小阴极溅射，阴极通常做成圆筒状，用钨棒引至管外。阴阳极间施加高压，使气体放电在毛细管中进行，粒子数反转和激光跃迁只发生于Ne原子的能级间。贮气室与毛细管相通，其中的气体可以更新放电管中的工作气体，延长管子的使用寿命。放电管两端或一端用法线与管轴成布儒斯特角的光学窗片封接，窗片称为布儒斯特窗，作用主要是保证激光束无损耗地通过窗片，同时可使输出的激光成为完全偏振光。

He－Ne激光器多采用高压直流辉光放电激励源，使气体放电管工作在正常辉光放电的小电流高电压状态，即激光管击穿后，电源要能保证供给放电管正常工作电压和工作电流。放电管的管长不同，所需击穿电压不同。He－Ne激光器的输出功率强烈依

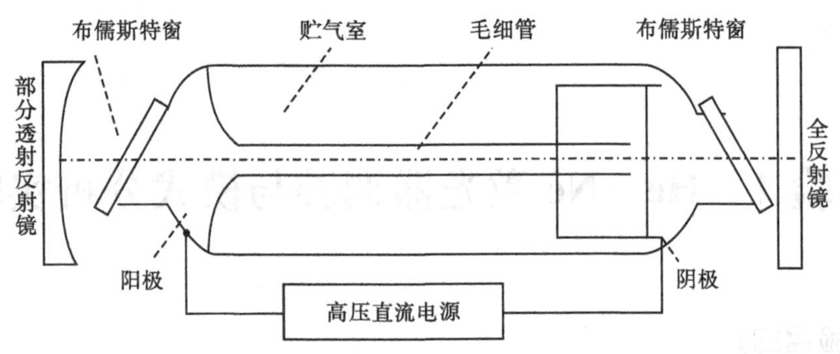

图 1-1　外腔式 He-Ne 激光器结构图

赖于放电管的电流强度，在一定范围内，输出功率与电流的平方成正比，继续增大电流，输出反而下降。

2. 激光器的振荡模式

由光学谐振腔理论可知，稳定腔输出 TEM_{mnq} 模的频率特性为

$$\nu_{mnq}=\frac{c}{2\mu L}\left(q+\frac{1}{\pi}(m+n+1)\arccos\left(\left(1-\frac{L}{R_1}\right)\left(1-\frac{L}{R_2}\right)\right)^{\frac{1}{2}}\right) \tag{1-1}$$

式中：c 为光速；L 为谐振腔腔长；μ 为腔内增益介质折射率，对气体激光器 $\mu=1$；R_1、R_2 分别为谐振腔两个反射镜的曲率半径；q 为纵模序数；m 和 n 为横模序数。(m, n)表示沿垂直于传播方向某特定横模的阶数，m 为沿 x 轴方向上的极小值的数目，n 为在 y 轴方向上的极小值数目。当 $m=n=0$ 时为基横模，$m\neq0$ 或 $n\neq0$ 时为高阶横模。

通常将激光器内能够产生稳定光振荡的形式称为模式，将模式分为纵模和横模两类。纵模描述激光器输出分立频率的个数，横模描述在垂直于激光传播方向的平面内光场的分布情况。激光的线宽和相干长度由纵模决定，而光束的发散角、光斑直径和能量的横向分布由横模决定。任何一个模，既是纵模又是横模，两个不同名称是对两个不同方向的观测结果称呼不同。不同的纵模对应不同的频率，属于同一纵模序数里的不同横模也对应不同的频率，横模序数越大，频率越高。

(1)激光器的纵模。

光在谐振腔中形成持续振荡，则光在谐振腔中往返一周的光程差应是波长 λ 的整数倍，即

$$2\mu L=q\lambda \tag{1-2}$$

其中，$\lambda=\frac{c}{\mu\nu}$；每个不同的 q 值对应一种纵向光强分布，称为一个纵模，通常不需要知道 q 值，只关心有几个不同的 q 值，即激光器有几个不同的纵模。由光波相干极大条件可知，满足式(1-2)条件时光获得极大增强，其他则相互抵消。该式也为驻波形成条件，腔内的纵模以驻波形式存在，q 值反映驻波波腹的数目，其纵模频率为

$$\nu_q=\frac{qc}{2\mu L} \tag{1-3}$$

由于谐振腔的作用，腔内能够形成一定频率的激光，但不是增益频率范围内的所

有频率激光都能形成，即能生成满足式(1－3)关系的一系列分离频率的激光，这就是谐振腔的选频作用。可见，对于相同的横模，不同的纵模间和相邻两个纵模的频率分别差

$$\Delta\nu_{q,q'}=\frac{c}{2\mu L}\Delta q$$
$$\Delta\nu_{\Delta q=1}=\frac{c}{2\mu L} \tag{1-4}$$

从式(1－4)可以看出，相邻纵模频率间隔 $\Delta\nu_{\Delta q=1}$ 和激光器的腔长成反比，腔越长 $\Delta\nu_{\Delta q=1}$ 越小，满足振荡条件的纵模个数越多；相反腔越短 $\Delta\nu_{\Delta q=1}$ 越大，在同样的增益曲线范围内，纵模个数就越少，故可用缩短腔长的办法获得激光器的单纵模输出。例如，$L=1$ m 的 He－Ne 激光器，其相邻纵模频率差 $\Delta\nu=1.5\times10^{8}$ Hz，若其增益曲线的频宽为 1.5×10^{9} Hz，可输出 10 个纵模，但若 L 小于 0.15 m，则只输出一个纵模，即输出单纵模的激光。

由以上分析可知纵模具有的特征：相邻纵模频率间隔相等；对应同一横模的一组纵横，它们强度的顶点构成了多普勒线型的轮廓线。光波在腔内往返振荡时，激光器的增益使光不断增强，同时如介质吸收损耗、散射损耗、镜面透射损耗、放电毛细管的衍射损耗等不可避免使输出光强减弱，想要形成持续振荡有激光输出，不仅要满足谐振条件，还需要增益大于各种损耗的总和。图 1－2 增益线宽内虽有五个纵模满足谐振条件，但只有三个纵模的增益大于损耗，能有激光输出。观测纵模时，因 q 值一般很大，相邻纵模频率差异又很小，眼睛不能分辨，必须借用一定的检测仪器才能观测到。

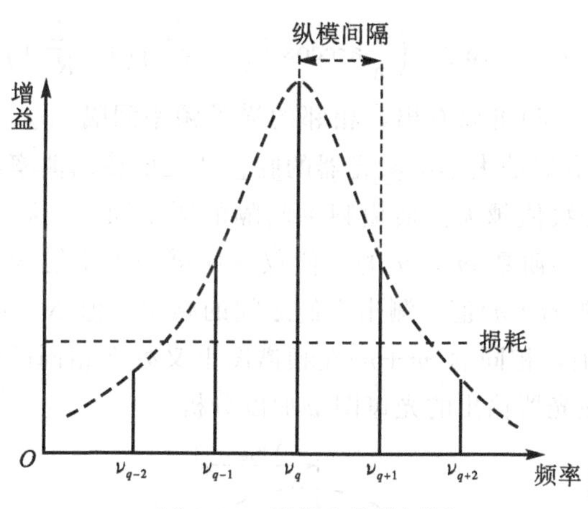

图 1－2　纵模和纵模间隔

(2)激光器的横模。

谐振腔对光多次反馈，在纵向形成不同的场分布，对光斑的横向分布也会产生影响。光每经过放电毛细管反馈一次，相当于一次衍射。多次反复衍射，在同一波腹的横截面处形成一个或多个稳定的衍射光斑，每一个衍射光斑对应一种稳定的横向电磁场分布，称为一个横模。通常看到的复杂光斑是这些基本光斑的叠加，常见的横模光斑图样如图 1－3 所示。

通常不需要计算出横模频率，只关心具有几个不同的横模及不同的横模间的频率差，经推导得

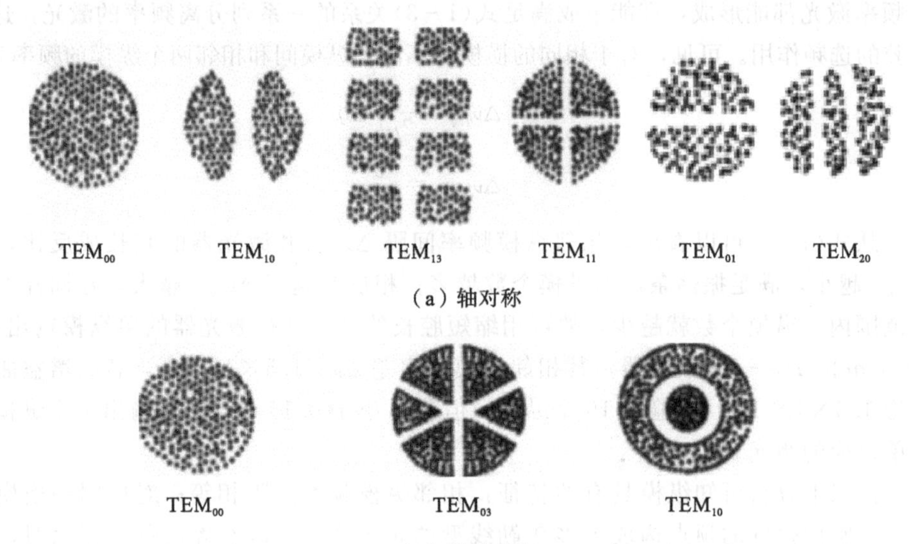

(a) 轴对称

(b) 旋转对称

图 1-3　常见的横模光斑

$$\nu_{\Delta m+\Delta n}=\frac{c}{2\eta L}\left(\frac{1}{\pi}(\Delta m+\Delta n)\arccos\left(\left(1-\frac{L}{R_1}\right)\left(1-\frac{L}{R_2}\right)\right)^{\frac{1}{2}}\right) \tag{1-5}$$

式中，Δm、Δn 分别表示 x、y 方向上的横模序数差。相邻横模频率间隔为

$$\Delta\nu_{\Delta m+\Delta n=1}=\Delta\nu_{\Delta q=1}\left(\frac{1}{\pi}\arccos\left(\left(1-\frac{L}{R_1}\right)\left(1-\frac{L}{R_2}\right)\right)^{\frac{1}{2}}\right) \tag{1-6}$$

由式(1-4)和式(1-6)可以看出，相邻的横模频率间隔 $\Delta\nu_{\Delta m+\Delta n=1}$ 与纵模频率间隔 $\Delta\nu_{\Delta q=1}$ 的比值为分数，分数的大小由激光器的腔长和反射镜的曲率半径决定，腔长与曲率半径的比值越大，分数值越大。横模频率间隔的测量同纵模频率间隔一样，需借助频谱图进行相关计算，但阶数 m 和 n 的数值仅从频谱图上不能确定，如图 1-4 所示，只能看到有几个不同的 $(m+n)$ 值，测出它们之间的频率差值 $\Delta\nu_{(m+n)}$，但不同的 m 或 n 可对应相同的 $(m+n)$ 值，相同的 $(m+n)$ 在频谱图上又处在相同的频率位置，因此要确定 m 和 n，需要结合激光器输出的光斑图形加以分析。

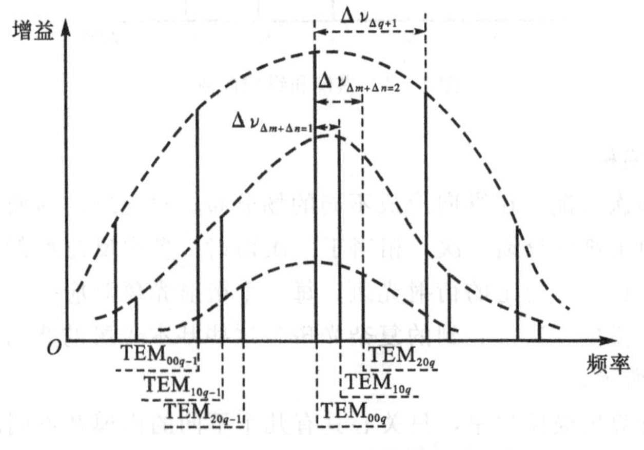

图 1-4　增益带宽内纵横模频谱分布

激光器中能产生的横模个数，除增益因素外，还与放电毛细管的粗细，内部损耗等因素有关。一般来说，放电管直径越大，可能出现的横模个数越多，横模序数越高，衍射损耗越大，形成振荡越困难。但激光器输出光中横模的强弱绝不能仅从衍射损耗一个因素考虑，而是由多种因素共同决定的。

3. 共焦型球面扫描干涉仪

共焦型球面扫描干涉仪由两片曲率半径相等的反射镜、一个压电陶瓷和一台锯齿波驱动器组成，如图1－5所示。两反射镜相对放置构成对称共焦腔，腔长与两反射镜曲率半径相等。一片反射镜固定，另一片反射镜固定在压电陶瓷上，压电陶瓷的长度变化量和外加电压的幅度成正比，陶瓷长度的变化量为波长数量级，不改变谐振腔的共焦状态。

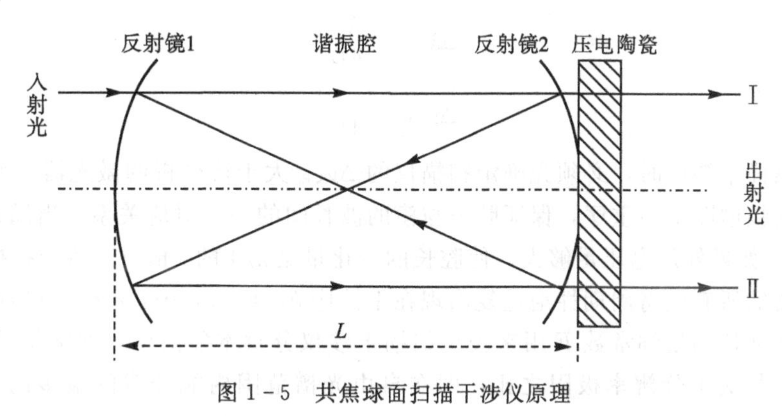

图1－5　共焦球面扫描干涉仪原理

一束波长 λ 的光束近光轴方向入射到干涉仪内，忽略反射镜球面差的影响，光线在腔内经四次反射后恰好与入射光重合，若两片反射镜间介质的折射率为 n_2，与起始入射光线的光程差为 $\Delta=4n_2L$。由图1－5可以看出，会有Ⅰ和Ⅱ两束透射光射出，Ⅰ组经 $4m+2$ 次反射，Ⅱ组经 $4m$ 次反射，若相邻两束光的光程差满足 $4n_2L=k\lambda$，透射光束相干叠加产生干涉极大。根据干涉极大条件可知，改变腔长 L 或折射率 n_2，可使不同波长的光以最大透射率透射，实现光谱扫描。

透过干涉仪的激光频率满足

$$\nu=\frac{c}{\lambda}=\frac{kc}{4n_2L} \tag{1-7}$$

压电陶瓷带动腔长 L 在设计的腔长 L_0 附近作极微小变化，变化量为量 δL（0～λ 范围），即有 $L=L_0+\delta L$，代入式(1－7)并进行近似可知

$$\nu'=\frac{kc}{4n_2L_0}(1-\frac{\delta L}{L_0}) \tag{1-8}$$

由此可知

$$\Delta\nu=\nu'-\nu=-\frac{kc}{4n_2L_0^2}\delta L \tag{1-9}$$

式(1－9)表明，ν 的变化与腔长的变化量成正比，即与加在压电陶瓷上的锯齿波电压幅度成正比。

外加电压使压电陶瓷带动腔长变化到某一长度 L_a，正好使波长 λ_a 满足 $4n_2L_a=k\lambda_a$

时，模 λ_a 将产生相干极大透射，而其他波长的模则相互抵消。同理，外加电压使腔长变化到 L_b，可使波长为 λ_b 的模极大透射，其他模相互抵消。但是，若入射光波长范围超过某一限定时，外加电压使腔长发生变化，有可能使几个不同波长的模同时产生相干极大，造成重序。例如，当腔长变化到使 λ_d 极大时，λ_a 也再次出现极大，有 $4n_2L_d=k\lambda_d=(k+1)\lambda_a$，即 k 序中的 λ_d 和 $k+1$ 序中的 λ_a 同时满足极大条件，两种不同的模被同时扫描到，叠加在一起导致测量无法进行。

共焦型球面扫描仪自身存在一个不重叠的波长范围限制，即自由光谱范围，它指扫描仪不重序的最大波长差或频率差范围，用 $\Delta\lambda_{\mathrm{S.R.}}$ 或者 $\Delta\nu_{\mathrm{S.R.}}$ 表示。若上述 L_d 为刚重叠的起点，则 $\lambda_d-\lambda_a$ 为干涉仪的自由光谱范围值，由于 λ_d 与 λ_a 间相差很小，可以用 λ 近似表示。用波长差或频率差表示自由光谱范围为

$$\Delta\lambda_{\mathrm{S.R.}}=\frac{\lambda^2}{4L}$$

$$\Delta\nu_{\mathrm{S.R.}}=\frac{c}{4L} \tag{1-10}$$

选用扫描干涉仪时，必须先确定扫描仪的 $\Delta\nu_{\mathrm{S.R.}}$ 大于待分析的激光器频率范围 $\Delta\nu$，才能保证在频谱图上不重序，保证腔长与模的波长间的一一对应关系。当满足 $\Delta\nu_{\mathrm{S.R.}}>\Delta\nu$ 条件后，如果外加电压足够大，使腔长的变化量是 $\lambda/4$ 的 i 倍时，将会扫描 i 个干涉序，激光器的所有模将周期性地重复出现在干涉序 k，$k+1$，…，$k+(i-1)$中。

扫描干涉仪的精细常数 F 用来表征扫描干涉仪分辨本领高低，通常将其定义为自由光谱范围与最小分辨率极限之比，即在自由光谱范围内能分辨的最多的谱线数目，表示为

$$F=\frac{\Delta\lambda_{\mathrm{S.R.}}}{\delta\lambda} \tag{1-11}$$

$\delta\lambda$ 是干涉仪所能分辨出的最小波长差，用仪器测出的一个模的宽度 $\Delta\lambda$ 代替，从展开的频谱图中可以测定出精细常数的大小。

利用扫描干涉仪可以测定激光器输出模式的频率间隔，即用压电陶瓷环驱动扫描干涉仪的一个反射镜片，使其在轴线方向做微小的周期性振动，从而使各个激光模式依次通过干涉仪，由光电探头把接收到的光信号转换成电信号，放大后被该信号送到示波器的 Y 轴输入端；同时将改变腔长的锯齿波电压送到示波器的 X 轴输入端，示波器的横向坐标表示干涉仪的频率变化。示波器显示透过干涉仪的激光模式频谱如图 1-6所示。

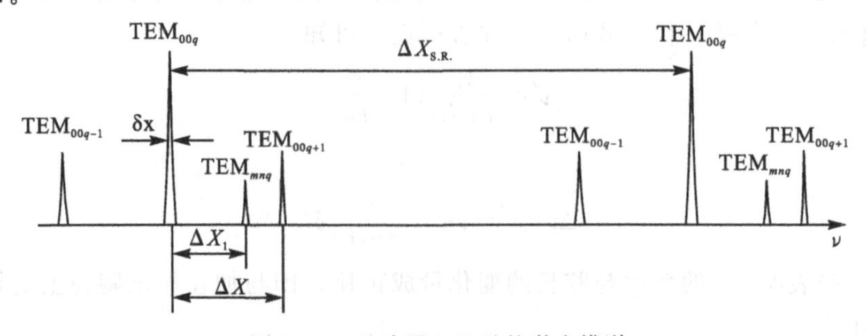

图 1-6　示波器上显示的激光模谱

由于 $\Delta X_{S.R.}$ 正比于干涉仪的自由光谱区 $\Delta\nu_{S.R.}$，ΔX 正比于激光器相邻纵模的频率间隔 $\Delta\nu_q$。当存在主阶横模时，可在基模 TEM_{00q} 旁边看到，ΔX_1 正比于 $\Delta\nu_{mn}$（即基模 TEM_{00q} 和高阶横模 TEM_{mnq} 的频率间隔）。实验测出 $\Delta X_{S.R.}$、ΔX、ΔX_1，就可以计算得出相对应的频率间隔。

【实验内容】

1. 十字光靶法激光调腔实验

(1)全反射镜选择凹面镜，半反射镜选择部分反射镜作输出镜，构建激光器谐振腔。按图1－7所示将选好的腔镜和气体放电管等摆放至导轨上。注意气体放电管内与铝筒相连的电极为阴极，与激光电源的负极(黑色插座)相连接，不能接反。

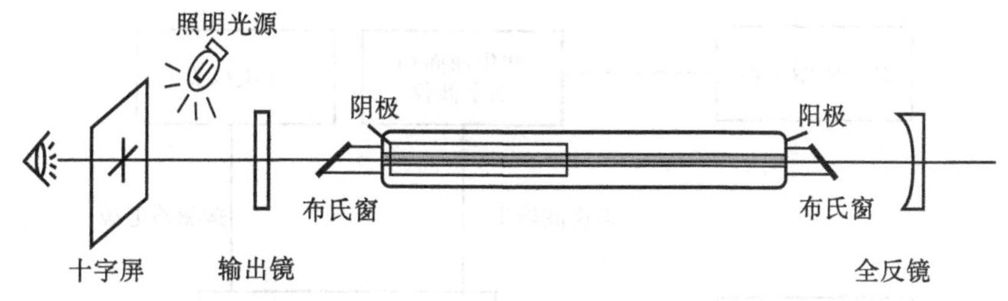

图1－7　十字光靶法激光调腔原理图

(2)将十字屏小孔对准激光器，用照明光源照亮十字屏，开启激光器，眼睛通过十字中心的小孔沿光轴观察毛细管的另一端的腔镜反射到眼睛中的亮点(即眼睛、小孔、毛细管在同一条线上)，如图1－8(a)所示，调节腔镜旋钮，观察十字线的像，使其交点与放电管中心光点重合，直至调节到图1－8(c)所示状态，标志腔镜已经与气体放电管轴线垂直。

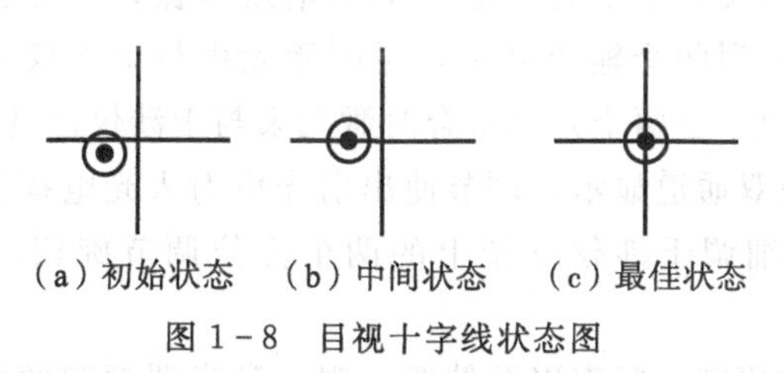

图1－8　目视十字线状态图

(3)将十字屏、照明光源换到激光腔另外一端，按照上一步调节方法调节到如图1－8(c)状态，即可能有激光输出。无激光输出时，重复以上步骤，反复调节，直至输出红色激光。

注意：在调节出光的过程中，不要将电源电流调得太大；调节十字屏时，不要用眼睛通过小孔一直观察，需要先观察十字孔位置，眼睛离开小孔，根据偏移进行调节，直至有激光出射，以免激光突然出射伤害眼睛；调节过程中应有意识地使自己的瞳孔稍小，减少激光射到视网膜的能量，一旦看到有红光出现，就不要再直视激光管内，而应改成使用白屏接收并细微调节直至输出稳定的激光。

(4)使用光功率计测量输出激光强度，微调两腔镜，以达到最佳输出光强。

(5)关闭激光器，待其冷却后重新点亮，预热20 min后，每隔10 min测量一次光强，记录10次算出其平均值 P_0，根据 $\eta=\frac{(P_{max}-P_{min})}{2P_0}\times100\%$，计算激光器的功率漂移系数。

表1-1 激光器的功率与时间数据表

时间								
光强								

(6)改变工作电流，观察电流大小与输出光功率的关系。

2. 利用共焦球面扫描仪模式分析

(1)按图1-9连接实验测量系统，检查无误后，接通电源，开启激光器。

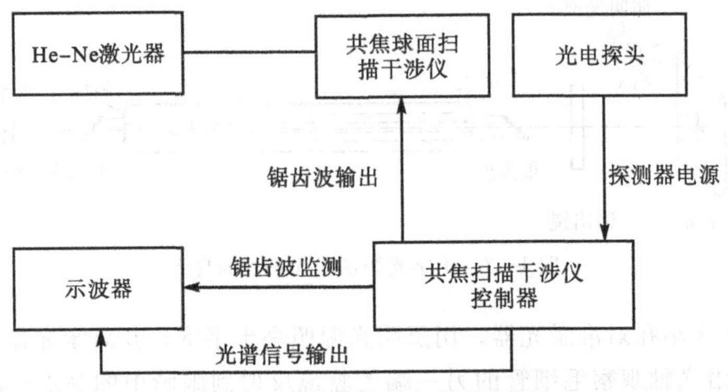

图1-9 激光器的模式分析系统图

(2)激光束与干涉仪的准直调节。使被测激光束从干涉仪的中心小孔射入。未加扫描电压时，干涉仪的腔长未必恰好与激光器的谱线谐振，可能看不到输出光斑。加上锯齿波电压观察，可看到两个输出光斑，说明激光束与干涉仪尚未准直。旋转干涉仪支架上的两个调节旋钮，当两个光斑重合时激光束与干涉仪已基本准直。

(3)示波器设置为双通道显示，调节使出射光束射入光电探头的入射孔，观察示波器上展现的频谱图。细调干涉仪支架上的两个方位调节旋钮，使谱线尽量强，噪声最小。

(4)调节扫描仪的幅度、频率以及偏置，观察激光器频谱的变化，直至示波器显示稳定易分辨的干涉序，根据干涉序个数和频谱的周期性，确定哪些模属于同一干涉序。

(5)将激光束投射在白板上，观察激光器输出光束的横向光场分布，判断包含哪些横模。

(6)在同一干涉序 k 内观测，根据模式定义对照频谱特征，确定纵模的个数。实验中平凹镜参数分别取 $r_1=1$ m，$r_2=\infty$，用卡尺测量激光器腔长，计算He-Ne激光器的输出纵模频率、纵模频率间隔 $\Delta\nu_{\Delta q=1}$。

(7)根据示波器读数确定纵模时间间隔 x 和自由光谱区对应的周期间隔 y，利用 $\Delta_{S.R.}=\frac{y}{x}\Delta\nu_{\Delta q=1}$ 计算扫描仪的自由光谱范围。根据 $\Delta_{S.R.}=c/4L$ 计算共焦球面扫描仪的腔长。

(8)测出模的半宽度，依据 $F=\frac{\Delta\lambda_{S.R.}}{\delta\lambda}$ 计算干涉仪的精细常数。

3. He－Ne 激光器输出光束偏振特性测量

(1)在上述 He－Ne 激光器的模式分析系统中，氦氖激光器和共焦球面扫描干涉仪之间放置偏振片，如图 1－10 所示，调节方法同上，直至示波器显示波形中可清晰分辨出同一干涉序的多个纵模。

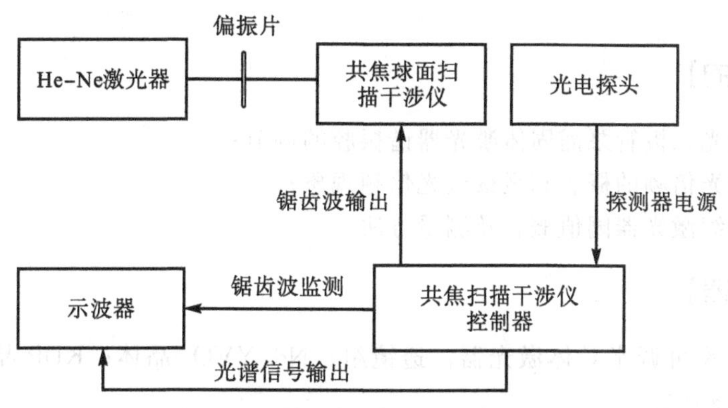

图 1－10　激光束偏振特性测量系统图

(2)偏振片置入激光器和扫描干涉仪之间，使激光束垂直入射偏振片，缓慢旋转偏振片 360°，观察示波器波形中各激光纵模的变化情况。

(3)偏振片和共焦球面扫描干涉仪之间放置光电探测器，使光束垂直入射到探头表面，调节光电探头的位置，使光强输出最大。

(4)旋转偏振片 360°，每 5°记录一次光电探测器的读数，绘制光功率与旋转角度的曲线，根据曲线说明 He－Ne 激光器输出光束的偏振状态。

(5)实验完成后，将扫描干涉仪的通光孔封闭，防止灰尘进入。

【注意事项】

1. 检查电源连线，确保电源输出阴阳极与激光管阴阳极对应关系正确。

2. 激光电源输出电压很高，连接部分外露会导致触电情况发生。

3. 激光输出后严禁用眼直视激光束。避免激光照射到其他实验同学的眼睛或面部，实验区域附近严禁放置不必要的反光物。

4. 扫描干涉仪的压电陶瓷易碎，使用时注意轻拿轻放。

【预习与思考】

1. 影响激光器稳定的因素有哪些？如何获得功率、频率稳定性更高的单频激光器？

2. 分析扫描仪直流偏置电压和调制电压幅度对输出频谱的影响。

3. 模式分析实验中，能否仅从光的强弱来判断横模阶数的高低，即认为光最强的谱线一定是基横模？如何正确判断？

实验2　激光二极管泵浦固体激光器实验

【实验目的】

1. 掌握激光二极管泵浦固体激光器谐振腔的调节；
2. 了解激光倍频的概念和观察激光倍频现象；
3. 掌握连续激光器阈值概念及测量方法。

【实验仪器】

808 nm 功率可调半导体激光器；透镜组；Nd:YVO_4 晶体；KDP 晶体；He－Ne 激光器；光功率计等。

【实验原理】

半导体激光二极管(LD)泵浦固体激光器是利用输出固定波长的半导体激光器代替传统的氪灯或氙灯对激光晶体进行泵浦的固体激光器，具有能量转换效率高、功耗低、光束质量高、性能稳定以及寿命长等许多明显的优点，是近年来国际上发展较快、应用较广的新型激光器。

1. 激光二极管泵浦固体激光器

固体激光器基本都是由工作物质，泵浦系统，谐振腔和冷却、滤光系统构成。工作物质是固体激光器的核心，工作物质的吸收带、荧光谱线、热导率等物理和光谱性质是影响固体激光器工作特性的关键因素。掺钕钒酸钇(Nd:YVO_4)晶体和掺钕钇铝石榴石(Nd:YAG)晶体是性能优良的激光工作物质，Nd:YVO_4 与 Nd:YAG 相比，对泵浦光有更高的吸收系数和更大的受激发射截面。Nd:YVO_4 的吸收带宽可达 Nd:YAG 的 2.4～6.3 倍，在吸收带宽范围内，Nd:YVO_4 具有比 Nd:YAG 高 5 倍的吸收效率，而且在 808 nm 左右达到峰值吸收波长，完全能够达到当前高功率激光二极管的标准，可实现用较小的激光二极管功率输出特定的能量。在 a 轴方向，用 Nd:YVO_4 发射 1064 nm 波长的波的受激发射截面约为 Nd:YAG 的 4 倍，而 1342 nm 波长波的受激发射截面可达 Nd:YAG 在 1.3 μm 处的 18 倍，故用 Nd:YVO_4 发射波长 1342 nm 波的连续输出效率要大大超过用 Nd:YAG，这使得用 Nd:YVO_4 发射这两个波长的波都可以更容易保持较强的单线激发。用半导体激光二极管泵浦的 Nd:YVO_4 晶体或 Nd:YAG 晶体，配合使用 LBO、BBO、KTP 等高非线性系数的晶体，能够达到较好的倍频转换效率，可以制成输出近红外、绿色、蓝色到紫外线等类型的全固态激光器。

用半导体激光二极管泵浦固体激光器可以产生连续激光器、脉冲激光器或调 Q 激光器等。泵浦耦合方式通常有端面泵浦和侧面泵浦两种，相对于侧面泵浦方式，端面泵浦容易获得更好的光束质量和更高的效率。本实验采用端面泵浦的方法，原理如图 2－1所示。半导体激光二极管发出波长 808 nm 发散光束，被聚焦光学系统进行准直会聚，会聚光束的束腰落在激光晶体 $Nd:YVO_4$ 上，激光晶体 $Nd:YVO_4$ 靠近泵浦源的端面分别镀有 808 nm 增透膜和 1064 nm 高反射膜，808 nm 增透膜使激光束进入晶体前损耗降低，1064 nm 高反射膜和镀有 1064 nm 的部分反射膜的输出镜构成谐振腔，使波长 1064 nm 的激光产生振荡放大并输出。

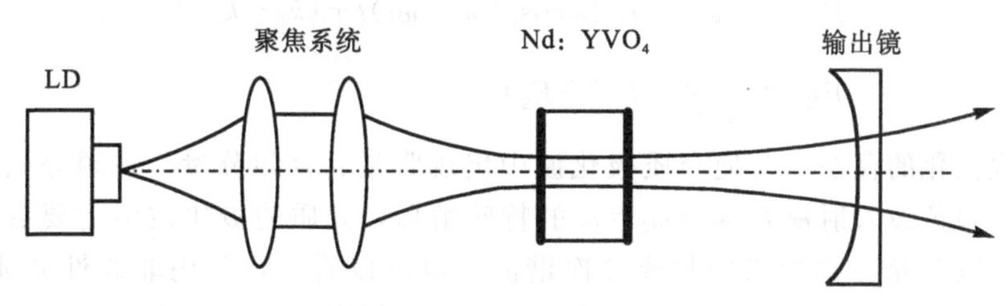

图 2－1　端面泵浦固体激光器

2. 激光倍频

当光与物质相互作用时，物质中的原子会因感应而产生电偶极矩。单位体积内的感应电偶极矩叠加起来，形成电极化强度矢量。光通过介质时，引起介质极化强度的变化为

$$\boldsymbol{P}=\varepsilon_0[\chi^{(1)}\boldsymbol{E}+\chi^{(2)}\boldsymbol{E}^2+\cdots+\chi^{(i)}\boldsymbol{E}^i+\cdots]=\boldsymbol{P}^{(1)}+\boldsymbol{P}^{(2)}+\cdots+\boldsymbol{P}^{(i)}+\cdots \tag{2-1}$$

式中，$\boldsymbol{P}$ 为极化矢量；$\boldsymbol{E}$ 为光波的电场强度；ε_0 为自由空间的介电常数；$\chi^{(i)}$ 为介质的电极化系数；第一项最强，表示介质的线性极化；第二项较第一项弱很多，表示介质的二次极化；第三项比第二项又弱很多，表示介质的三次极化。一般情况下，三次以后的极化项很小可以忽略，通常的非线性极化是指二次极化。

由于入射光是变化的，振幅表示为

$$E=E_0\cos\omega t \tag{2-2}$$

故入射光的极化强度也是变化的，变化的极化场可作为辐射源产生电磁波，即产生新的光波。入射光强度较小时，高阶极化极小，极化强度矢量和入射场成线性关系，表示为

$$\boldsymbol{P}^{(1)}=\varepsilon_0\chi^{(1)}\boldsymbol{E} \tag{2-3}$$

新光波与入射光具有相同的频率，为通常的线性光学现象。当入射光的电场较强时，不仅有线性现象，而且也可观察到二次或更高次的非线性极化。激光倍频主要是利用介质的二次极化性质，即

$$\boldsymbol{P}^{(2)}=\varepsilon_0\chi^{(2)}\boldsymbol{E}^2 \tag{2-4}$$

从波的耦合理论分析二阶非线性效应的产生原理，设有两束波

$$E_{\omega_1}=E_1\cos(\omega_1 t+k_1)$$
$$E_{\omega_2}=E_2\cos(\omega_2 t+k_2) \tag{2-5}$$

同时作用于介质，介质产生的极化强度为两列光波的叠加，即

$$\begin{aligned}P^{(2)}&=\varepsilon_0\chi^{(2)}E^2=\varepsilon_0\chi^{(2)}[E_1\cos(\omega_1 t+k_1)+E_2\cos(\omega_2 t+k_2)]^2\\&=\varepsilon_0\chi^{(2)}[E_1{}^2\cos^2(\omega_1 t+k_1)+E_2^2\cos^2(\omega_2 t+k_2)+2E_1E_2\cos(\omega_1 t+k_1)\cos(\omega_1 t+k_1)]\end{aligned} \tag{2-6}$$

其二次非线性极化波将由以下不同的频率分量组成

$$
\begin{aligned}
&P_{2\omega_1}=\frac{\varepsilon_0}{2}\chi^{(2)}E_1{}^2\cos2(\omega_1 t+k_1)\\
&P_{2\omega_2}=\frac{\varepsilon_0}{2}\chi^{(2)}E_2{}^2\cos2(\omega_2 t+k_2)\\
&P_{\omega_1+\omega_2}=\varepsilon_0\chi^{(2)}E_1E_2\cos[(\omega_1+\omega_2)t+(k_1+k_2)]\\
&P_{\omega_1-\omega_2}=\varepsilon_0\chi^{(2)}E_1E_2\cos[(\omega_1-\omega_2)t+(k_1-k_2)]\\
&P_{常量}=\frac{\varepsilon_0}{2}\chi^{(2)}(E_1{}^2+E_2^2)
\end{aligned}
\tag{2-7}
$$

即二次极化的存在，会使介质极化波中出现常量、合频分量、差频分量和基频的倍频分量。单色波入射视为 $\omega_1=\omega_2=\omega$ 的特殊情形，介质的极化波中主要有基频分量和基频的倍频分量，称为二倍频或二次谐波。也可以看出，利用非线性介质的三次、四次极化效应，可以实现激光的三倍频和四倍频，但因三次、四次极化效应比二次极化弱很多，导致激光的三倍频、四倍频需要的激光强度很高，实现起来较困难，所以使用较少。

利用强激光在非线性介质中引起二次极化效应，可实现激光的倍频。激光倍频是将激光向短波长方向变换的主要方法，获得非常广泛的应用。用非线性材料产生倍频激光的器件称为倍频激光器。倍频技术中，入射到倍频晶体的激光称为基频光，倍频后出射的激光称为倍频光。当倍频光近似为小信号，即相应的入射基频光损耗可以忽略不计时，用输出的倍频光功率 $P_{2\omega}$ 与基频光功率 P_ω 之比表征基频光与倍频光的转换效率，称为倍频效率，表示为

$$
\eta_{\mathrm{SHG}}=\frac{P_{2\omega}}{P_\omega}=\frac{\sin^2(\Delta k\cdot L/2)}{(\Delta k\cdot L/2)^2}\cdot L^2\cdot d_{\mathrm{eff}}^2\cdot\frac{P_\omega}{A}
\tag{2-8}
$$

式中，$\Delta k=2k_1-k_2=\frac{4\pi}{\lambda_\omega}(n_\omega-n_{2\omega})$。可见，给定晶体材料时，倍频效率取决于晶体长度 L、基频光的功率密度 $\frac{P_\omega}{A}$、非线性系数 d_{eff} 和相位匹配条件 $\Delta k=0$。由函数性质可知，当 $\Delta k\cdot L/2=0$ 时，倍频效率取得最大值，而倍频晶体的通光长度 $L\neq0$，故 $\Delta k=0$ 是获得高倍频效率的关键。通常把 $\Delta k=0$ 称为相位匹配条件。在相位匹配条件下，$n_\omega=n_{2\omega}$，说明晶体对基频光和倍频光的折射率相等，基频光大量转换成倍频光。

对于一般介质，由于正常色散效果，即高频光的折射率大于低频光的折射率，不能实现 $n_\omega=n_{2\omega}$ 的相位匹配条件，而各向异性晶体由于存在双折射，不同偏振态的光场对应不同的折射率，在某个方向上可以使色散与双折射相互抵消，实现 $n_\omega=n_{2\omega}$。为此使用角度相位匹配法补偿介质中必然存在的色散效应，即将基频光以特定角度和偏振态入射到倍频晶体，利用倍频晶体本身的双折射效应抵消色散效应，实现相位匹配条件。

3. 腔内倍频激光器

本实验采用 808 nm 半导体激光器端面泵浦 Nd:YVO_4 晶体腔内倍频的方式，原理如图 2-2 所示。Nd:YVO_4 晶体左侧的平面高反膜与输出凹面镜形成了固体激光器的平凹谐振腔，利用磷酸氧钛钾(KTP)晶体进行腔内倍频输出波长 532 nm 的绿光，KTP

晶体通光面同时对波长 1064 nm 和 532 nm 激光高透。

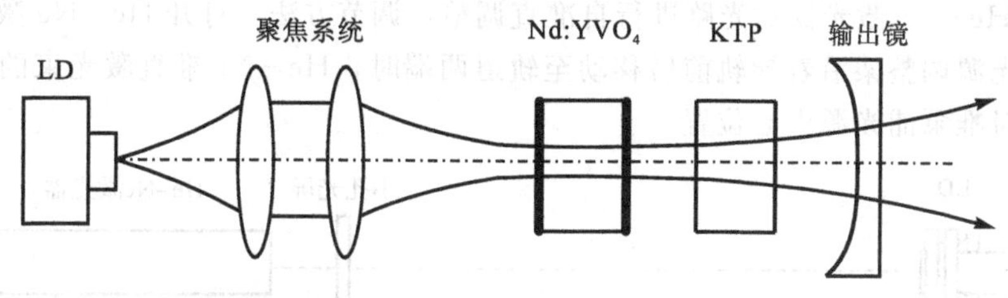

图 2-2　LD 端面泵浦 $Nd:YVO_4$ 晶体腔内倍频

当激励源的功率超过某一临界值时，激光物质中的离子数反转达到了一定程度，激光器才能克服光学谐振器内的损耗而产生激光，此临界值为激光器的阈值 P_{th}。实际使用中，激励源功率刚达到阈值条件时，只有很弱的激光输出，一般总是在高于阈值的水平上工作。希望激光器阈值越小越好，阈值小可以降低对激励源的能量要求，激光器本身发热减小，把其他能量转换为光能的效率更高。

实验中，LD 作为固体激光器的激励源，其输出功率作为固体激光器的泵浦功率 P_{in}，固体激光器的输出功率为 P_{out}。根据固体激光器泵浦功率 P_{in} 与输出功率 P_{out} 特性曲线计算阈值功率 P_{th} 的方法如图 2-3 所示，如图 2-3(a)将 $P_{in}-P_{out}$ 曲线中两条直线延长线交点所对应的功率作为激光器的阈值功率 P_{th}；图 2-3(b)中输出光功率延长线与功率轴的交点作为激光器的 P_{th}，此法为常规作法；图 2-3(c)中将输出功率对泵浦功率求二阶导数，导数波峰所对应的功率值为 P_{th}，此法的测量精度较高。

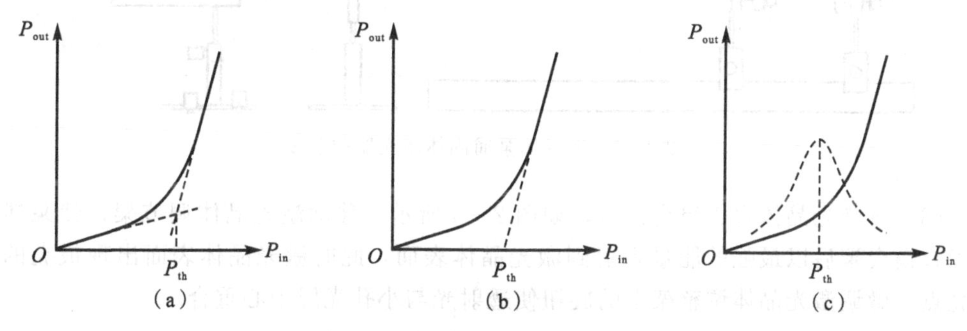

图 2-3　激光器阈值功率计算方法

激光器的能量转换效率常用绝对效率或斜率效率表示，斜率效率通常是指输出特性曲线的直线段部分取斜率。当输入能量超过阈值时，激光器输出的激光能量随输入能量的增加而显著增加，输出能量增长的速率取决于激光器的效率。将所加在激光器上的电能转换为输出光能的效率称为激光器的效率。在 P_{th} 以上的 $P_{in}-P_{out}$ 曲线的斜率表示波长为 808 nm 的泵浦功率有多少转换成 1064 nm 固体激光器的输出功率，即光-光转换效率。

【实验内容】

1. LD 泵浦 $Nd:YVO_4$ 固体激光器的安装与调节

(1) 将泵浦光源及其调整架固定在仪器轨道架上，在 He-Ne 激光器与仪器导轨之间放置小孔光屏，使 He－Ne 激光器光束均匀最大通过光屏的小孔，如图 2－4 所示。利用外置 He－Ne 激光器对光路进行自准直调整，调节方法：打开 He－Ne 激光器，调节使泵浦光源调整架沿着导轨前后移动至轨道两端时，He－Ne 准直激光束的光斑中心始终严格对准泵浦光源中心位置。

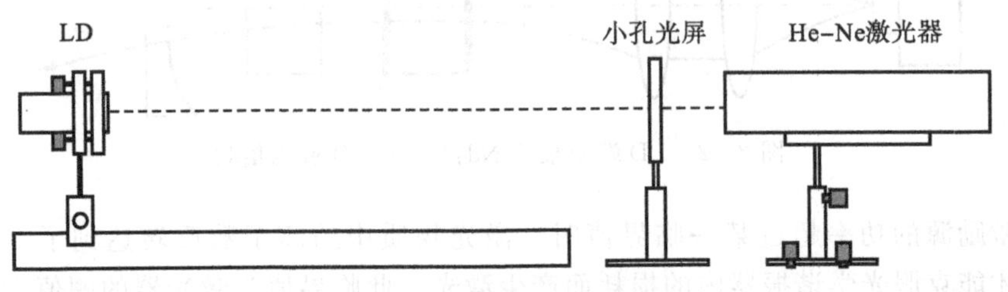

图 2－4　半导体泵浦固体激光器调节 1

（2）打开泵浦光电源，旋转泵浦光源调焦旋钮进行调焦，焦点距离泵浦光源 30～50 mm。将组合透镜置于泵浦光源后面，如图 2－5 所示。移动组合镜使泵浦光源焦点处于组合透镜与泵浦光源的中间位置，调节使泵浦光束入射到组合透镜上。He－Ne 激光器光点照到组合镜后返回的光点应与发出的光点重合，此时小孔光屏上可看到干涉圆环，调节使干涉圆环以小孔为中心对称分布。

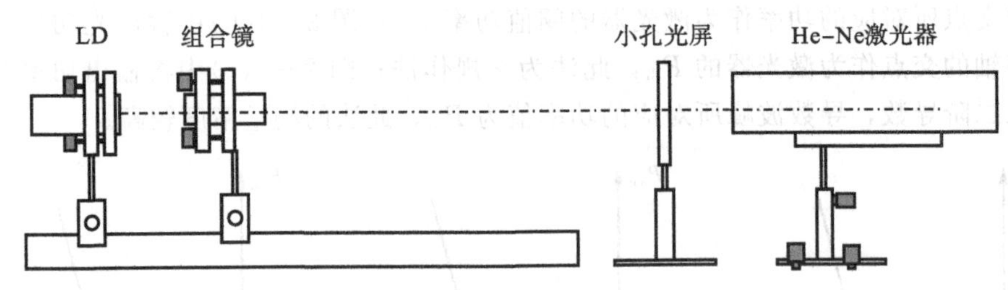

图 2－5　半导体泵浦固体激光器调节 2

（3）将激光晶体置于组合镜后，如图 2－6 所示，移动激光晶体调节架，使泵浦光经组合镜会聚后以最强的能量入射到激光晶体表面，此时激光晶体表面出现最亮的白色亮点。微调激光晶体调整架上的旋钮使透射光与小孔光屏中心重合。

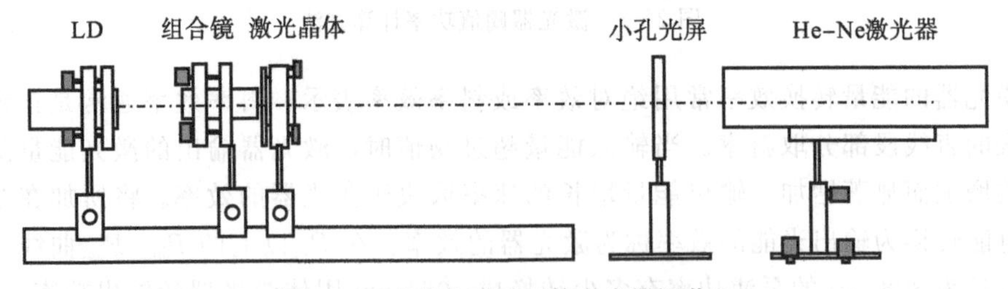

图 2－6　半导体泵浦固体激光器调节 3

（4）将输出镜放到激光晶体后面，见图 2－7。使输出镜距离激光晶体 80～100 mm，调节输出镜调节架上的旋钮，使激光的透射光与小孔光屏中心重合，此时应该已有波长 1064 nm 的激光输出。由于 1064 nm 波长激光肉眼不可见，可将红外显示片放在输出镜后观察，逐渐将泵浦激光器的电流调到最大，显示片上有光斑，说明固体激光器已经起振，开始输出波长 1064 nm 激光。

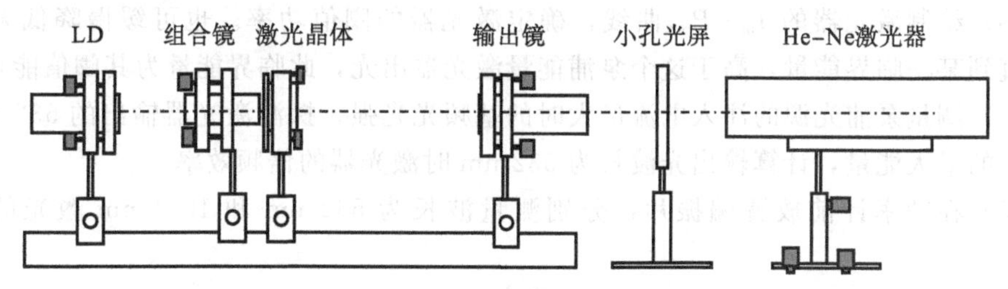

图 2-7　半导体泵浦固体激光器调节 4

(5) 固体激光器倍频光路的安装与调节。在激光晶体和输出镜之间放入倍频晶体，如图 2-8 所示。使倍频晶体尽可能靠近激光晶体位置并固定调节架。调节倍频晶体调节架上的旋钮，使激光的透射光与小孔光屏中心重合。观察输出镜的输出光，此时应出现绿色激光。微调输出镜调节螺钉，使绿色激光输出最强。若无绿色激光输出，微调前面各器件，观察是否出光，微调时应清楚调节的量，以便复原不影响其他器件的微调。

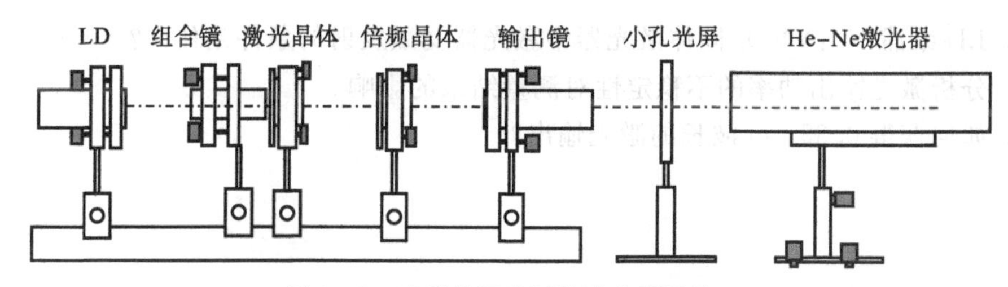

图 2-8　半导体泵浦固体激光器调节 5

(6) 有绿光输出时，稍微调整倍频晶体的角度，观察相位匹配条件对输出情况的影响。

2. 倍频激光器参数测量

(1) 调节使半导体激光器泵浦固体激光器稳定输出波长 532 nm 绿光，使波长 532 nm绿光垂直入射到功率计探头的中心位置，如图 2-9 所示。

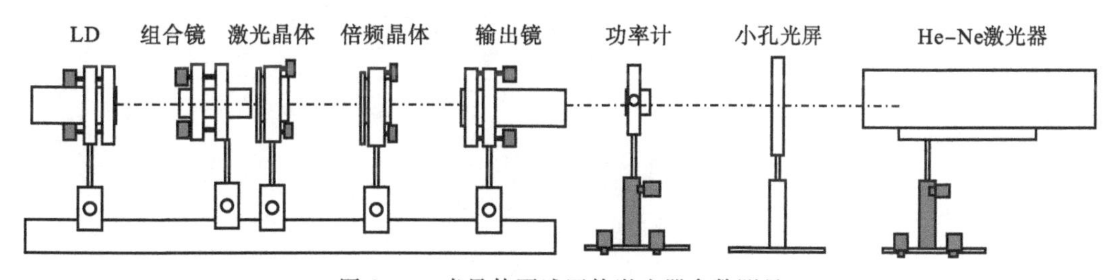

图 2-9　半导体泵浦固体激光器参数测量

(2) 功率计档位置于 λ_1（标定为 532 nm），打开功率计开关，使泵浦激光器注入电流减到最小，然后缓慢增大泵浦激光器注入电流，记录输入电流 I_{in} 与输出光功率 P_{out} 数据，输出光为 532 nm、808 nm 和 1064 nm 等波长的混合光，光功率计接收的功率实际是这三种光所叠加的功率，可在功率计探头前加 532 nm 波长滤光片测量 532 nm 波长激光的输出情况。

(3) 绘制激光器的 $I_{in}-P_{out}$ 曲线，确定激光器的阈值功率。也可缓慢降低泵浦能量，直到某一临界能量，高于这个泵浦能量激光器出光，此临界能量为其阈值能量。

(4) 测量泵浦光源的注入电流最大时的基频光光强。探测激光器输出的 532 nm 波长光束的最大能量，计算输出光波长为 532 nm 时激光器的倍频效率。

(5) 在功率计前放置偏振片，分别测量波长为 532 nm 和 1064 nm 激光的偏振特性。

【注意事项】

1. 泵浦光源及输出光功率较大，实验中严禁用眼直视激光束，以免视网膜受损。

2. 避免用手触摸各晶体表面和输出镜，其表面较脏时可用无水酒精和乙醚的混合液进行擦拭。

3. 光学晶体极易碎，注意轻拿轻放。

【预习与思考】

1. LD 泵浦 $Nd:YVO_4$ 固体激光器中激光器受激发射的条件是什么？

2. 分析激光输出功率的不稳定性对测量结果的影响。

3. 如何获得 0.35 μm 波长的激光输出？

实验 3　声光调 Q 激光器实验

【实验目的】

1. 了解声光调 Q 固体激光器及倍频的工作原理。
2. 学习声光调 Q 固体激光器及倍频的调整方法。
3. 掌握声光调 Q 准连续激光器的静态和动态特性及测试方法。

【实验仪器】

LD 泵浦的 Nd:YAG 模块及驱动源；水冷系统；声光开关；KTP 晶体；全反射镜；部分反射镜；功率计。

【实验原理】

1. 固体 Nd:YAG 激光器的结构原理

一般激光器是由工作物质、激励源和光学谐振腔构成。工作物质用来产生受激辐射，它是激光器的核心。激励源用来激励工作物质建立粒子数反转，产生受激辐射。光学谐振腔是用来维持受激辐射的持续振荡，以获得进一步的增益，从而得到高强度的激光输出。

固体激光工作物质是晶体或玻璃中掺入过渡金属(如铬 Cr)、稀土金属(如钕 Nd)和锕系金属(如锕 Ac)等离子而制成。掺入的离子具有适合产生激光的能级结构，称为激活离子，激活离子决定它的激光特性。晶体或玻璃称为基质，基质决定激光材料的各种物理、化学性质(如密度、比重、硬度、熔点、比热、热导率、折射率等)。用掺有三价钕离子(Nd^{+3})钇铝石榴石($Y_3AL_5O_{12}$)晶体作为激活物质的激光器，称为掺钕钇铝石榴石(Nd:YAG)激光器，结构如图 3-1 所示。它主要由掺钕钇铝石榴石激光物质

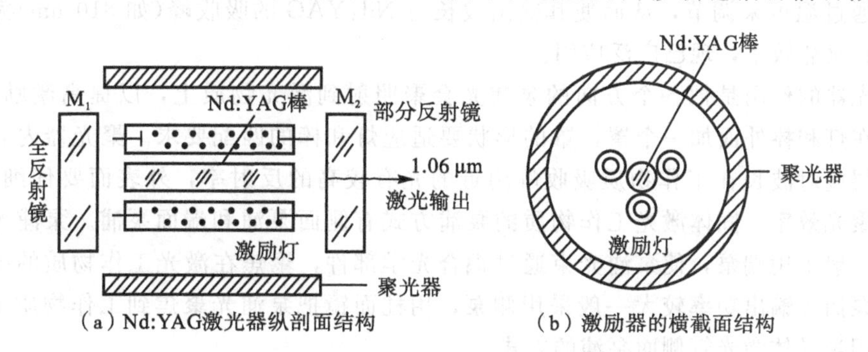

(a) Nd:YAG激光器纵剖面结构　　(b) 激励器的横截面结构

图 3-1　Nd:YAG 激光器的结构示意图

棒、激励灯、聚光器(或聚光腔)和两块平行平面镜组成的光学谐振腔等几部分构成。Nd:YAG 激光器因具有热稳定性好、转换效率高、输出功率大、稳定性好等优点，适用于制作稳定度高的脉冲、连续、高重复频率等多种激光器。

Nd:YAG 的能级结构是一个四能级系统，其能级图如图 3-2 所示。Nd^{3+} 离子从基态 E_1 跃迁至激发态 E_4 的一系列能级，激发态 E_4 中最低的两个能级为 $^4F_{5/2}$ 和 $^4F_{7/2}$，相对应的是中心波长为 810 nm 和 750 nm 的两个吸收带。由于 E_4 的寿命仅约为1 ns，所以受激的 Nd^{3+} 离子绝大部分都经过无辐射跃迁转移到 E_3 态。E_3 是个亚稳态，寿命长约 0.2 ms，很容易获得离子数积累。E_2 态的寿命约为 50 ns，即使有离子处在 E_2 态，也会很快地弛豫到 E_1 态。因此，相对 E_3 态而言，E_2 态上几乎没有离子。这样，在光泵激励下，就在 E_2 态和 E_3 态之间造成了粒子数反转。正是 $E_3 \rightarrow E_2$ 的感应辐射在激光谐振腔中得到增益而形成了激光，其波长为 1064 nm。只要泵浦光存在，Nd^{3+} 离子的能态就总是处在 $E_1 \rightarrow E_4 \rightarrow E_3 \rightarrow E_2 \rightarrow E_1$ 的循环之中。

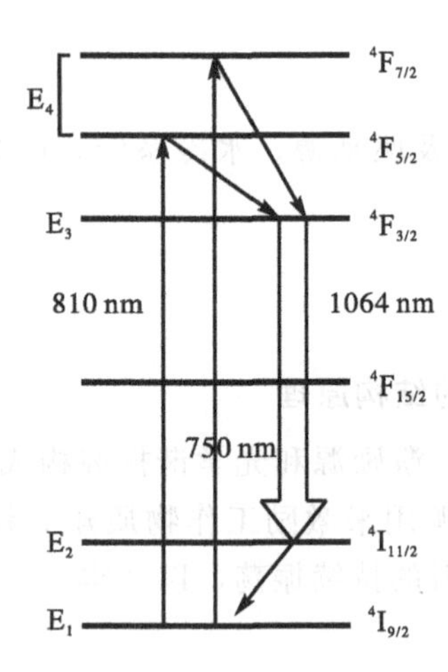

图 3-2　Nd:YAG 中 Nd^{3+} 的有关能级

固体激光器的工作物质靠外界光照使粒子激发到高能态，称这种激发作用为光泵。目前常用来激励 Nd:YAG 棒发光的泵浦光源有氙灯、氪灯、半导体激光器等。氙灯和氪灯等虽辐射强度和辐射效率高，且具有较宽的发射谱带，并与 Nd:YAG 等的吸收谱有较好的匹配，但转换效率较低、发热量大。半导体激光器的电光转换率高，输出波长又可通过温度来调节，从而使其输出波长与 Nd:YAG 的吸收峰(如 810 nm)完全相同，提高泵浦效率，现已广泛应用。

聚光器的作用是把各个方向的泵浦光会聚照射到激光物质上，以提高激励效率。一般是在灯和棒外面加一个罩，罩的形状要适应灯和棒的匹配要求。聚光器内表面镀的反射层应对波长在工作物质吸收峰附近的光有较高的反射率，外表面要仔细抛光，以提高聚光效率。固体激光工作物质的泵浦方式有侧面泵浦和端面泵浦。泵浦源输出功率小一般采用端泵，使泵浦光束通过耦合光学部件，聚焦在激光工作物质的中心位置上。泵浦源输出功率较大一般采用侧泵，用柱面镜把泵浦光聚焦到工作物质上。实验中采用半导体激光管侧面泵浦的方式。

对于灯泵的激光器，因只有一小部分能量转化为激光能量，大部分能量转变为热量，导致工作物质温度升高。当温度升高后，热量只能从表面散发出去，造成棒轴处温度高而外侧温度低，而折射率是随温度而增大的，故形成激光棒轴处的折射率大于边缘的折射率。由于光程等于几何路程和折射率的乘积，而棒长是一定的，光通过棒就如同通过凸透镜一样，使激光偏离棒轴的方向，从而增加了储存腔的损耗，这种现象称为热透镜效应。热透镜效应对激光束的聚焦作用，使激光模体积减小，从而使激光输出减小。热效应是影响固体激光器工作的重要因素，对单次脉冲工作的激光器可以靠自然冷却，对于连续或重复频率脉冲固体激光器件则必须通水冷却。对于用半导体激光器泵浦的激光模块，为达到最佳的泵浦匹配并防止因温度升高损坏模块，不仅要进行水冷，还要对冷却水进行温度控制。

固体激光器一般采用平行平面腔，由一片全反射镜和一片部分反射镜组成平行平面谐振腔，两块反射镜均镀有反射介质膜。实验中全反射镜内侧镀有 1064 nm 的高反膜，半反射镜内侧镀 1064 nm 高反膜和 532 nm 增透膜，采用反射镜和激光棒分离的外腔式结构。若 Nd:YAG 棒两端面研磨抛光后直接在端面上镀膜制成反射镜，还可形成内腔式结构。

2. 声光调 Q 技术

调 Q 技术是通过某种方法使腔内 Q 值(或损耗)随时间按照一定程序变化的技术，也称为 Q 突变技术或 Q 开关技术。调 Q 技术可将一般输出的连续或脉冲激光能量压缩成宽度极窄的脉冲，从而使光源的峰值功率提高几个数量级。如普通固体脉冲激光器输出光脉冲的脉宽在毫秒级、峰值功率也只有几十千瓦，而调 Q 激光器的光脉冲宽度可达纳秒级、峰值功率也可达兆瓦。

品质因数 Q 值用来衡量激光器光学谐振腔的质量优劣，是对腔内损耗的一个量度，定义为腔内贮存的能量与每秒钟损耗的能量之比，表示为

$$Q=2\pi\nu_0\,\frac{\text{腔内贮存的激光能量}}{\text{每秒钟损耗的激光能量}} \tag{3-1}$$

如果用 E 表示腔内贮存的激光能量，γ 为光在腔内走一个单程能量的损耗率，L 表示腔长，n 表示折射率，c 表示光速，ν_0 表示激光的中心频率，则品质因数 Q 表示为

$$Q=2\pi\nu_0\,\frac{E}{\gamma Ec/nL}=\frac{2\pi nL}{\gamma\lambda_0} \tag{3-2}$$

式中，$\lambda_0=\dfrac{c}{\nu_0}$ 为真空中激光波长。可见 Q 值与损耗率总是成反比变化的，即损耗大 Q 值就低，损耗小 Q 值就高。

固体激光器由于存在弛豫振荡现象，输出波形由一系列不规则的尖峰脉冲组成，峰值功率较低。如果在泵浦开始时使谐振腔内的损耗增大(Q 很小)，即提高阈值使腔内不能形成振荡，直至激光工作物质上能级的粒子数积累到最大值(饱和值时)时，突然减小损耗(Q 值突增)，此时，积累在上能级的大量粒子便雪崩式地跃迁到低能级，于是在极短的时间将能量释放出来，可获得峰值功率极高的脉冲激光输出。通常激光器输出的脉宽为 $10^{-6}\sim10^{-9}$ s 量级，峰值功率高达兆瓦的光脉冲称为巨脉冲。

谐振腔的损耗一般包括反射损耗、吸收损耗、衍射损耗、散射损耗和输出损耗等，调节腔内的损耗实际上是调节 Q 值。用不同的方法控制不同的损耗，可形成不同的调

Q 技术。如控制反射损耗的转镜调 Q 技术、电光调 Q 技术；控制吸收损耗的可饱和染料调 Q 技术；控制衍射损耗的声光调 Q 技术；控制输出损耗透射式调 Q 技术。本实验中采用声光调 Q 技术。

声光调 Q 是利用声光衍射效应实现调 Q 的，因布拉格衍射可将入射光全部转移到 +1 或 −1 级上，具有较高的转换效率，故多采用布拉格衍射型声光调制器。Nd：YAG 声光调 Q 激光器是在谐振腔中插入声光调制器，如图 3-3 所示。声光 Q 开关是由声光介质、电声换能器和吸声介质三部分组成的声光调制器。声光介质一般采用熔石英、重火石玻璃，电声换能器采用铌酸锂、石英等晶片，吸声介质选用铅橡胶或玻璃棉。电声换能器两端的电极引入脉冲频率可调的高频调制电压，产生的高频超声波在介质中传播，介质密度发生空间周期性变化，使其折射率产生相应的变化，形成等效的衍射光栅。当激光束通过超声波形成的衍射光栅时，部分光束被衍射到谐振腔外形成损耗，此时谐振腔处于低 Q 状态，激光振荡被抑制，此期间泵浦灯注入给激活介质的能量储存在激光上能级，形成高反转粒子数。当去掉声光调制信号时，声光衍射突然消失，光束不再偏转在腔内往返，谐振腔处于高 Q 状态迅速形成振荡，已经积累的高反转粒子数远超过激光阈值，瞬间形成窄脉宽、高能量的激光脉冲输出。当反转粒子数被消耗到激光振荡的阈值粒子数以下时振荡停止，紧接着高频等幅振荡再次形成，进入下一个循环。

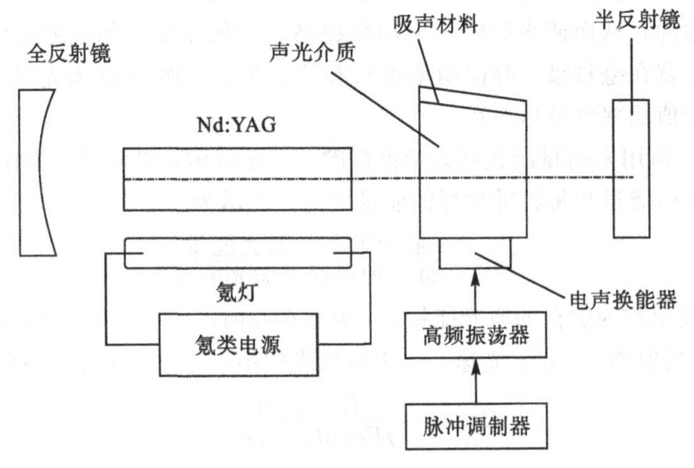

图 3-3　声光调 Q 激光器结构

从 Q 值最小变到最大即损耗从最大变为最小需要的时间称为开关时间。声光调 Q 开关时间一般小于光脉冲建立时间，主要由超声波通过激光束的渡越时间决定。因超声波的传播速度较慢，通过激光束的渡越时间较长，使调 Q 激光脉冲的宽度较大，峰值功率较低，故声光 Q 开关一般用于增益较低的连续激光器，声光 Q 开关的驱动电压较低(小于 200 V)，容易实现对连续激光器调 Q 以获得高重复频率(几十千赫兹)、低峰值功率的激光脉冲输出。

声光 Q 开关用于连续激光器时，需要用脉冲调制器产生频率为 f 的矩形脉冲来调制高频振荡器的信号，因此声光介质中超声场出现的频率为脉冲调制信号的频率，于是激光器输出重复率为 f 的调 Q 脉冲序列。为了能够使激光工作物质上能级积累足够多的粒子，并避免过多的自发辐射损耗，以便激光器在保证一定的峰值功率下得到最大的反转粒子数利用率，相邻两个脉冲的时间间隔($1/f$)大致要与激光工作物质的上能级寿命相等。连续激光器用声光调Q运转方式，如图3-4(a)所示。在这种情况下，泵浦速率V_p保持不变(图a)，但谐振腔的Q值做周期性的变化(图3-4(b))，它的变化周期由脉冲调制信号频率f决定，输出一系列高重复率的调Q脉冲(图3-4(c))。由于泵浦是连续的，谐振腔的Q值(或腔的损耗)以频率f由高Q态到低Q态做周期变化，故激光工作物质的反转粒子数也做相应的变化(图3-4(d))。

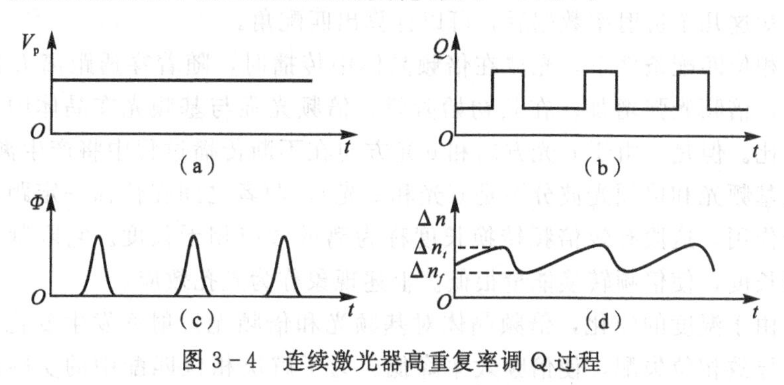

图3-4　连续激光器高重复率调Q过程

3. 倍频技术

激光倍频是将激光向短波长方向变换的主要方法，利用强激光在某些非线性介质中引起二次极化效应，使频率为ω的激光通过晶体后，变成频率为2ω的倍频光。目前常用的倍频晶体有磷酸二氢钾(KDP)、磷酸二氘钾(DKDP)、铌酸锂($LiNbO_3$)、碘酸锂($LiIO_3$)、铌酸钡钠($Ba_2NaNb_5O_{15}$)等。倍频技术中，入射到倍频晶体的激光称为基频光，倍频后出射的激光称为倍频光。当入射基频光损耗可以忽略不计时，用输出的倍频光功率$P_{2\omega}$与基频光功率P_ω之比表征基频光与倍频光的转换效率，称为倍频效率，表示为

$$\eta_{SHG}=\frac{P_{2\omega}}{P_\omega}=\frac{8\pi^2L^2{d_{eff}}^2P_\omega}{{n_\omega}^2{n_{2\omega}}^2{\lambda_\omega}^2c\varepsilon_0}\frac{\sin^2(\Delta k\cdot L/2)}{(\Delta k\cdot L/2)^2}=\frac{\sin^2(\Delta k\cdot L/2)}{(\Delta k\cdot L/2)^2}\cdot L^2\cdot{d_{eff}}^2\cdot\frac{P_\omega}{A}\tag{3-3}$$

式中，$\Delta k=2k_1-k_2=\frac{4\pi}{\lambda_\omega}(n_\omega-n_{2\omega})$，$n_\omega$和$n_{2\omega}$分别为晶体对基频光和倍频光的折射率；$L$为倍频晶体的通光长度；$d_{eff}$为倍频晶体的有效非线性系数；$\frac{P_\omega}{A}$为基频光的功率密度，其中$A=\frac{n_\omega^2n_{2\omega}^2\lambda_\omega^2c\varepsilon_0}{8\pi^2}$。

由正弦函数的性质及倍频晶体的通光长度$L\neq0$可知，$\Delta k=0$时倍频效率取得最大值。要使$\Delta k=0$，则$n_\omega=n_{2\omega}$。此式是倍频必须满足的条件，称为相位匹配条件，说明只有基频和倍频光折射率相等时，才有好的倍频效果。相位匹配条件可理解为基频光和倍频光在晶体中的传播速度相等，则基频光与其在晶体中沿途各点激发的倍频光传播到出射面时有相同的位相，因此沿途各点产生的倍频光互相干涉而在传播方向上互相加强，从而得到好的倍频效果。

对于一般介质，因存在正常色散效应，$n_{2\omega}>n_\omega$，不能实现相位匹配，但各向异性

晶体因存在双折射，可以利用不同偏振态之间的折射率关系实现相位匹配。以目前常用的负单轴晶体为例，激光入射到负单轴晶体后，分解为 o 光和 e 光，若基频光是 o 光，倍频光是 e 光，则当波面沿着跟光轴成 θ_m 角的方向传播时，晶体对基频光和倍频光的折射率相等、传播速度相同，实现了相位匹配，匹配角 θ_m 满足

$$\sin^2\theta_m=\frac{(n_o)_\omega^{-2}-(n_o)_{2\omega}^{-2}}{(n_e)_{2\omega}^{-2}-(n_o)_{2\omega}^{-2}} \tag{3-4}$$

式中，$(n_o)_\omega$ 为基频 o 光的折射率；$(n_o)_{2\omega}$、$(n_e)_{2\omega}$ 分别是晶体对倍频 o 光和倍频 e 光的折射率。已知这几个折射率数据后，可以计算出匹配角。

在上述相位匹配条件下，光波在倍频晶体中传播时，随着穿透距离 L 的增长，基频光强衰减，倍频光强增加。在其初始阶段，倍频光强与基频光在晶体中穿透距离 L 的平方成正比。但是，由于 o 光方向和 e 光方向在不断传播过程中将产生离散(相位匹配正是要求基频光和倍频光波分别是 o 光和 e 光)，两者之间在传播一定距离后将失去能量的耦合作用，这段有效倍频转换长度称为离散效应相干长度。它限制了晶体实际的有效使用长度，使倍频转换能量很低。上述现象称为光孔效应。

另外，由于温度的变化，倍频晶体对基频光和倍频光折射率发生变化，匹配角也发生变化，导致相位失配，使倍频效率降低。为了解决相位匹配中的实际困难，可设法使 $\theta_m=90°$，以克服光孔效应，并降低激光束发散角和温度变化的影响。这种相位匹配技术称为温度相位匹配或 90°相位匹配，实现 90°匹配时的温度 T_m 称为相位匹配温度。

总之，为了获得最好的倍频效果，除了入射光要足够强、晶体的非线性极化系数要大外，还要使特定偏振方向的线偏振光以某一特定的角度入射，实现相位匹配。

【实验步骤】

1. 如图 3-5 搭建激光器光路，开启准直激光器，调节使准直光束经 Nd:YAG 棒的几何中心通过，反射回准直激光器前的光阑小孔。再依次放置并调节半反射镜和全反射镜(全反射镜标有 HR1064 nm，数字标识面向准直光源。半反射镜标有T1064 nm，数字面面向腔内)，使反射光也反射到准直激光器光阑上，两腔镜基本平行，并与 Nd:YAG棒的几何轴线垂直。盖上光阑小孔防止漏光损坏准直光源。

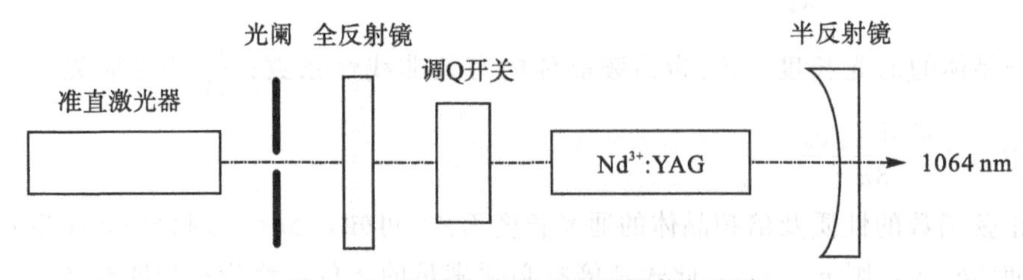

图 3-5　连续声光调 Q 激光器倍频光路

2. 激光器的工作流程是水冷优先，在水冷机未开启，水温未达到设定值前，严禁开启 LD 泵浦源和声光调 Q 开关。开启冷却水机的电源后，先检查冷却水接头是否漏水，检查冷却箱水位和水流情况，冷却系统有故障不能进行实验。冷却水系统无故障时设置工作温度为 21～22 ℃。

3. 待水温到所设定的温度后，将 LD 泵浦驱动源背面的工作选择开关置于 LOCAL 位置，然后反时针方向将 LD 泵浦驱动源电流调节旋到头，然后开启 LD 泵浦驱动源开关，再顺时针方向缓慢调节电流旋钮。逐步加大电流到 5～7 A，此时应有波长 1064 nm的激光输出。启动/停止按钮控制电源输出是否加载到 LD 泵源驱动模块。用功率计测量输出光强，微调两腔镜使输出功率最大，完成连续 1064 nm Nd:YAG 激光器的光路调节。

4. 待谐振腔调节到最佳状况时，测量激光器输出波长 1064 nm 激光时的驱动电流和输出功率，绘制其特性曲线，确定 1064 nm Nd:YAG 激光器的阈值。

5. 用对波长 1064 nm 激光全反、波长 532 nm 激光高透的腔镜替换 T1064 nm 半反镜，微调输出腔镜使其和全反镜基本平行。在腔内放置 KTP 倍频晶体，微调其支架使波长 532 nm 倍频光最强，实现波长从 1064 nm 到 532 nm 的激光倍频。

6. 待输出最佳状况时，测量激光器输出激光波长为 532 nm 时的驱动电流和输出功率，绘制其特性曲线，确定 532 nm Nd:YAG 激光器阈值。

7. 打开腔内放置的声光调 Q 开关，使声光调制器电源工作在内控、M1、高电平有效的工作模式。此时激光器输出波长 532 nm 的脉冲激光序列，频率为 Q 驱动源的调制效率。

8. 固定工作电流，改变调 Q 开关频率，测量 Q 开关频率对输出的影响，绘制不同声光调制频率下的输出功率曲线；固定调 Q 开关频率，改变驱动电流，测量绿光输出功率曲线。

9. 利用高速二极管探头，在示波器上观察调 Q 开关频率对输出脉宽的影响，分析实验数据。

10. 实验完成后，先将驱动电流旋钮逆时针调至最小，然后依次关闭声光 Q 开关、关闭 LD 模块电源、关闭准直激光器电源，最后关闭冷却水。

【注意事项】

1. 激光器输出功率很高，严禁用眼直接对准光源，否则要损伤眼睛。

2. 不能用手指直接触摸光学元件，防止污染光学表面。

3. 光学元件表面有灰尘时，需用吸耳球吹落，或用蘸有少量乙醇和乙醚清洁混合液的脱脂棉球或镜头纸轻轻抹擦。

4. 为保护 LD 泵浦的 Nd:YAG 模块，在模块未与驱动源可靠连接前，应使 LD 的两引线可靠短路，防止静电击穿损坏泵浦的半导体激光管(LD)。

5. 开机时先开冷却水，再开启其他电源，关机则相反。

【思考题】

1. 试说明为何调 Q 开关调节时，增大激光器腔内损耗的同时能使上能级离子反转数积累增加？

2. 倍频晶体在谐振腔内和谐振腔外对倍频效率的影响，为什么？

3. 调 Q 激光器的激光脉宽、重复频率随泵浦功率如何变化，为什么？

实验4　光纤激光器实验

【实验目的】

1. 了解光纤激光器的主要特点和工作原理。
2. 掌握光纤激光器实验系统的基本结构、设计思路和搭建方法。
3. 掌握光纤激光器的基本特性参数测试方法。
4. 观测泵浦激光器工作温度对激光输出的影响。

【实验仪器】

带温控半导体激光器系统；(1＋1)×1 多模泵浦耦合器；SMA905 型光纤连接器；掺镱双包层光纤高反射镜；光纤准直镜；高速脉冲探测器；示波器；热电式激光功率计；半导体红光激光器；小孔白屏；多维调整架；红外激光观测片；滤光片；激光防护镜等。

【实验原理】

光纤激光器是固体激光器的一种特殊结构，它是以光纤芯作基质、掺入稀土元素激活离子做为工作物质的激光器。采用包层抽运技术的双包层光纤激光器能够在内包层中注入高的抽运功率，从而可以获得很高的功率输出。与其他激光器相比，高功率光纤激光器以其独特的高亮度和高效率等性能在高精度激光加工、激光医学、激光雷达技术和空间技术等领域中逐渐成为主导力量。

1. 光纤激光器的结构原理

光纤激光器的基本结构与其他激光器基本相同，主要由泵浦源、耦合光学系统、掺稀土元素光纤、谐振腔等部件构成，如图 4－1 所示。一段掺稀土金属离子的光纤被放置在两个反射率经过选择的腔镜之间，由一个或多个大功率半导体激光器构成的泵浦源，发出的泵浦光经耦合器进入作为增益介质的光纤，泵浦光的能量被掺杂稀土元素光纤介质吸收，形成粒子数反转，受激辐射的光波经谐振腔镜的反馈和振荡形成光输出。反射镜 1 对泵浦光全部透射而对激射光全反射，以便有效利用泵浦光防止泵浦光产生谐振而造成输出光不稳定。反射镜 2 对激射光部分透射，以便造成激射光子的反馈和获得激光输出。

(1)增益介质。

光纤激光器的增益介质是掺杂稀土元素的光纤，常用的掺杂离子有钕(Nd^{3+})、镱(Yb^{3+})、铒(Er^{3+})、铥(Tm^{3+})和钬(Ho^{3+})等，这几种稀土离子在石英光纤介质中的输出激光波长如图 4－2 所示。掺 Er^{3+} 光纤激光器的输出波长对应光纤通信主要窗口

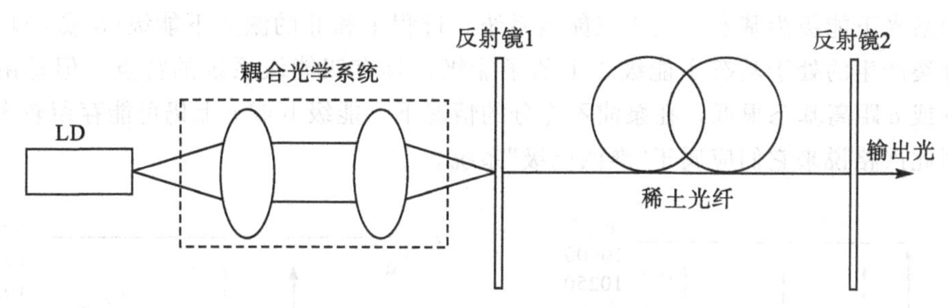

图4-1　光纤激光器基本结构示意图

1.5 μm，是目前应用最广泛和技术最成熟的光纤激光器之一；掺 Tm^{3+} 和掺 Ho^{3+} 光纤激光器的输出波长在2.0 μm左右，该波段激光器进行手术时，激光照射部位血液迅速凝结，手术创面小，止血性好，又由于该波段激光对人眼是安全的，在医疗和生物研究方面有广泛的应用前景；掺 Yb^{3+} 光纤激光器具有较宽的吸收带(800～1000 nm)和相当宽的激射带(1030～1150 nm)，具有量子效率高、增益带宽大以及无激发态吸收、无浓度淬灭等优点，可以采用波长位于915 nm或980 nm附近的多模大功率半导体激光器泵浦，在1.06 μm波段获得斜效率高达80%以上的激光输出，并在宽达100 nm以上的波长范围内连续调谐。

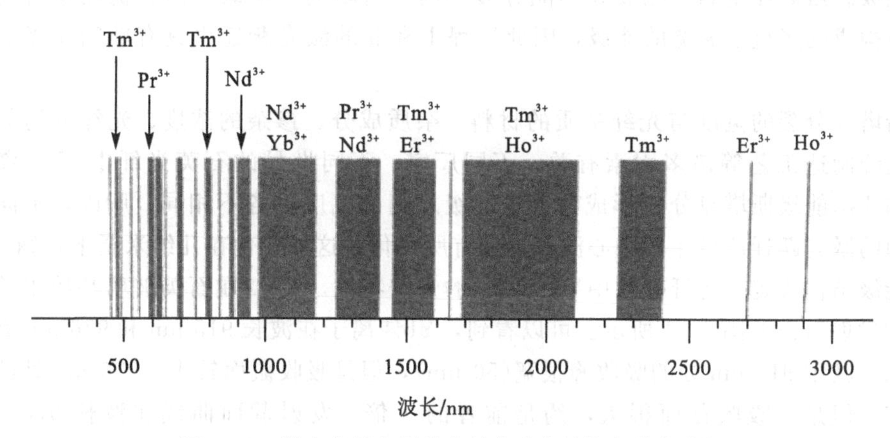

图4-2　稀土离子在石英光纤介质中的输出激光波长

与其他稀土离子相比，Yb^{3+} 能级结构十分简单，如图4-3所示。与激光跃迁相关的能级只有两个多重态能级 $^2F_{5/2}$ 和 $^2F_{7/2}$，没有其他上能级存在，在泵浦光波长和激光波长处都不存在激发态吸收。同时，因两能级间隔比较大，有利于消除多声子非辐射弛豫和浓度淬灭效应，掺 Yb^{3+} 玻璃基质的激光辐射一般具有很高的量子效率。当 Yb^{3+} 掺入石英光纤后，这两个能级将因基质材料的电场引起斯塔克效应而分裂。室温条件下，$^2F_{5/2}$ 分裂为2个可分辨的子能级，$^2F_{7/2}$ 分裂为3个可分辨的子能级，Yb^{3+} 激光跃迁就发生在这些子能级之间。激光跃迁过程和泵浦源的波长有关，可分为两类情况：

①当泵浦光为915 nm时，存在三种可能的激光跃迁过程，如图4-3(a)所示。过程Ⅰ对应的跃迁为d→c，发射的中心波长为1075 nm。过程Ⅱ对应的跃迁为d→b，发射中心波长为1031 nm。过程Ⅲ对应的跃迁为d→a，发射中心波长为976 nm。其中过

程Ⅲ的激光下能级为基态，属于三能级系统。过程Ⅰ和Ⅱ的激光下能级(b 或 c)均为斯塔克分裂产生的处于基态子能级之上的子能级，具有四能级系统的特点。但是由于子能级 b 或 c 距离基态很近，在泵浦不充分的情况下，能级 b 或 c 上仍可能存留较多的粒子，因此严格说来它们应属于“准四能级”系统。

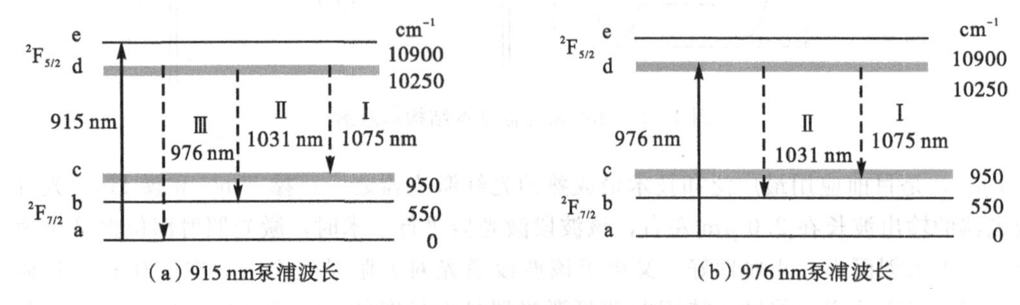

图 4-3　石英光纤中Yb^{3+}激光跃迁机制示意图(室温)

②当泵浦光波长为 976 nm 时，存在两种可能的激光跃迁过程，如图 4-3(b)所示。过程Ⅰ对应的跃迁为 d→c，发射的中心波长为 1075 nm。过程Ⅱ对应的跃迁为 d→b，发射中心波长为 1031 nm。这两个过程的下能级也都是斯塔克分裂产生的处于基态之上的子能级。虽然在室温下能级 d 不能分裂出两个清晰的子能级，但它仍然是由斯塔克子能级构成的多重态展宽的能级，因此过程Ⅰ和Ⅱ的激光跃迁也具有准四能级系统的特点。

斯塔克分裂的宽度与光纤基质的材料、杂质成分、掺杂的浓度、光纤的均匀程度以及光纤制造工艺等诸多因素有关，不同厂家、不同批号的石英光纤中Yb^{3+}离子的$^2F_{5/2}$和$^2F_{7/2}$能级斯塔克分裂形成的各子能级之间的宽度也各不相同。所以，不同子能级之间的激光跃迁所产生的中心波长也会有所变化，这种变化在几纳米至十几纳米。

能级结构决定了光纤基质中Yb^{3+}离子的光谱特性。Yb^{3+}在石英玻璃基质中的吸收截面和发射截面如图 4-4 所示。可以看到，Yb^{3+}离子在波长 915 nm 和 976 nm 有两个吸收峰，其中 915 nm 处的吸收峰很宽(50 nm)，但是吸收截面较小；976 nm 处的吸收峰很窄，但是其吸收截面很大，约是前者的 4 倍。发射截面曲线在波长 976 nm 和 1030 nm处各有一个发射峰，其中 976 nm 处发射峰与吸收曲线的吸收峰基本重合，显示了明显的二能级特点；峰值位于 1030 nm 的发射截面较小，但是覆盖很宽的光谱范围，是掺Yb^{3+}光纤激光器能够实现宽达 100 nm 以上波长调谐的内因。

根据掺镱光纤的吸收谱可知，掺镱光纤激光器最适宜的泵浦波长为 915 nm 和 976 nm。其中泵浦波长 915 nm 位于一个较宽的吸收带内，此时吸收系数较低，适合于采用大线宽的泵浦源，而且对泵浦光的波长特性要求不严格；泵浦波长 976 nm 位于吸收峰的中心，此时具有较高的吸收系数，但由于这个吸收峰很窄，因此要求泵浦源输出波长的线宽小于 4 nm，并且对泵浦波长的稳定性也有较高要求。

(2)谐振腔。

光纤激光器的谐振腔有多种结构，最基本的有线形腔结构与环形腔结构两大类。线形腔的基本结构为法布里-珀罗(F-P)腔，由两个高反射率的腔镜(反射镜)组成，线形腔应用最多的是反射镜型 F-P 腔和光纤光栅型 F-P 腔。环形腔的基本结构由一根

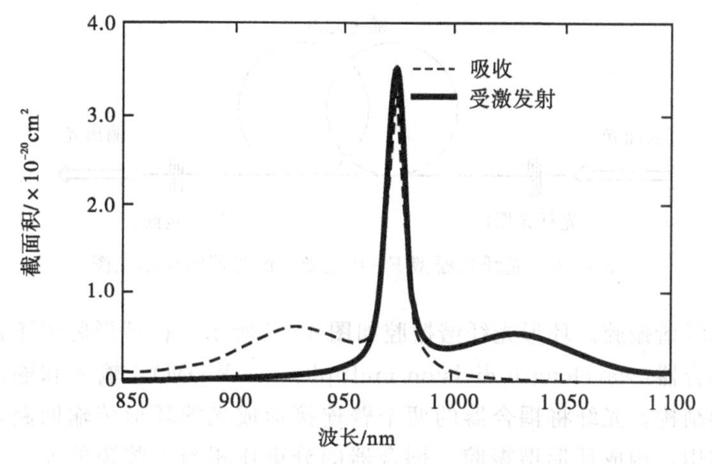

图 4-4 石英光纤中 Yb^{3+} 的吸收截面和发射截面

光纤环绕成圆圈组成。借助于光纤定向耦合器，线形腔与环形腔还可构成多种其他特殊结构的光纤谐振腔。受到泵浦耦合等相关技术的制约，目前在高功率光纤激光器中使用最多的是 F-P 腔。

①反射镜型 F-P 腔。反射镜型 F-P 腔如图 4-5 所示，通过在增益光纤的两端配置二向色反射镜(简称二色镜)来构成谐振腔。其中位于泵浦注入端的二色镜，对泵浦光高透射而对激光高反射；位于输出端的二色镜，对泵浦光高反射而对激光有适当的透过率。采用二色镜作为腔镜在技术上容易实现，但是谐振腔的调整精度要求比较高，且不能精确选择激光器的输出波长，激光器的单色性较差，使得激光器的实用性受到一定限制。

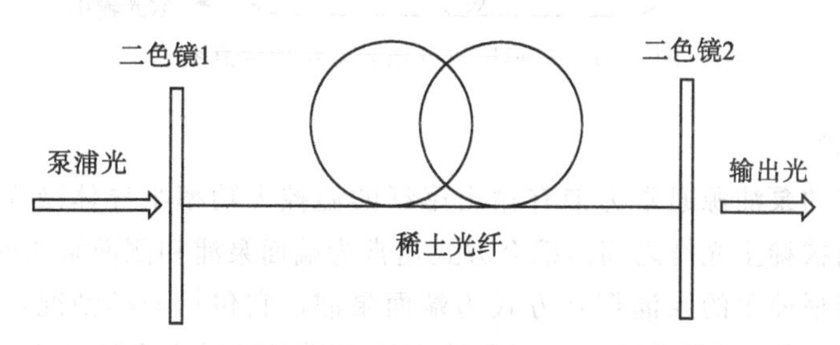

图 4-5 反射镜型 F-P 腔光纤激光器结构示意图

②光纤光栅型 F-P 腔。光纤光栅型 F-P 腔如图 4-6 所示，在掺稀土光纤两端熔接或直接刻写光纤光栅作为反馈元件。光纤光栅是透过紫外光诱导在光纤纤芯内形成折射率周期性变化结构的低损耗全光纤器件，具有非常好的波长选择性，它对腔内激光相当于高反射镜或部分反射镜，而对于泵浦光则基本上是完全透明的。这种腔结构克服了腔镜与光纤之间的耦合损耗，实现了激光器的全光纤集成，而且可以在掺稀土光纤增益谱内的任意波长处获得窄线宽的激光输出，并且可望借助光纤光栅的调谐性能实现激光波长的宽带调谐，更适合于发展为实用化、商品化的器件。目前这种模块化的器件已经推出产品，输出功率能够达到 10 kW 以上。

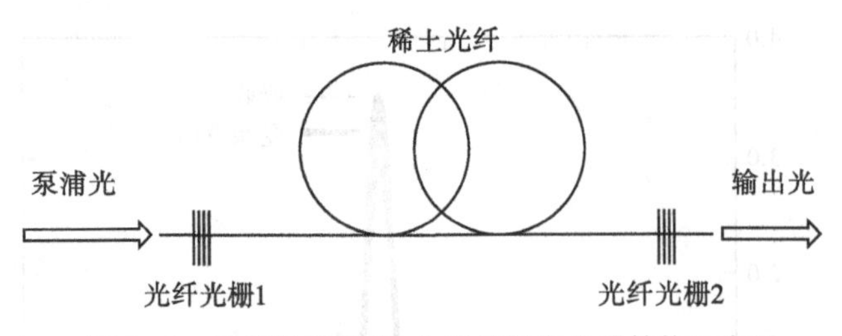

图 4-6　光纤光栅型 F-P 腔光纤激光器结构示意图

③环形光纤谐振腔。环形光纤谐振腔如图 4-7 所示，在环形腔里不用反射镜，而用波分复用耦合器(wavelength division multiplexer，WDM)、输入和输出的掺杂光纤构成一个环形结构。光纤将耦合器的两个臂连接形成光的环形传输回路，耦合器起到腔镜的反馈作用，构成环形谐振腔。耦合器的分束比相当于腔镜的反射率，决定谐振腔的精细度。泵浦光经 WDM 耦合进入谐振腔内，在增益光纤内产生激光振荡，激光在 WDM 与耦合器之间来回放大，由耦合器输出腔外。为保证激光的单向运行，通常在环形腔内串入一个隔离器。另外，如果掺杂光纤为非保偏光纤，还需要使用偏振控制器，以消除偏振模竞争。

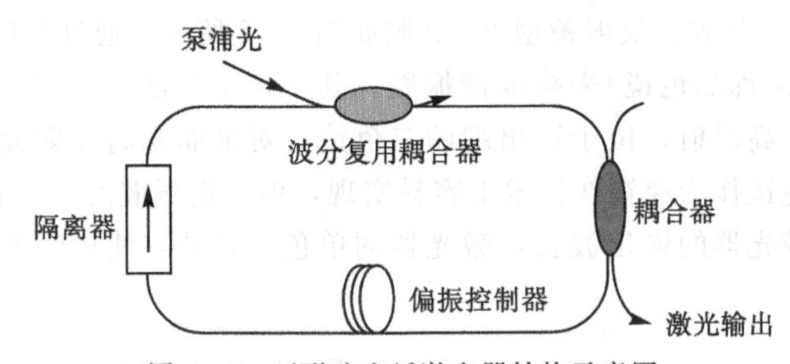

图 4-7　环形腔光纤激光器结构示意图

(3)泵浦方式。

光纤激光器的泵浦源通常为带有输出尾纤的温控大功率半导体激光器(LD)或 LD 阵列。泵浦源与掺稀土光纤之间的耦合方式通常为端面泵浦和侧面泵浦两种。

光纤激光器最简单的泵浦耦合方式为端面泵浦，它包括两类情况：一种用于反射镜型 F-P 腔，泵浦光经聚焦后通过二色镜直接入射到掺稀土光纤端面，如图 4-8(a)所示。另一种用于光纤光栅型的光纤激光器，把半导体激光器的输出尾纤与掺稀土光纤的入射端面直接熔接起来，这种端面泵浦方式结构简单紧凑、稳定性好，实现了激光器的全光纤化，如图 4-8(b)所示。

侧面泵浦是通过 V 形槽、棱镜或“树杈形”多模光纤等结构使泵浦光从掺稀土增益光纤的侧面耦合进入，它既适用于线形腔结构也可用于环形腔结构。这种泵浦耦合方式避免了在注入端加波长选择光元件(如二色镜、波分复用器等)，从而可以使掺杂光纤方便地直接和其他光纤熔接，并且可以在掺稀土光纤的全长度上进行多点泵浦。目前，商品化程度最高的是(N+1)×1“树杈形”(N 代表多模耦合光纤的个数)多模光纤泵浦耦合器，如图 4-9 所示，其理论耦合效率可达到 90%以上。

依据增益光纤中泵浦光的传输方向相对于激光的输出方向，通常将泵浦源的基本

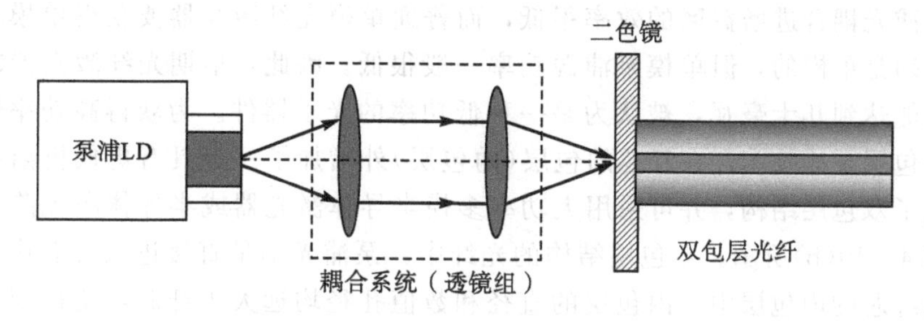

（a）反射镜型光纤激光器的端面泵浦

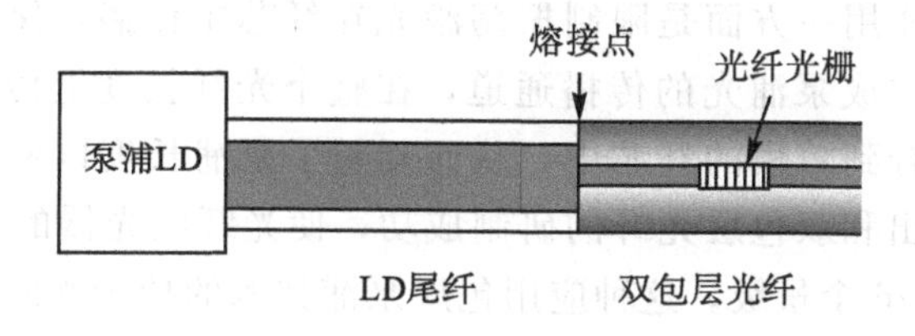

（b）光纤光栅型全光纤化激光器的端面泵浦

图 4－8　光纤激光器的端面泵浦结构示意图

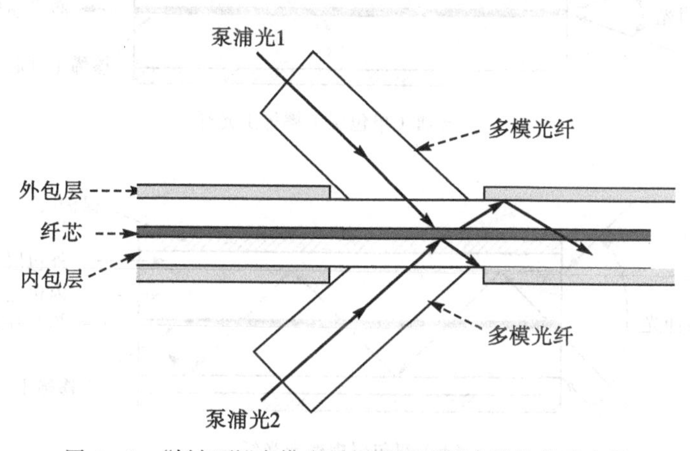

图 4－9　“树杈形”多模光纤侧面泵浦耦合器结构示意图

配置方式分为三类：前向泵浦(泵浦光和激光输出同向)、后向泵浦(泵浦光和激光输出反向)和双向泵浦(前向泵浦与后向泵浦结合)。研究表明，前向泵浦可使泵浦光注入端与激光输出端相分离，在端面泵浦耦合结构中最为方便，但光纤中的光功率分布及增益分布都很不均匀，在大功率泵浦的情况下容易造成注入端的光纤熔融。后向泵浦容易获得较高的激光输出，增益分布也较为平坦，但也存在抽运光分布不均的问题。两端泵浦耦合结构复杂一些，但可以大大降低注入端的功率密度，并且光纤内的功率密度及增益分布都较为均匀，适合于泵浦高功率光纤激光器。

2. LD 泵浦掺镱双包层光纤激光器

早期的光纤激光器中，掺杂稀土离子光纤是由纤芯和单一包层构成，掺杂单模光纤直径通常只有 5～8 μm，如图 4－10(a)所示。受泵浦功率、纤芯尺寸和数值孔径的制约，泵浦光耦合进增益区的效率很低，而普通单模光纤激光器要获得单模输出，泵浦光也必须是单模的，但单模泵浦源功率一般很低。因此，早期光纤激光器的输出功率通常只能达到几十毫瓦，被认为是一种低功率的光子器件。为获得高功率输出，发展了一种包层泵浦技术，在纤芯的包层(内包层)外增加了一个具有更低折射率的外包层，形成了双包层结构，并可采用大功率多模半导体激光器或半导体激光阵列做泵浦源，如图 4-10(b)所示。双包层结构的光纤中，泵浦光不是直接进入纤芯中，而是先进入包围纤芯的内包层中。内包层的直径和数值孔径均远大于纤芯，使得聚焦后的泵浦光可以高效地耦合进内包层，泵浦光在内、外包层界面多次内反射并穿越纤芯被掺杂离子吸收。内包层的作用一方面是限制振荡激光在纤芯中传播，保证输出激光的光束质量高，另一方面是构成泵浦光的传播通道，在整个光纤长度上传输的过程中，泵浦光从多模的内包层耦合到单模的纤芯中，从而延长了泵浦长度以使泵浦光被充分吸收。包层泵浦机制的提出和双包层光纤的研制成功，使光纤激光器的效率达到 80%以上，输出功率提高了 5～6 个量级。这种应用包层泵浦技术的掺杂光纤激光器称为双包层光纤激光器。

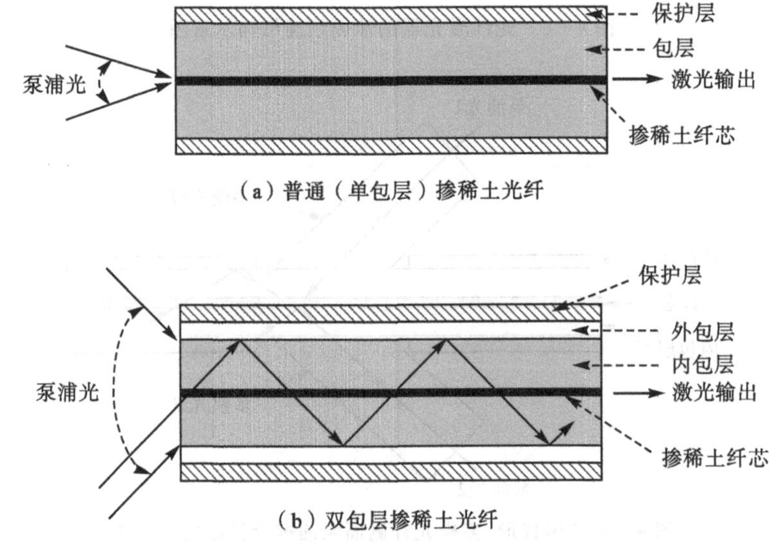

图 4-10　普通掺稀土光纤与双包层掺稀土光纤结构比较示意图

泵浦光的吸收率与内包层的形状和纤芯在内包层中的位置有密切关系。圆形同心结构的双包层光纤制作最为简单，但因其完美的对称性，泵浦光在内包层中形成大量的螺旋光，传播时不经过纤芯，不能被吸收利用，限制了泵浦光的转化效率。为了消除螺旋光提高泵浦效率，研制出各种具有不同内包层形状的双包层光纤，如方形、矩形、多边形、星形、梅花形和 D 形，几种典型双包层光纤的横截面结构如图 4-11 所示。

掺杂各种稀土元素的双包层光纤都可以构成双包层光纤激光器。由于掺镱的光纤激光器具有量子效率高、增益带宽大、无激发态吸收、无浓度淬灭以及可采用波长在 915 nm 或 980 nm 附近的多模大功率半导体激光器泵浦的特点，尤其适用于高功率器件。掺镱双包层光纤激光器单台输出功率已达 300 W，多台组合后的输出功率可达数

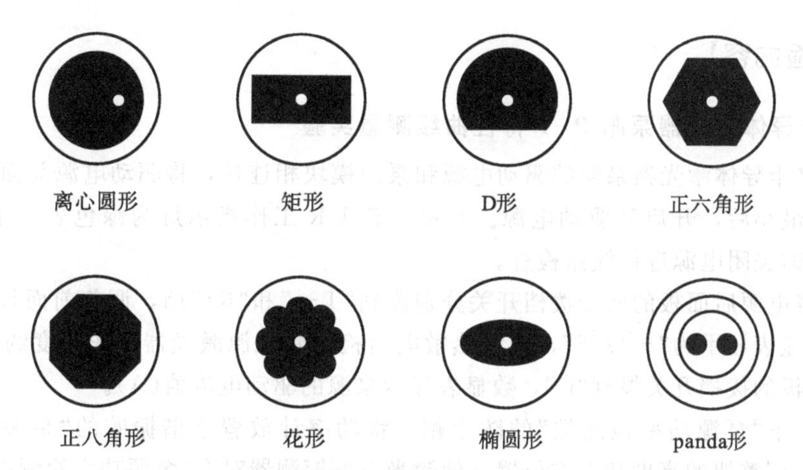

图 4-11 双包层掺稀土光纤的内包层截面形状示意图

千瓦。

本实验中的掺镱双包层光纤激光器实验系统采用模块化设计，半导体激光器泵浦源、工作物质掺镱双包层光纤和反射镜型谐振腔均具有独立性，通过组合连接构成一台完整的掺镱光纤激光器，如图 4-12 所示。该系统利用泵浦耦合器实现了侧向泵浦。泵浦耦合器的泵浦输入端通过 SMA 光纤跳线连接器与泵浦激光器的尾纤相连，泵浦耦合器的输出端与掺镱双包层光纤相熔接。泵浦激光器发射的多模泵浦光经由泵浦耦合器注入掺镱双包层光纤的内包层，在内包层传播过程中历经反射多次进入纤芯，实现对纤芯中基态镱离子的激发。

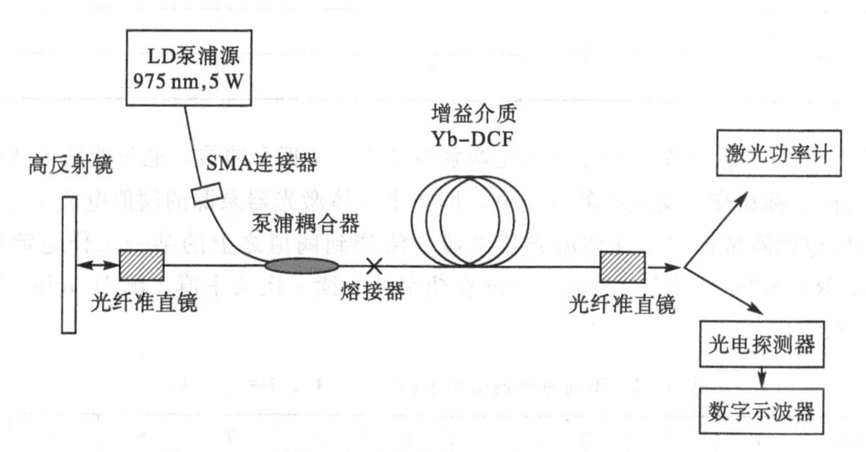

图 4-12 掺镱双包层光纤激光器实验系统结构示意图

谐振腔有两种构成方式：一种是由置于泵浦耦合器的信号光注入端的高反射镜与掺镱双包层光纤一端的光纤端面，构成前向泵浦模式的光纤激光器；另一种，将高反射镜置于掺镱双包层光纤的一端，与泵浦耦合器的信号光注入端的光纤端面，构成后向泵浦模式的光纤激光器。为了提高反射镜与光纤之间的信号光耦合效率，在泵浦耦合器的信号光注入端和掺镱双包层光纤的输出端分别配置了一支光纤准直镜。

【实验内容】

1. 半导体激光器泵源 *P*-*I* 特性曲线测量实验

(1)将半导体激光器泵源的驱动电源和泵源模块相连接，将驱动电源前面板电流电位器调到最小后，开启其驱动电源。开机后若 I/R 工作指示灯为绿色表示工作正常，红色时立即关闭电源进行线路检查。

(2)将电源后面板的两个拨档开关分别拨到“T－”和“R1”档，调节前面板的 RT 旋钮，使数显表显示为“－12.5”，表示热敏电阻检测到泵源激光器工作温度约 20℃；然后将后面板的拨档开关拨到“C”，数显表显示泵源的驱动电流值(A)。

(3)取下“泵源功率检测端”的防尘帽，将功率计放置于谐振腔的“泵源功率检测端”，调节调整架的高度和左右位置，使激光功率探测器对准“泵源功率检测端”。

(4)打开激光功率计的电源开关，缓慢调节驱动电源前面板的电流旋钮，增大半导体激光器泵源的驱动电流 *I*，泵源驱动电流每增加 0.2 A，记录一组激光功率计读数 P_1，该值为实际泵源功率 P_0 的 10%，将读取的 *I*、P_1 值依次填入表 4-1。

表 4-1　泵源 *P*-*I* 输出特性数据

I/A	P_1/mW	P_0/mW
0.2		
0.4		
0.6		
…		
3.6		

(5)由表 4-1 数据作出半导体激光器泵源的 P_0-I 拟合曲线，通过曲线的线性部分作直线与横坐标相交，交点处的电流值，即为半导体激光器泵源的阈值电流 I_{th}。

(6)稳定性测量：将半导体激光器泵源电流调到阈值之上的某一工作电流(例如：*I* 为2 A，RT 为“－12.5”)，每隔 1 min 在功率计上读一次功率值，测 10 min，数据填入表 4-2。

表 4-2　不同时刻输出功率(*T*=____℃，*I*=____A)

时间/min	1	2	3	4	5	6	7	8	9	10
功率/mW										

(7)由 $S=\dfrac{|\Delta\bar{P}|}{\bar{P}}$ 计算该激光器功率输出稳定性，其中，$\bar{P}=\dfrac{\sum_{i=1}^{10}P_i}{10}$，$\Delta\bar{P}=\dfrac{\sum_{i=1}^{10}|P_i-\bar{P}|}{10}$。

(8)将电流调节旋钮逆时针旋到最小，等待 15 min 以上系统冷却后，关闭电源。

2. 前向泵浦光纤激光器搭建与调试实验

(1)依照图 4－12 搭建实验系统，半导体激光器和掺镱双包层增益光纤通过泵浦耦合器已连接，接通各电源并将准直激光器置于导轨左侧，使其发出红色激光对准掺镱双包层光纤输出端的光纤准直镜。仔细调节红光 LD 与光纤准直镜的相对位置，使红色激光耦合进入掺镱双包层光纤，在泵浦输出端最亮。

(2)高反射镜(后腔镜)置于准直激光器和谐振腔之间，尽量靠近谐振腔，高反射镜和准直激光器相距不小于 10 cm。调节高反射镜支架各旋钮，使其镜面与准直光束垂直，准直光束返回光斑与出射光斑重合。

(3)移去或遮挡住准直激光器，将半导体激光器泵源电流调到最小，打开泵源电源。将电源后面板的两个拨档开关分别拨到“T－”和“R1”档，调节前面板的 R1 旋钮，使数显表显示为－12.5，表示热敏电阻检测到泵源激光器工作温度约 20 ℃；将后面板的拨档开关拨到“C”。

(4)将功率计置于谐振腔的“泵浦输出端”，缓慢增加泵源驱动电流，当发现功率有明显变大时说明有泵浦光输出(阈值电流为 1 A 左右)，此时用屏遮挡一下反射镜和准直镜之间的光路，如果发现功率明显变小，则说明反射镜起到了反馈作用；如果功率无明显变化，则说明反射镜没起作用，需要重复以上(1)～(4)操作步骤。

(5)确定反射镜起到反馈作用后，固定泵浦激光器电流，仔细调节后腔镜，使输出激光功率达到最大为止。固定好有关活动调节螺丝，完成整个调节工作。

(6)在光纤激光器的输出端，用红外上转换片观察激光器输出光斑的形状。可以看到一个正六边形光斑，正中有一个直径很小、但亮度很高的圆形对称光点。该圆形对称光点对应从纤芯出射的激光，可以大致判断该光纤激光器输出的为单横模。

3. 光纤激光器输出特性测量实验

(1)前向泵浦光纤激光器搭建与调试实验的基础上，在功率计前安装 1060 nm 滤光片，利用激光功率计测量工作温度 20 ℃时，不同泵浦水平下的激光输出功率 P(mW)，对应填入表 4－3 中。

表 4－3　光纤激光器 P－I 特性实验数据

I/A	P/mW
0.2	
0.4	
0.6	
…	
3.6	

(2)利用表 4－3 中数据分别作出激光器输出功率 P 与泵浦电流 I、激光器输出功率 P 与泵浦光功率 P_0 的对应关系曲线。

(3)通过激光器输出功率 P 与泵浦电流 I 曲线的线性部分作直线与横坐标相交，交点处的电流值，即为光纤激光器的阈值电流 I_{th}；激光器输出功率 P 与泵浦光功率 P_0 曲线的线性部分的斜率，即光纤激光器的斜效率，曲线上每一点对应的两个功率值之比，即为该泵浦状态下的总效率，又称光-光转换效率。

(4)保持驱动电流不变，通过调节温控电源旋钮 RT，依次改变半导体激光器的工作温度 T，待 RT 示数温度时，利用波长计或光谱仪测量半导体激光器相应的输出功率及波长，填入表 4-4 中。

表 4-4　不同温度下的 LD 输出特性数据

RT 值	−8	−8.5	−9	−9.5	−10	−10.5	−11	−11.5	−12
λ/nm									
I=3 A									
I=4 A									

(5)利用表 4-4 的数据，绘制光纤激光器输出功率和输出波长随工作温度变化的拟合曲线，分析泵浦激光器工作温度对光纤激光器输出特性的影响，并结合半导体激光器理论和掺镱光纤激光器理论解释其原因。

4. 光纤激光器自调 Q 与自锁模实验

(1)在上面实验基础上，泵源驱动电流调到最小，移去光纤激光器输出端的激光功率计，放置高速脉冲探测器(为保护调整脉冲探测器，通常测量散射光)，光电探测器连接到示波器，记录不同泵浦电流下的光纤激光器输出波形，如图 4-13 所示。

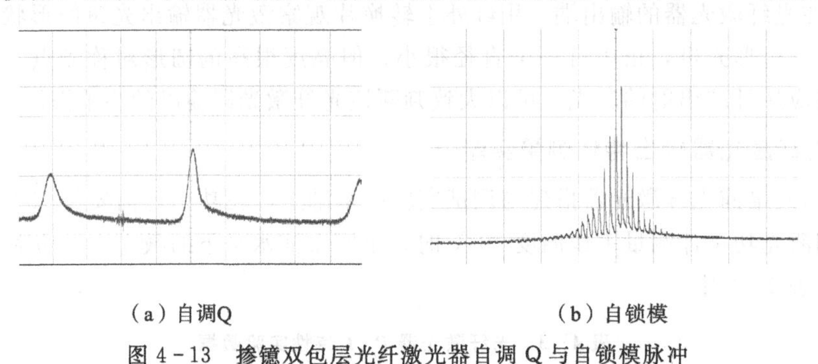

(a) 自调Q　　　　(b) 自锁模

图 4-13　掺镱双包层光纤激光器自调 Q 与自锁模脉冲

(2)在一定的泵浦范围内将观察到微秒级宽度的小脉冲序列，即出现“自调 Q”。自调 Q 脉冲的强度、宽度和间隔存在较大的随机性、自发性，但总的趋势是随着泵浦电流增大，自脉冲间隔变小，脉冲数目增加；当泵浦电流足够大时，自调 Q 脉冲将减弱，乃至消失。

(3)调节示波器量程，使上述“自调 Q”脉冲在显示屏上展开，能够观察到在每个“自调 Q”脉冲包络内都存在一系列时间间隔(Δt)相等的更短脉冲。在一定泵浦范围内泵浦电流越大，短脉冲越显著。测出 Δt，容易验证其恰好符合熟知的锁模激光脉冲间隔公式 $\Delta t=\frac{2nL}{c}$(式中 c 代表真空中的光速，L 为光纤激光器谐振腔的长度，n 为光纤纤芯的有效折射率)，故称为光纤激光器的“自锁模”。“自调 Q”和“自锁模”一般可解释为掺镱双包层光纤自身的一种可饱和吸收行为。但研究表明，“自调 Q”和“自锁模”往往是多种物理机制共同作用的结果。

(4)实验完成后，将电流调节为最小，待 15 min 以上系统冷却后，关闭电源。

【注意事项】

1. 光纤激光器输出功率很大，实验时切勿忘记佩戴激光防护眼镜。
2. 光纤及熔接点易断不易检查，严禁私自拆封谐振腔体。
3. 泵源电源调节严格按照实验操作进行。

【预习与思考】

1. 与传统的固体激光器相比，光纤激光器有何特点？
2. 选择半导体激光器作为光纤激光器的泵浦源应注意哪些问题？
3. 红外上转换片观察输出光斑的形状时，分布在圆形光点外围的正六边形光斑是如何形成的？
4. 光纤激光器为何会出现自调 Q 和自锁模？

实验 5　光束质量分析实验

【实验目的】

1. 掌握高斯光束的传播规律。
2. 掌握远场发散角测量激光光束质量的常用方法。
3. 了解最小二乘法拟合双曲线及根据双曲线解析式计算光束质量的方法。

【实验仪器】

He-Ne 激光器；CCD；衰减器；电控平台；计算机；导轨；调整架等。

【实验原理】

在激光的发展史上，针对不同的应用目的，对激光的光束质量有聚焦光斑尺寸、光束宽度、远场发散角、斯特列尔比、衍射极限倍数因子、桶中功率能量等评价参数。各种光束质量的定义对应于不同的应用目的，所反映光束质量的侧重点也不同，实际应用中，学术界对这些评价标准的合理性和适用性还不统一，直至引入一个无量纲的参量——光束质量因子 M^2，科学合理地描述激光光束质量。

由光学理论可知，稳定谐振腔发出的激光束多为高斯光束，基模高斯光束在横截面内的光场振幅分布按照高斯分布函数的规律从中心向外平滑下降，呈现双曲线分布，如图 5-1 所示，数学表达式为

$$|E(x,\ y,\ z)|=E_0\ \frac{w_0}{w(z)}e^{\left[\frac{-(x^2+y^2)}{w^2(z)}\right]} \tag{5-1}$$

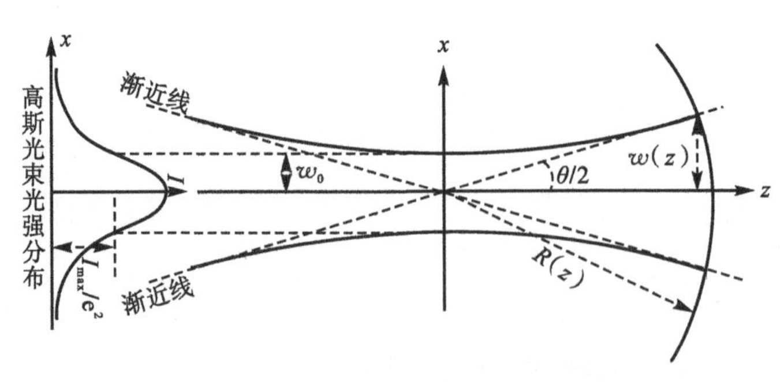

图 5-1　基模高斯光束的横向场分布图

基模高斯光束的束宽通常定义为振幅下降到中心振幅的 $\frac{1}{e}$ 时所对应的宽度，因光

强正比于振幅的平方，该束宽可通过测量光束横向光强分布中光强衰减$\frac{1}{e^2}$时与 z 轴中心点之间的距离获得，称为半宽度 $w(z)$。在 $z=0$ 处光斑尺寸最小有 $w(0)=w_0=\sqrt{\frac{f\lambda}{\pi}}$，称为腰斑半径，$f$ 为高斯光束的共焦参数。腰斑半径 w_0 是高斯光束的特征参量，它由激光器结构决定，光斑半径 $w(z)$用腰斑半径 w_0 表示为

$$w(z)=w_0\sqrt{1+\left(\frac{\lambda z}{\pi w_0^2}\right)^2} \tag{5-2}$$

只要确定 w_0 和它所处的 $z=0$ 的平面，就可以确定出高斯光束的形式。

本实验对 He－Ne 激光器的光束聚焦尺寸、远场发散角和光束传输因子进行测量。

1. 聚焦光斑尺寸

聚焦光斑尺寸指光束经过聚焦光学系统后，在光学系统焦平面上所形成光斑的大小。聚焦光斑尺寸作为衡量光束质量标准是一种较直观且简便的方法。焦斑大小可以反映整体光束质量，焦斑尺寸越小，光束远场发散角就越大，准直距离也越短。理想情况下的均匀平面波经聚焦光学系统，用艾里斑的宽度表示聚焦光斑尺寸。而高斯光束的聚焦如图 5－2 所示。若透镜焦距为 F，入射高斯光束束腰到透镜的距离为 l、腰斑半径为 w_0、共焦参数为 f，则出射光束在距离透镜 l'距离处获得腰斑，其腰斑半径为

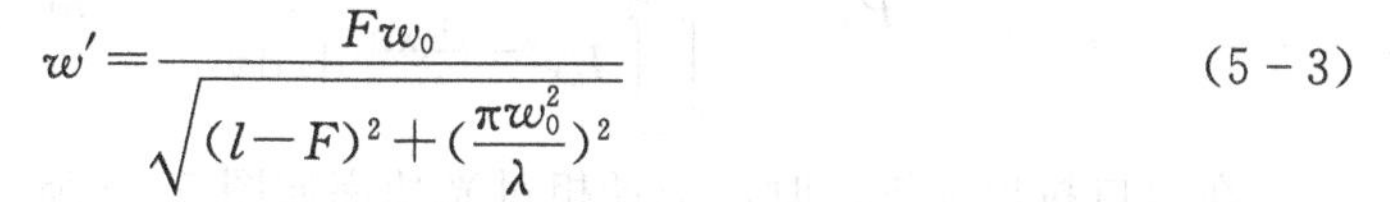

$$w'=\frac{Fw_0}{\sqrt{(l-F)^2+\left(\frac{\pi w_0^2}{\lambda}\right)^2}} \tag{5-3}$$

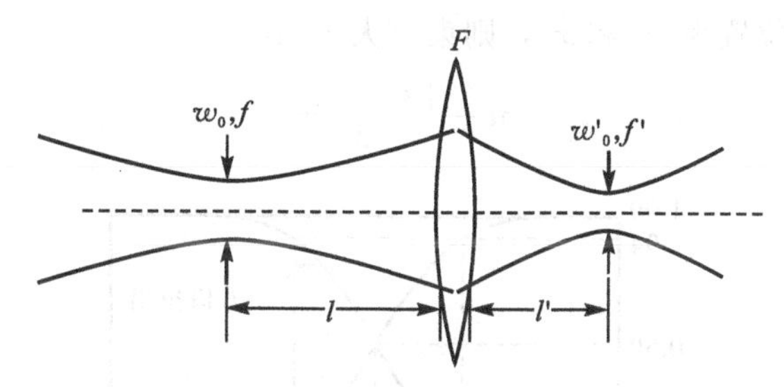

图 5－2　高斯光束的聚焦

可见，当 $l=0$，即透镜处于入射高斯光束的束腰时 w'取得最小值。合理选择各参数高斯光束也具有类似平面波的聚焦现象，但平面波的聚焦光斑理想为一个点，而高斯光束的聚焦光斑具有一定的光斑尺寸。因聚焦光斑的大小 w'不仅和激光束本身特性 f 有关，还与所用的聚焦光学系统的焦距 F 有关，故只用聚焦光斑尺寸一个参数作为光束质量判据是不够的。

对光斑尺寸的测量，通常有针孔法、狭缝法、刀口法和 CCD 法等。针孔法中针孔装置会因衍射引起较大的束宽测量误差，一般较少使用；狭缝法中狭缝宽度为被测宽度的 1/10 以下才不会引起较大的测量误差；刀口法是高能量光束束腰直径测量较为理想的方法，原理如图 5－3 所示。平直的刀口平行于 y 轴放置，沿 x 轴方向移动。当刀口没有挡住光束时，光功率计测得得功率值最大；随着刀口的移动，光斑被刀片遮挡的部分逐渐增大，功率计测得的功率值逐渐减小；当刀片完全挡住光束时，功率计测

得最小功率。

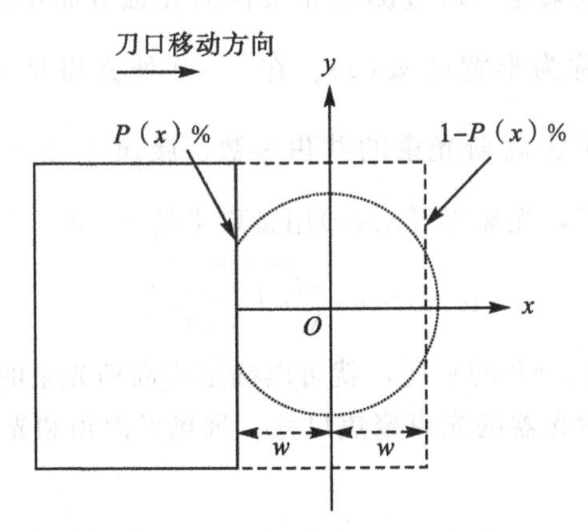

图 5-3　刀口法测量光斑尺寸

刀口挡住了 $x \leqslant a$ 部分的光强，未被刀口挡住而通过的光功率 $P(x)$ 与总功率 P_0 的关系为

$$\frac{P(x)}{P_0}=\frac{\int_{-\infty}^{\infty}\int_{x}^{\infty} I_0 \mathrm{e}^{\left[-\frac{2(x^2+y^2)}{w^2}\right]}\mathrm{d}x\mathrm{d}y}{\int_{-\infty}^{\infty}\int_{-\infty}^{\infty} I_0 \mathrm{e}^{\left[-\frac{2(x^2+y^2)}{w^2}\right]}\mathrm{d}x\mathrm{d}y}=\frac{\sqrt{2/\pi}}{w}\int_{x}^{\infty}\mathrm{e}^{\left(\frac{-2x^2}{w^2}\right)}\mathrm{d}x \tag{5-4}$$

在刀口拉出和推入时，记录相对光功率如图 5-4 所示，若相对光功率分别为 0.94 和 0.06 时的两刀口位置为 x_1 和 x_2，则束斑大小为

$$w=\frac{|x_1-x_2|}{2} \tag{5-5}$$

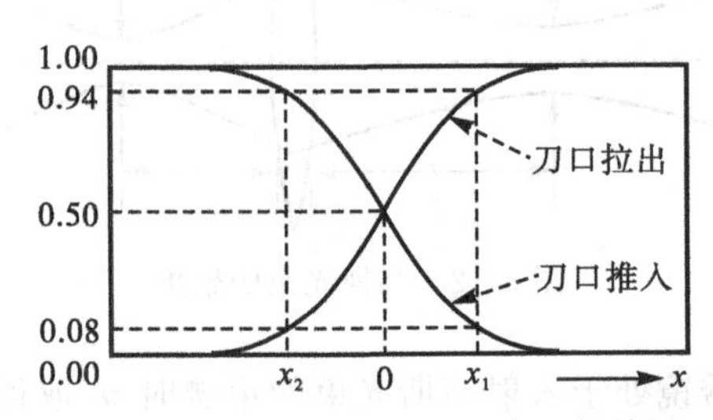

图 5-4　相对光功率与刀口位置的关系

2. 远场发散角

光束发散角是指光束宽度随着与束腰位置距离的增加而增大的程度。发散度通常用远场发散角 $\theta(z)$ 来表征。基模高斯光束既非平面波也非球面波，它的能量沿传播方向呈双曲线分布，具有一定的发散性，其全发散角定义为

$$\theta(z)=2\frac{\mathrm{d}w(z)}{\mathrm{d}z}=\frac{2\lambda/\pi w_0}{\sqrt{1+(\pi w_0^2/\lambda z)^2}} \tag{5-6}$$

即光斑尺寸为轨迹的两条双曲线的渐近线间的夹角。远场时 $z \gg \frac{\pi w_0^2}{\lambda}$，即

$$\theta(\infty)=\lim_{z\to\infty}\theta(z)=\frac{2\lambda}{\pi w_0} \tag{5-7}$$

减小远场发散角能有效利用激光能量，使光束达到良好的方向性和高亮度，降低对系统发射功率和接收灵敏度的要求。远场发散角越小表明光束的能量在传播方向上越集中，光束方向性越好。实际测量远场发散角时，不可能在无限远处进行，只能采取近似的方法测出距离束腰足够远处的光束发散角。为准确测量 $\theta(\infty)$，定义一个 z_i，使 $\frac{\theta(z_i)}{\theta(\infty)}=\left(1+\left(\frac{\pi w_0{}^2}{\lambda z}\right)^2\right)^{-\frac{1}{2}}=0.99$，求得 $z_i\approx 7\,\frac{\pi w_0^2}{\lambda}$。在 $z>z_i$ 处测量的光束发散角与远场发散角的误差小于1%，故选大于 $7\,\frac{\pi w_0^2}{\lambda z}$ 的两处，用光斑尺寸的变化率近似发散角，表示为

$$\theta=2\arctan\left(\frac{w(z_2)-w(z_1)}{z_2-z_1}\right)\approx 2\cdot\frac{w(z_2)-w(z_1)}{z_2-z_1} \tag{5-8}$$

3. M^2 因子

通常情况下，高斯光束通过无像差、可忽略衍射效率的透镜系统时，虽然束腰直径或远场发散角发生变化，但束腰宽度与远场发散角的乘积却是一个不变量。故国际上普遍将光束质量因子作为衡量激光光束空域质量的参量，避免只用光斑尺寸或发散角作为质量判据带来的不确定性。光束质量因子 M^2 定义为

$$M^2=\frac{\text{被测高斯光束束腰宽度}\times\text{远场发散角}}{\text{基模高斯光束束腰宽度}\times\text{远场发散角}} \tag{5-9}$$

M^2 因子能够描述多模光束的传播特性并度量其光束质量，通常是在多模光束中构造一个嵌入高斯光束，它与多模光束有相同的束腰位置和瑞利距离。多模光束中引入嵌入高斯光束后，M^2 因子为光束的衍射极限倍数，即多模光束远场发散角与衍射极限之比。可以证明，光束通过无像差光学系统时，光束的 M^2 因子是一个传输不变量，且一般光束 $M^2\geqslant 1$，而基模高斯光束 $M^2=1$、$w_0\cdot\theta_0=\frac{4\lambda}{\pi}$，故一般光束的 M^2 因子最终归结为其束腰宽度 w 和远场发散角 θ 的测量，即

$$M^2=\frac{\pi}{4\lambda}w\cdot\theta \tag{5-10}$$

光束束腰宽度由束腰界面的光强分布决定，远场发散角由相位分布决定，可见光束质量因子 M^2 同时包含远场和近场特性，能综合描述光束的品质。对比亮度公式 $B=\frac{P}{\Delta S\times\Delta\Omega}=\frac{P}{(M^2)^2\cdot\lambda^2}$ 可知，M^2 因子也可以表征激光光束亮度。M^2 因子越小即束腰宽度和远场发散角的乘积越小，激光束相干性越好。M^2 因子值越大，实际光束相对于理想基模高斯光束发散就越大，相应的光束质量就会越差。M^2 因子不适合评价高能激光的光束质量，适合评价低功率激光器光束界面上光强连续分布的激光光束质量。

M^2 因子的测量实质是对束腰宽度的测量，测量方法有两点法、三点法和多点法，本实验采用多点拟合法，依据光强二阶矩定义的束腰宽度在自由空间传输按照双曲线分布的规律，测量多个不同位置的光斑直径，通过多组数据拟合出双曲线及其系数，获得相关激光参数。

若激光束的束腰宽度可直接测量，为提高计算精度，应至少在十个不同的传输距离上测量光束宽度，且其中至少半数在距离束腰一倍的瑞利长度之内，其他位置应在距离束腰2倍瑞利长度之外。圆对称的激光束传输方程的双曲线拟合公式为

$$w^2=A+Bz+Cz^2=C\left(\left(z+\frac{B}{2C}\right)^2+\frac{4AC-B^2}{4C^2}\right) \tag{5-11}$$

拟合出传输方程的3个系数A、B和C，即可计算出相应的光束参数。各参数计算公式为

瑞利长度：$z_{Ri}=\frac{1}{2C}\sqrt{4AC-B^2}$ (5-12)

束腰位置：$z_0=-\frac{B}{2C}$ (5-13)

束腰半宽度：$w_0=\frac{1}{2\sqrt{C}}\sqrt{4AC-B^2}$ (5-14)

远场发散角：$\theta=\sqrt{C}$ (5-15)

M^2 因子：$M^2=\frac{\pi}{8\lambda}\sqrt{4AC-B^2}$ (5-16)

对于束腰不可直接测量的激光束，需要如图5-5用无像差透镜进行束腰变换，再测量变换后的激光参数，根据束腰变换关系反解出变换前的激光参数。换算参数为

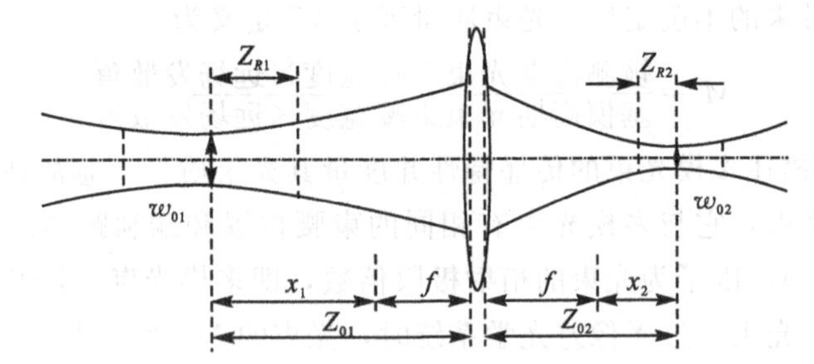

图5-5　高斯光束透镜变换示意图

$$V=\frac{f}{\sqrt{Z_{R2}^2+x_2^2}} \tag{5-17}$$

式中，Z_{R2}为变换光束的瑞利长度；f为透镜焦距；$x_2=z_{02}-f$；z_{01}和z_{02}是变换前后的束腰位置。则原光束的相关参数为

束腰位置：$z_{01}=V^2x_2+f$ (5-18)

束腰宽度：$w_{01}=V\cdot w_{02}$ (5-19)

瑞利长度：$Z_{R1}=V^2\cdot Z_{R2}$ (5-20)

远场发散角：$\theta_1=\frac{\theta_2}{V}$ (5-21)

【实验内容】

1. 刀口法测量聚焦光斑尺寸

(1)如图5-6连接系统，刀口处于透镜焦距附近，刀口安装在移动精度可达0.02 mm的螺旋测微器上，功率计探头前的光阑孔径最大，并置于刀口后。

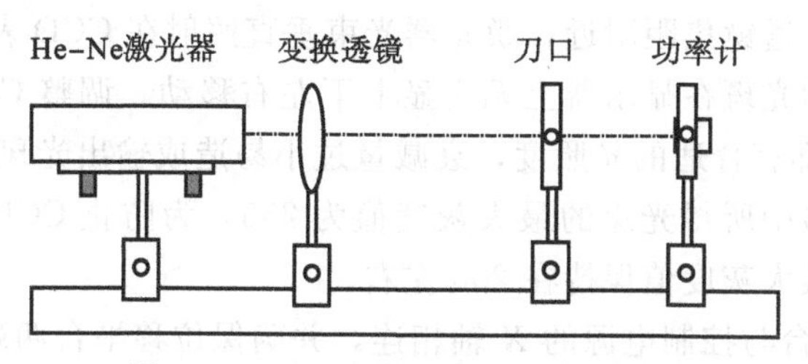

图 5-6　刀口法测量光斑尺寸系统图

(2)将刀口位于激光光斑边缘以外，测量未被刀口挡住的全部激光功率 P_0。

(3)缓慢旋转螺旋测微器，在光束截面上沿直径方向推进刀口，每 0.02 mm 测量一次对应的激光功率 P，重复测量直到光斑全部被刀片挡住时，功率计显示为零；再将刀口缓慢拉回，每 0.02 mm 测量一次对应的激光功率 P，直至激光全部入射到光探测器。分别记录刀口推进和拉回时，刀口位置 x 与光功率 P 的相关数据，填入表 5-1 中。

表 5-1　刀口推进与拉出时数据记录表(总入射功率 P_0=　　　　)

序号	推进刀口		拉出刀口	
	x/mm	功率 P	x/mm	功率 P
1				
…	…	…	…	…

(4)将推进和拉出时的光功率进行归一化处理，拟合出相对光功率与刀口位置的关系曲线，判断光斑是否为高斯分布。

(5)利用刀口法的测量原理计算聚焦光斑尺寸。

2. 远场发散角测量

(1)如图 5-6 连接系统。

(2)以输出镜为原点，在光路方向上利用刀口法分别测量距离原点为 0.2 m、0.4 m、0.6 m、0.8 m、1.0 m 处的光斑尺寸。

(3)利用公式计算光束的远场发散角。

3. M^2 因子测量

(1)如图 5-7 连接系统，CCD 前端接 25%或更多衰减片。连接 CCD 接口到计算机主机后面板的 USB 接口，前面板的 USB 接口可能电流不够，不能保证 CCD 正常工作。开启激光器电源及 CCD 测量软件。软件窗口中左边大窗口显示经过数据处理后的光斑形状，右下方显示光斑水平方向和竖直方向的光斑尺寸等参数。

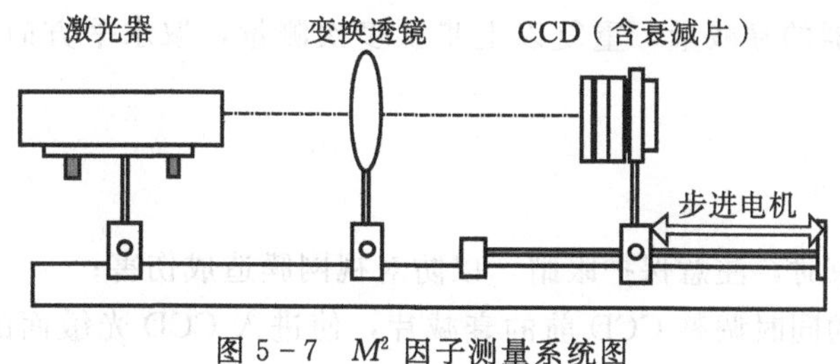

图 5-7　M^2 因子测量系统图

(2)使CCD处于透镜焦距附近，激光器光束垂直照射在CCD表面，CCD在道轨上移动时，不同位置的光斑在显示器上无明显上下左右移动。调整CCD前的衰减片，使CCD在行程范围内都有合适的光照度，衰减量过小易造成输出光斑饱和，影响CCD器件的使用寿命。实验中所得光斑的最大灰度值为255，为防止CCD工作在饱和区，需调整衰减，使光斑最大灰度值保持在200左右。

(3)电动控制平台与控制电源的X轴相连，并确保位移平台两端底部的开关按钮处于断开位置。设置电控位移平台为手动控制，通过面板上的“手/自”按键进行手动/自动工作模式切换。若液晶面板左上角出现“C”字母标识，表示位移平台工作在计算机控制的自动模式；若出现“*”标识，表示位移平台处于手动控制模式。

(4)电动位移平台的“X Pos”是当前位移平台距坐标零点的步数，默认设置控制器每移动200步实际位移为1 mm；“Speed”显示位移台的运动速度，默认取50；“Step”表示每按动一次“运行”按钮时，位移平台运动的步数，实验中选择“2000”，即每按一次位移平台移动10 mm，可按下“设置”按钮对“Step”进行设置。

(5)先按动“归零”按钮一次，然后再按“向上”按钮一次，位移平台将向零位置运动，最后停到零位置，“X Pos”显示为0。按动“运行”键一次，相机按照设定的单次运行步长10 mm运行一次，CCD软件界面上显示光斑形状及两个方向上的尺寸，稳定后做记录。

(6)在束腰位置两侧的多个位置分别测量激光束的束宽，至少测量10个以上的位置，且半数测量位置在距离束腰一倍瑞利长度以内，其他位置应在距离束腰两倍瑞利长度之外。

表5-2　CCD测量光斑尺寸数据

序号	相机坐标/mm	Width X/mm	Width Y/mm
1	10		
2	20		
…			
20	200		

(7)采集完毕后按动归零键，使相机回到坐标零点，依次关闭激光器、运动控制器及计算机电源。

(8)数据处理：利用最小二乘法，根据所得的光斑大小数据，拟合出光斑双曲线$w^2=A+Bz+Cz^2$，并根据得到的A、B、C值计算出对应方向上的束腰半宽度ω_0、远场发散角、M^2因子及位置z_0。

(9)改变衰减器的衰减量，重复以上步骤多次测量，取水平方向和竖直方向的M^2因子的平均值。

【注意事项】

1. 观察激光束时，注意保护眼睛，以防对视网膜造成伤害；

2. 调整光轴的同时调整CCD前的衰减片，使进入CCD光敏面的光强适中，最终获得的图像要有较好的灰度分布，不能大面积饱和，也不能大面积呈黑色；

3. 确保电动平台工作在计算机控制模式，电动平台和 CCD 连线正确。

【预习与思考】

1. 分析激光输出功率的不稳定性对测量结果的影响。
2. 试列举一种其他的激光束束宽测量方法。
3. M^2 因子的测量方法有哪些？
4. 影响测量 M^2 因子的误差来源有哪些？如何减小这些误差对结果的影响？

实验6　光栅光谱仪的使用实验

【实验目的】

1. 了解光栅光谱仪的结构、工作原理及使用方法。
2. 掌握测量介质的吸收曲线或透射曲线的原理和方法。
3. 测量未知光源的发射光谱并进行简单分析。

【实验仪器】

多功能光栅光谱仪；计算机；汞灯；钠灯；铷玻璃片等。

【实验原理】

1. 光栅光谱仪的构成

光栅光谱仪利用光栅的色散原理制作而成，用于分析物质的发射光谱和吸收光谱。光栅光谱仪主要由光源照明系统、分光系统和接收系统构成，将入射的复色光经光栅分解为单色光，并在聚焦镜平面上按波长顺序形成一系列单色谱线。一般而言，发射光谱学中的光源是研究对象，而吸收光谱学中的光源则是照明工具。照明系统是一套精心设计的聚光系统，用于最大限度地收集光源发出的光功率，以提高分光系统的光强度。分光系统中光栅作为光栅光谱仪的核心，通常使用反射式闪耀光栅。接收系统包括光谱的接收、处理和显示，用于测量光谱组成各部分的波长和强度，进而获得被测物质成分、含量、温度等相应参数，常用的接收系统有基于光电作用的CCD或光电倍增管、基于化学作用的乳胶底片和基于人眼的目视系统三类。

光栅光谱仪的分光系统结构如图6－1所示，光源发出的自然光或复色光由聚光镜会聚于光谱仪的入口狭缝 S_1，经平面镜 M_1 和球面反射镜 M_2 的反射入射到光栅 G 表面。S_1 位于 M_2 的焦面位置，照射到光栅 G 的入射光束为平行光束，由于 G 的分光作用出射光为不同波长的平行光，再以不同的衍射角入射到球面反射镜 M_3，最终会聚于焦面处的出口狭缝 S_2 或 S_3 处。步进电机控制 G 的转动，由于光栅的分光作用，将连续光谱变成近似单色光从出口狭缝射出。调节出口狭缝的开启宽度，允许波长间隔非常狭窄的一部分光束通过出口狭缝，探测器位于出口狭缝位置进行光谱探测。

2. 衍射光栅

衍射光栅能对入射光波的振幅或相位进行空间周期性调制，在透镜焦面上呈现一条条亮而窄的条纹，且条纹位置随入射波长而变化。当复色光波入射到光栅时，不同波长的波各自形成一套条纹，且彼此错开一定距离，即光栅的分光作用。光谱仪中多

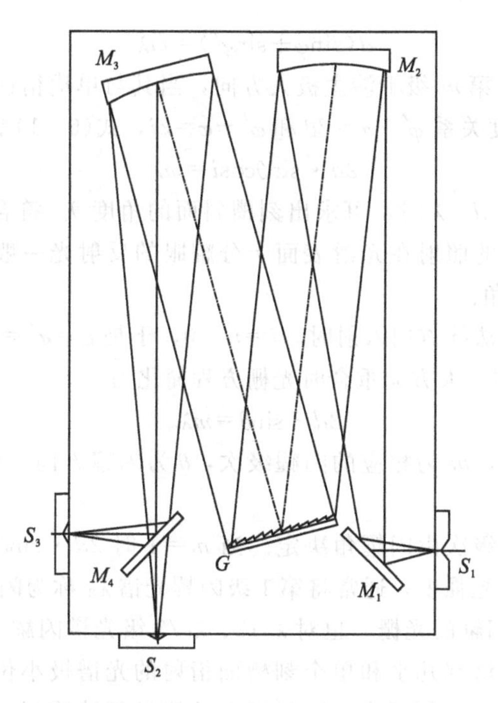

图 6-1　光栅光谱仪分光系统结构图

使用平面反射式闪耀光栅，其截面如图 6-2 所示，在光学玻璃或熔石英表面镀一层反射率很高的铝膜，在铝平面上刻出平行的锯齿形刻槽，铝膜和玻璃之间镀有增强结合力的铬或钛膜。入射光波入射到光栅上，刻槽上每一面元都可作为次波源沿反射方向一侧发出次波。整个光栅面有同样的反射率，忽略对振幅的调制，由于光程的规则变化对相位产生调制，这种光栅通常称为相位型平面反射光栅。

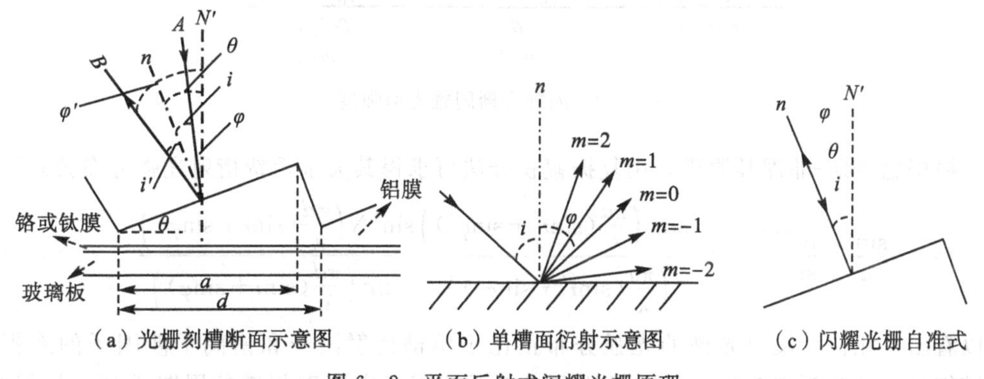

图 6-2　平面反射式闪耀光栅原理

图 6-2 中，设光栅平面法线为 N'，小槽面法线为 n，光栅平面法线 N 和小槽面法线 n 的夹角为 θ，刻槽宽度为 a，光栅常数即锯齿形槽宽度为 d。波长为 λ 的单色平行光 A 入射到光栅上时，入射方向与光栅法线 N' 的夹角为入射角 φ，单槽衍射中央主极大方向为其槽面的镜面反射方向 B，入射方向与小槽面法线 n 成 i 角，φ' 为平面光栅衍射角。则入射光线与衍射光线在小槽面成镜面反射有 $i=i'$，相邻两槽面间衍射光干涉加强时的主极大方向由光栅方程

$$d(\sin\varphi+\sin\varphi')=m\lambda \tag{6-1}$$

确定。若希望 B 方向是第 m 级干涉主极大方向，当其与单槽衍射中央主极大方向重合时，根据图 6-2 中角度关系 $\varphi'+\varphi=2\theta$ 和 $\varphi'-\varphi=2i$，式(6-1)变为

$$2d\cdot\sin\theta\cos i=m\lambda \tag{6-2}$$

可以看出，已知 i、m、d、λ 时，可求出刻槽斜面的角度 θ。符合该式时，B 方向的光很强，如同人眼感觉到的照射在光滑表面十分耀眼的反射光一般，因此称此时光栅为闪耀光栅，θ 称为闪耀角。

当平面光波沿槽面法线方向入射时，$i=i'=0$，于是 $\varphi=\varphi'=\theta$，单槽衍射中央主极大方向与第 m 级干涉主极大方向重合时光栅方程简化为

$$2d\cdot\sin\theta=m\lambda_m \tag{6-3}$$

式(6-3)称为闪耀条件，m 为相应的闪耀级次，θ 为闪耀方向，该方向上波长为 λ_m 的谱线有最大的光强。

可见，闪耀波长和级次由闪耀角决定。当 $m=1$ 时 $2d\cdot\sin\theta=\lambda_B$，即波长 λ_B 的 1 级光谱线闪耀获得最大光强度，通常将第 1 级闪耀光谱 λ_B 称为闪耀波长。也可以看出，对波长 λ_B 的 1 级光谱闪耀的光栅，也对 $\lambda_B/2$、$\lambda_B/3$ 级光谱闪耀。因 $a\approx d$，波长 λ_B 的其他级次(含零级)的光谱都几乎和单个刻槽面衍射的光谱极小位置重合，使这些级次的光谱强度在总能量中的比例很少，80%以上的能量都转移到 1 级光谱上了，实际闪耀光谱强度如图 6-3 所示。

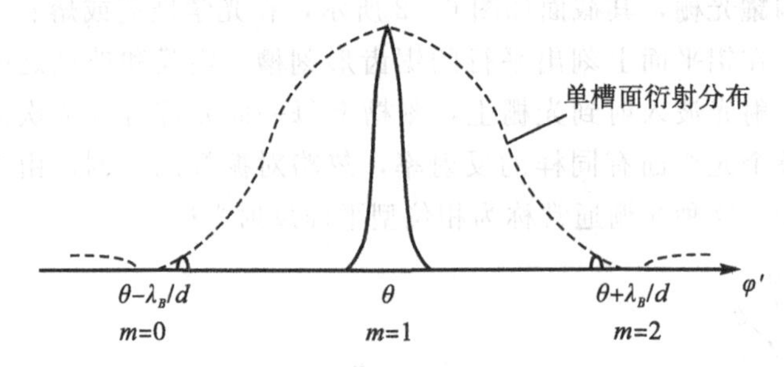

图 6-3　闪耀光栅闪耀光谱强度

根据惠更斯-菲涅耳原理，用复振幅积分法可求得其夫琅禾费衍射光强分布公式为

$$I=I_0\frac{\sin^2 u}{u^2}\frac{\sin^2 Nv}{\sin^2 v}=I_0\frac{\sin^2\left(\frac{\pi a}{\lambda}(\sin i'+\sin\varphi')\right)}{\left(\frac{\pi a}{\lambda}(\sin i'+\sin\varphi')\right)^2}\frac{\sin^2 N\left(\frac{\pi d}{\lambda}(\sin i+\sin\varphi)\right)}{\sin^2\left(\frac{\pi d}{\lambda}(\sin i+\sin\varphi)\right)} \tag{6-4}$$

可以看出，相位型反射光栅的光强分布正比于单槽衍射因子和槽间干涉因子的乘积，单槽衍射因子与刻槽有关，而槽间的多光束干涉因子来源于刻槽的周期排列，与刻槽本身无关。因此，光栅的衍射效率取决于单槽衍射因子对多槽衍射的调制。由于闪耀光栅的刻槽为锯齿形，使单个刻槽小平面衍射的光强分布发生了位移，光栅衍射光强分布包络线从 $\varphi=0$ 的位置移到 $\varphi=\theta$。只要适当控制齿形的倾角 θ，就能使光强的极大值出现在所需的光谱级次上。

3. 光谱仪的特性

光栅作为一个色散元件，基本参数通常有色散、分辨率、光谱范围、光谱透射率

等。光谱仪的光谱透射率与入射光的波长有关，对光波透射率较大的波长范围作为光谱仪的光谱范围，而色散和分辨率则标志着光谱仪光学性能。

(1)光栅的色散。

闪耀光栅相邻两槽面间衍射光干涉加强时，根据式(6－1)光栅方程可以看出，当给定光栅和入射角时，在某确定的光谱中，波长越长的光束衍射角越大，光谱按照波长进行空间排列。光谱仪通过电机带动光栅转动，改变入射光线与光栅平面法线以及小槽平面法线的夹角 φ 和 i，进而从复色光中分离出不同波长的单色光，此即为闪耀光栅的色散作用。

利用光栅方程 $d(\sin\varphi+\sin\varphi')=m\lambda$，对波长 λ 求微分并取绝对值来表示光谱仪的角色散

$$\frac{\mathrm{d}\varphi'}{\mathrm{d}\lambda}=\frac{m}{d\cos\varphi'} \tag{6-5}$$

可见，谱级数 m 越大、光栅常数 d 越小，色散率越大。在 $\varphi'=0$ 附近，色散为一常数，即色散与波长无关，这也是光栅产生均排光谱的条件和原因。实际实验中，通常也用线色散来表示

$$\frac{\mathrm{d}l}{\mathrm{d}\lambda}=f\cdot\frac{\mathrm{d}\varphi'}{\mathrm{d}\lambda}=f\cdot\frac{m}{d\cos\varphi'} \tag{6-6}$$

式中，f 为透镜的焦距。可见，色散与光波长无关，仅决定于光栅常数 d 和被考察亮线次级数 m。

(2)光栅的分辨率。

满足槽间衍射光干涉加强时，$m_1\lambda_1=m_2\lambda_2=m_3\lambda_3=\cdots$中的 m 与 λ 有很多组合，在同一 φ 和 i 时，不同级次的衍射可能会在同一衍射角 φ' 处出现，形成光谱重叠，此时光栅不能对其加以分辨。若光栅能分辨的最小波长差为 $\mathrm{d}\lambda$，则光谱仪的分辨率定义为

$$R=\frac{\lambda}{\mathrm{d}\lambda} \tag{6-7}$$

考虑光栅缝间干涉 m 级主极大时有 $\sin\varphi'=m\frac{\lambda}{d}$，以及与它最近的光强极小值条件 $\sin(\varphi'+\mathrm{d}\varphi')=\frac{n\lambda}{Nd}$，式中 $n=mN+1$，N 为光栅总刻线数目。两式相减得

$$\sin(\varphi'+\mathrm{d}\varphi')-\sin\varphi'=\frac{\lambda}{Nd} \tag{6-8}$$

利用三角公式对其展开并考虑 $\mathrm{d}\varphi'$很小，近似有

$$\mathrm{d}\varphi'=\frac{\lambda}{Nd\cos\varphi'} \tag{6-9}$$

代入式(6－5)得

$$\mathrm{d}\lambda=\frac{d\cos\varphi'}{m}\cdot\frac{\lambda}{Nd\cos\varphi'}=\frac{\lambda}{mN} \tag{6-10}$$

代入式(6－7)得到光栅的分辨率

$$R=\frac{\lambda}{\mathrm{d}\lambda}=mN \tag{6-11}$$

可见光栅的分辨本领和光栅距 d 无关，只取决于总刻线数量 N 和光谱的级次 m，级次

m 越大光栅总刻线越多，则分辨率越高。

利用式(6-1)光栅方程，将分辨率公式改写为

$$R=\frac{\lambda}{d\lambda}=\frac{Nd}{\lambda}(\sin\varphi+\sin\varphi') \tag{6-12}$$

可以看出，不管 N 取多大，分辨率最高也只能达到$\frac{2Nd}{\lambda}$。即单靠增加 N 提高光栅的分辨率是有限的。因 d 小于波长 λ 时，光栅的反射作用增强，通常光栅常数 d 不能小于 $\frac{\lambda}{2}$。故提高光栅分辨率的有效方法是提高 N 的同时，增加 Nd。

(3)自由光谱范围。

自由光谱范围即光谱仪光谱不重叠的区域。当 $\lambda+\Delta\lambda$ 的 m 级光谱与 λ 的 $m+1$ 级光谱重叠时，有

$$m(\lambda+\Delta\lambda)=(m+1)\lambda \tag{6-13}$$

即波长 λ 的入射光的第 m 级衍射，只要其谱线宽度小于 $\Delta\lambda=\frac{\lambda}{m}$，就不会发生与 λ 的 $m-1$ 或 $m+1$ 级衍射光重叠的现象。

4. 光栅光谱仪的基本应用

光栅光谱仪可广泛应用于光谱分析、透明物质的光学性质分析、光源特性分析、光电效应分析等方面的工作，也可作为标准单色光源，是许多厂矿企业、科研单位和高等院校实验室的常用仪器。

(1)标准光源(汞灯)对光谱仪的标定。

光谱仪出厂时，一般附有定标曲线的数据或图表供查阅，但是经过长期使用或重新装调后，其数据会发生改变，此时需要重新标定，确定出射光波长和鼓轮读数的对应关系。实验中常使用汞灯等已知谱线光源，在可见光区域进行标定，汞灯的主要谱线相对强度和波长如图 6-4 所示。汞灯主要光谱线有 404.66 nm、435.84 nm、546.07 nm、579.07 nm、579.96 nm 等。用汞灯进行光谱仪的标定方法：汞灯光线经过光栅反射后发生衍射现象，依据衍射一级光谱中很强的黄光或绿光来标定单色仪，较强的紫光来判定标定的准确度。

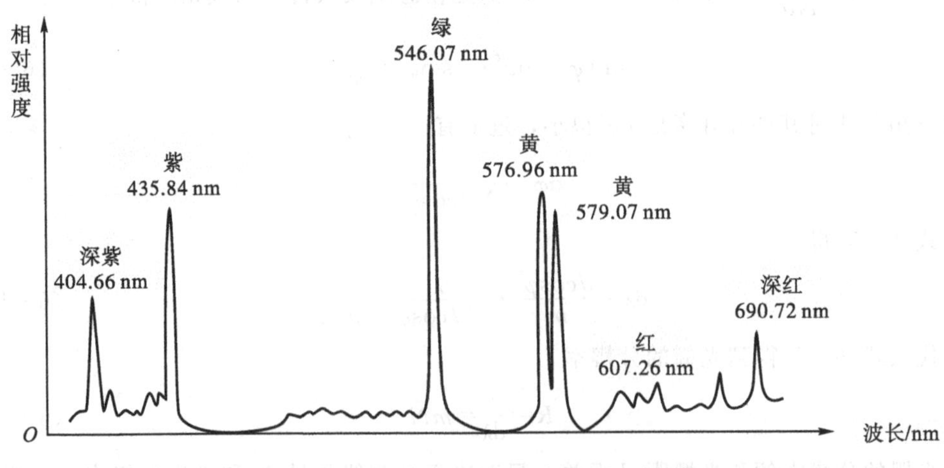

图 6-4 汞灯主要谱线的波长及相对强度

(2)测量未知光源的光谱波长。

包含不同波长光的平行光通过光谱仪的光栅面时，不同波长的光以不同方向出射形成光谱，根据入射到光谱仪的光源不同，得到的光谱有连续光谱也有分立光谱。如汞灯、钠灯等光源入射时，得到分立的谱线，也称线光谱；如白炽灯、太阳光等光源，则可以得到连续光谱。

通过光栅方程 $2d\sin\theta\cos i=m\lambda$，已知光栅的旋转角度 θ、入射光和衍射光夹角的一半，可根据

$$\lambda=\frac{2d}{m}\sin\theta\cos i \tag{6-14}$$

计算出射波长和光栅角度之间的关系。

(3)测定介质的吸收谱。

介质对光的吸收分为一般吸收和选择吸收两类。一般吸收是在一个波长范围内，若某种介质对光吸收很少，且对各波长的光吸收量相等，认为介质对这一波长范围的光是透明的。如玻璃、水晶、水对白光呈现一般吸收。而选择吸收是某一介质对某一波长或某一波长范围的光吸收强烈，该介质对这种光是不透明的，如光学实验中常用的光学滤光片。任何介质都有这两类吸收特性，对一些波长的光是一般吸收，而对另一些波长的光是选择吸收。例如，1 cm厚的玻璃，对可见光范围波长光等量吸收，但对于波长大于 750 nm 的红外光和波长小于 380 nm 的紫外光却全部吸收。

根据朗伯-比尔定律可知，光通过低浓度的溶液时，会被溶解在透明溶剂中的溶质吸收。溶液的吸收系数与其浓度和厚度成正比。当同一强度的单色光分别通过某标准溶液和同种类的未知浓度溶液，可用比较吸光度大小的方法测定未知溶液的浓度。

一般来说，介质对光的反射、透射和吸收不但与介质的材料有关，而且与入射光的波长有关。当一束平行单色光通过均匀的介质(含溶液)时，一部分被吸收，一部分透过介质，还有部分被介质表面反射。当入射光强为 $I_0(\lambda)$，被介质吸收的光强为 $I_A(\lambda)$，被介质反射的光强为 $I_R(\lambda)$，透过介质的光强为 $I_T(\lambda)$，则有

$$I_0(\lambda)=I_A(\lambda)+I_R(\lambda)+I_T(\lambda) \tag{6-15}$$

吸收光谱的分析中，通常将被测溶液和参比溶液放置于材料和厚度相同的比色皿中进行测量，因两次测量中反射光强度基本一样，其影响效果可相互抵消，可将上式简化为

$$I_0(\lambda)=I_A(\lambda)+I_T(\lambda) \tag{6-16}$$

定义透射率为透射光强度 $I_T(\lambda)$与入射光强度 $I_0(\lambda)$的比值，即

$$T(\lambda)=\frac{I_T(\lambda)}{I_0(\lambda)} \tag{6-17}$$

实验中使用溴钨灯光源，光谱仪出射的单色光由光电倍增管进行测量，设光电倍增管的光谱响应率为 $S(\lambda)$，光谱仪的光谱透射率为 $T_0(\lambda)$，则光电倍增管测量到的光电流可表示为

$$i(\lambda)=K\cdot I_0(\lambda)T_0(\lambda)S(\lambda) \tag{6-18}$$

在光源和光谱仪入口狭缝之间放置滤光片，测量滤光片置入前后光电倍增管的光电流 $i_0(\lambda)$、$i_T(\lambda)$，得到滤光片的相对透过率

$$T(\lambda)=\frac{i_T(\lambda)}{i_0(\lambda)}=\frac{I_T(\lambda)}{I_0(\lambda)} \tag{6-19}$$

通过数据处理软件，获得滤光片的透过率 $T(\lambda)$。

常用的滤光片是在平行平面的特种玻璃、光学塑料片或明胶片等表面，镀上某种预定光学特性的金属或介质材料制作而成。滤光片的 $T(\lambda)-\lambda$ 透射率曲线是指滤光片对某一波长光的相对透射率与其波长的关系曲线，如图 6-5 所示。曲线上透射率的峰值 T_m 反映了滤色片对波长为 λ_0 的光波的透射能力；透射率曲线峰值两侧下降到峰值 50%对应的波长差为其半宽度，也称为滤光片的光谱带宽，是衡量滤光片性能的重要指标，半宽度越小表示其滤光性、单色性越好。中心波长 λ_0、光谱带宽和峰值透射率是滤光片的三个性能参量。

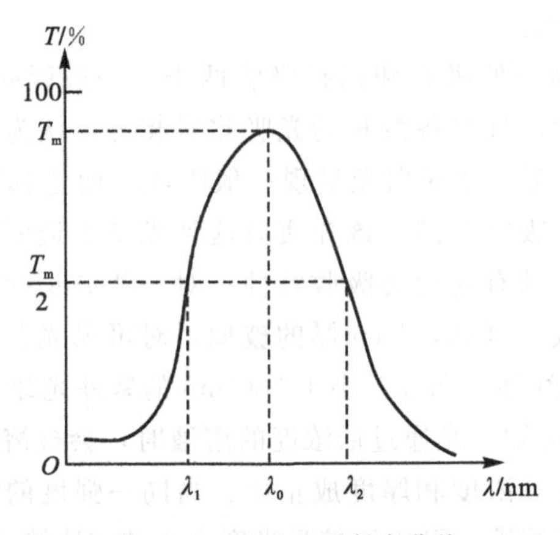

图 6-5 滤光片透射率曲线

吸光度是指光线通过介质的入射光强度与该光线通过溶液或物质后的透射光强度比值以 10 为底的对数，即

$$A(\lambda)=-\lg T(\lambda)=\lg\frac{I_0(\lambda)}{I_T(\lambda)} \tag{6-20}$$

吸光度值越小，表示介质对光的吸收能力越小。在溶液吸光度测量中，溶液中溶剂、浓度、温度等均是影响吸光度的因素。

【实验内容】

1. 熟悉光栅光谱仪结构，进行实验准备

(1)开机之前，认真检查光栅光谱仪的各部分连接，保证各连线准确无误。

(2)将光电接收器转换开关置“光电倍增管”挡，接通光谱仪控制电源，将光电倍增管的负电压调至 300～600 V。

(3)打开电脑，点击光栅光谱仪控制处理软件，选择光电倍增管，进行几分钟的光谱仪初始化进程，步进电机驱动光栅转台回到起始波长位置 200 nm 处。

(4)根据光源情况，缓慢调节螺旋测微器确定入口和出口狭缝宽度(0.1～0.15 mm)。螺旋测微器的读数代表狭缝的宽度，顺时针旋转狭缝增大，反之减小。每旋转一周狭缝宽度变化 0.5 mm。为保护狭缝，最大不超过 2.5 mm，不要使狭缝与刀口相接触。

(5)熟悉光栅光谱仪光电接收器为光电倍增管时的软件使用流程。

(6)将光电接收器转换开关置“CCD”挡，熟悉光电接收器为 CCD 时的软件使用流程。

2. 光谱仪的标定

(1)将低压汞灯置于入口狭缝前，使光垂直入射均匀照亮狭缝。

(2)在参数设置区进行实验参数设置，设置工作方式为能量 E，设置好起始波长、扫描间隔等参数后进行扫描。

(3)点击工作菜单中的单程命令，进行光谱扫描，工作区内显示汞灯谱线。若扫描结束后，光谱强度较小，可适当增加入射狭缝的宽度或移动灯的位置以增加入射光强，再重新进行扫描。若扫描无结果或光谱明显异样，请检查设置的参数是否合理、检查光源和入射狭缝的状态是否正常。

(4)利用读取数据菜单栏下的寻峰命令查找光谱中的各峰值位置及对应波长。选定光谱图中某一个需要校准的波长值，记录实测数据和已知标准波长的差异。

(5)利用读取数据菜单栏下的波长修正命令对光谱仪进行修正。若在标准数据附近的待选波长数据小于标准数据，校准时输入两者之间差值的正值；若待选波长数据大于标准数据，校准时输入两者之间的差值的负值。

3. 光谱测量

(1)将光源分别更换为溴钨灯、钠灯、白光源，进行单程扫描，测得溴钨灯/钠灯/白光源的光谱谱线，通过“寻峰”找到各谱峰波长，扫描完毕在表 6-1 记录光谱数据。

表 6-1　实验数据记录

待测光源	峰值 1/nm	峰值 2/nm	峰值 3/nm	峰值 4/nm	峰值 5/nm	峰值 6/nm

(2)将光源更换为溴钨灯，工作方式选择为基线，测量溴钨灯发射光谱。

(3)在入射狭缝前放置滤光片，工作方式选择为光透过率，保持入/出射狭缝宽度、光电倍增管电压不变，测量通过介质片的透射谱线。

说明：实验中提供白色(320～500 nm)和黄色(500～660 nm)的两种介质片。

(4)依据吸收谱的定义对得到的两组谱线的对应数据进行处理，绘制介质片对溴钨光源的吸收曲线，在表 6-2 记录峰值波长和半宽度范围。

表 6-2　实验数据记录

滤色片颜色	峰值波长/nm	峰值透过率 T/%	半宽度范围/nm

(5)更换不同厚度的介质片或配制不同浓度的罗丹明溶液，用上述方法进行测量，测量溶液浓度或介质片厚度和吸收能量之间的关系。

(6)实验完成后，将光电倍增管偏置电压调为0，再关闭光栅光谱仪驱动电源。

【注意事项】

1. 光栅光谱仪是精密仪器，操作时必须严格按照操作手册进行，严禁擅自拆卸仪器。

2. 光谱仪出入口狭缝应保持清洁。

3. 实验完成后，狭缝调回零位置，光栅转动到200 nm初始位置。

【预习与思考】

1. 复色光经过光栅衍射后光谱的特点。

2. 测量吸收度或透过率时，对光源有什么要求？

3. 分析光谱透过率测量出现误差的原因。

实验7　激光干涉测量实验

【实验目的】

1. 了解激光干涉测量的原理。
2. 了解数字干涉测量的实现方法。
3. 掌握干涉法检测光学元件面形的方法。

【实验仪器】

光学平台；激光器；透镜；平面镜；分束镜；图像测量系统；被测光学元件；工作台等。

【实验原理】

1. 激光干涉测量原理

激光干涉测量绝大多数是非接触式测量，具有灵敏度高、准确度高、可靠性好的优点。可用于位移、长度、角度、面形、介质折射率的变化和振动等方面的测量。本实验使用特外曼-格林干涉仪光路，测量原理如图7－1所示。He－Ne激光器的出射光束经扩束和准直后入射到分束镜上，分束后的两束光分别射向参考平面镜 M_1（标准平面镜）和被测平面镜 M_2，从 M_1 和 M_2 反射回分束镜的两束光产生干涉，M'_2 为 M_2 关于分束镜的反射像，用成像透镜将干涉条纹成像在光屏或接收器上。

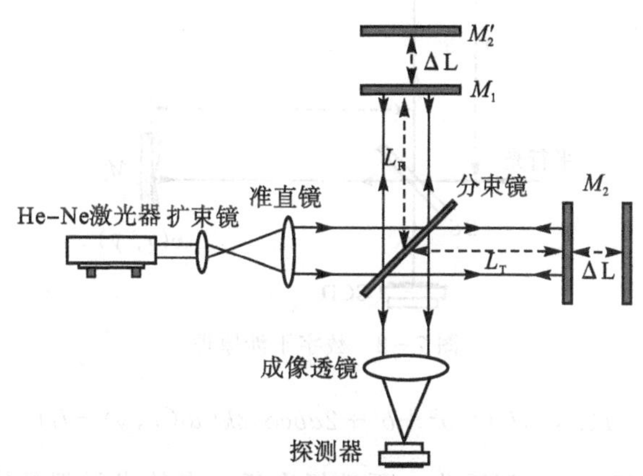

图7－1　特外曼-格林干涉仪原理

若干涉仪置于空气中，空气的折射率为 n，L_R 为分束镜到 M_1 的距离，L_T 为分束镜到 M_2 的距离，则干涉时的光程差为 $\Delta=2n(L_T-L_R)$。当被测镜 M_2 产生 ΔL 的移动距离时，移动前后两束光的光程差变化量为 $d\Delta=2n(L_T-L_R+\Delta L)-\Delta=2n\Delta L$，即 M_2 每移动半波长的距离，光程差变化一个波长，条纹明暗交替变化一次，则测量过程中与 $d\Delta$ 相对应的干涉条纹变化次数 N 为

$$N=\frac{d\Delta}{\lambda}=\frac{2n\Delta L}{\lambda} \tag{7-1}$$

若空气的折射率 n 取 1，忽略大气的影响，被测镜的移动距离为

$$\Delta L=\frac{\lambda}{2}\cdot N \tag{7-2}$$

因此，已知激光波长，记录干涉条纹移动数，可得到被测镜 M_2 的位移量 ΔL，计算出测量灵敏度。如当 $N=1$，$\lambda=0.63\ \mu m$ 时，移动距离为 $\Delta L=\frac{\lambda}{2}=0.3\ \mu m$。可见，细分 N 可以提高测量灵敏度，以 $\frac{1}{10}$ 细分为例，则干涉测量的最高灵敏度为 $0.03\ \mu m$。

2. 面形表面的数字干涉测量

特外曼-格林干涉仪常用于检测反射或透射光学元件的面形或波面形状，进行面形测量的被测元件表面通常为球面、平面和二次曲面等规则形状，如球面镜、透明平板或望远系统等。数字干涉测量系统主要由干涉仪光路、图像采集系统、压电陶瓷控制的微位移器、被测光学元件和计算机控制软件等构成。如图 7-2 所示，干涉仪中 M_1 和 M_2 到分束镜的距离均为 s，M_1 安装在压电陶瓷(PZT)上，压电陶瓷的形变使 M_1 产生微小的位移 l_i，$w(x,y)$表示被测镜 M_2 的面形函数。若经过分束镜(BS)后参考光束和测量光束的振幅分别为 a、b，由于激光的相干性，这两束光在分束镜表面相遇时产生干涉，干涉场中任一点的光强可表示为

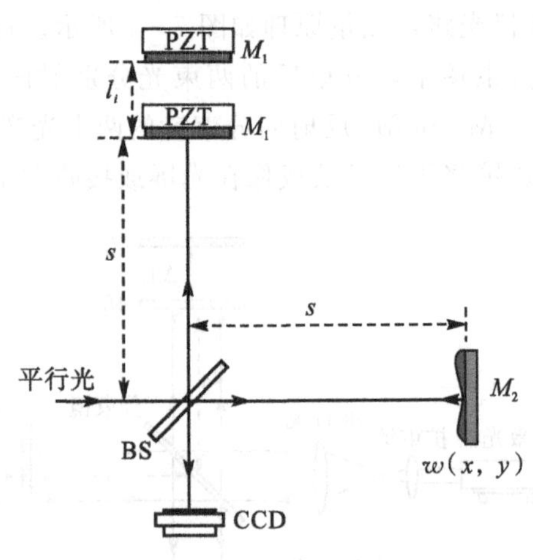

图 7-2　数字干涉原理

$$I(x,y,l_i)=a^2+b^2+2ab\cos 2k(w(x,y)-l_i) \tag{7-3}$$

式中，$k=\frac{2\pi}{\lambda}$。由式(7-3)可以看出，干涉场中任一点的光强都是位移 l_i 的正弦函数。若压电陶瓷不产生形变量，且被检测的反射镜是理想表面，对应的干涉场的强度恒定看不到干涉条纹。当位移 l_i 随时间做线性移动时，干涉场中各点的亮度随时间做余弦

变化，干涉条纹的光强具有时间周期函数的性质，即亮暗变化 N 个周期时，位移 l_i 的变化量为$\frac{N\lambda}{2}$。

因 l_i 每变化半波长，条纹亮暗变化一周期，便于对干涉场内多个数据点采样，使 l_i 做分立阶梯式变化，设一周期内 l_i 的阶梯变化数为 n，即 l_i 变化一个条纹周期对每个场点采样 n 次，$I(x,y,l_i)$采样值为

$$I(x,\ y,\ l_i)=a_0+a_1\cos2kl_i+b_1\sin2kl_i\left(l_i=\frac{i\lambda}{2n},\ i=1,2,\cdots,n\right) \tag{7-4}$$

式中各个系数为

$$\begin{aligned} a_0 &= a^2+b^2=\frac{2}{n}\sum_{i=1}^{n}I(x,y,l_i) \\ a_1 &= 2ab\cos2kw(x,y)=\frac{2}{n}\sum_{i=1}^{n}I(x,y,l_i)\cos2kl_i \\ b_1 &= 2ab\sin2kw(x,y)=\frac{2}{n}\sum_{i=1}^{n}I(x,y,l_i)\sin2kl_i \end{aligned} \tag{7-5}$$

得到干涉场中被测点的面形函数为

$$w(x,y)=\frac{1}{2k}\arctan\frac{b_1}{a_1}=\frac{1}{2k}\arctan\frac{\frac{2}{n}\sum_{i=1}^{n}I(x,y,l_i)\sin2kl_i}{\frac{2}{n}\sum_{i=1}^{n}I(x,y,l_i)\cos2kl_i}\left(l_i=\frac{i\lambda}{2n},i=1,2,\cdots,n\right) \tag{7-6}$$

为降低噪声的影响，提高测量精度，对 p 个周期的测量数据作累加平均，得到

$$w(x,y)=\frac{1}{2k}\arctan\frac{b_1}{a_1}=\frac{1}{2k}\arctan\frac{\frac{2}{np}\sum_{i=1}^{n\cdot p}I(x,y,l_i)\sin2kl_i}{\frac{2}{np}\sum_{i=1}^{n\cdot p}I(x,y,l_i)\cos2kl_i}\left(l_i=\frac{i\lambda}{2n},i=1,2,\cdots,n\cdot p\right) \tag{7-7}$$

即孔径内任意一点的面形 $w(x,y)$可由该点上 $n\times p$ 个强度采样值计算得到，算出整个孔径上各点的面形，即可得到整个被检表面的面形。部分求和的形式要求数据无限积累，获得被确定的系数，进而代表 $I(x,y,l_i)$的最近似值，通过最小二乘法可使波面误差减少至原来的$\frac{1}{\sqrt{np}}$。

若被测表面粗糙不平，干涉条纹成对称分布的弯曲形状，读出相邻两干涉条纹距离和干涉弯曲高度，便得到反映实际波面与标准参考波面之间的面形偏差。轴对称波面偏差如图 7－3(a)所示，图 7－3(b)为轴对称波面偏差分布的一维描述，相邻条纹之间相差$\frac{\lambda}{2}$光程，H 是条纹间隔，h 是某处的条纹弯曲量，该处的波面偏差表示为

$$\Delta W=\frac{h}{H}\cdot\frac{\lambda}{2} \tag{7-8}$$

对于非对称的情形，需要给出二维波面偏差分布图。通常以三维立体图、等高图

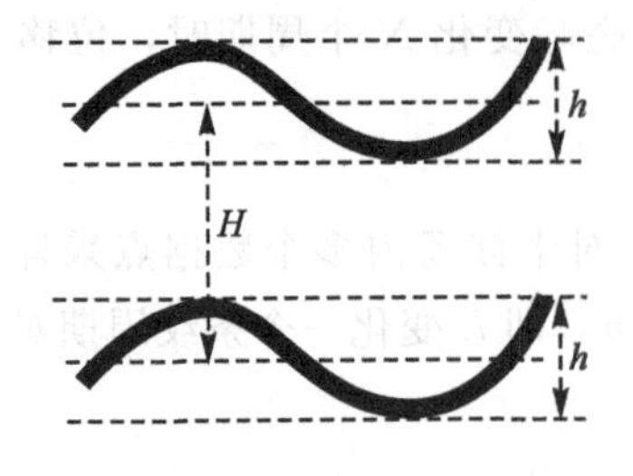

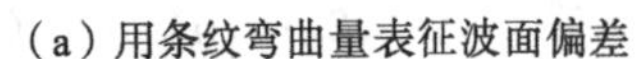

（a）用条纹弯曲量表征波面偏差

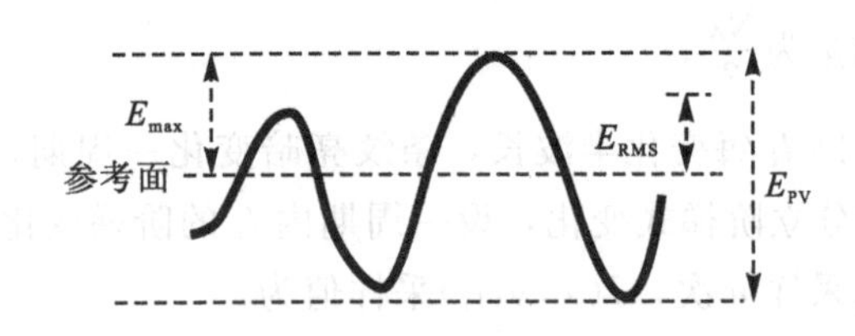

（b）波面偏差的综合表示

图 7－3 波面偏差的表示

显示，用波峰-波谷值（PV）、均方根值（RMS）和最大面形误差（E_{max}）等指标来描述待测光学系统的面形偏差。其中，最大偏差 E_{max} 指被测波面与参考波面的最大偏差值，峰谷偏差 E_{PV} 指被测波面相对于参考波面的峰值与谷底之差，单位通常为波长，表示为

$$E_{PV}=E_{max}-E_{min} \tag{7-9}$$

均方根偏差 E_{RMS} 指被测波面相对于参考波面的各点偏差 E_i 的均方根值，表示为

$$E_{RMS}=\pm\sqrt{\frac{1}{N-1}\sum_{i=1}^{N}E_i^{\ 2}} \tag{7-10}$$

【实验内容】

（1）将激光器电源控制盒上的串口和计算机相连，连接 PZT 电源线到电源控制盒，开启计算机，启动图像采集软件，点击活动图像，电脑屏幕上显示拍摄到的实时图像。

（2）如图 7－4 搭建特外曼-格林干涉仪实验光路。在两个工作台上分别安装标准平面镜和被测平面镜，入射光束与平面镜的镜面垂直，光阑位于成像透镜后焦面位置，

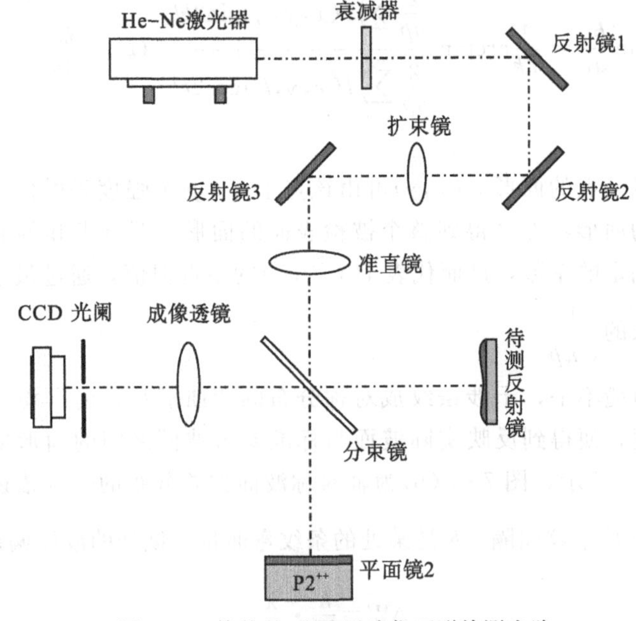

图 7－4 特外曼-格林干涉仪面形检测光路

光阑通光孔径调为最小，探测器置于光阑后接收干涉图像。调节工作台底座上的旋钮，使两束反射光在光阑处汇聚于一点并通过光阑中心小孔，直至计算机显示清晰的干涉图像。

(3)反复调整光学元件，尽量使干涉条纹出现在屏幕中心，干涉图样显示 2～5 个干涉竖条纹，记录干涉图样。

(4)待干涉条纹稳定后，启动压电陶瓷电源开关，缓慢增加压电陶瓷电压，使形变的压电陶瓷带动参考平面镜产生微小位移，观察干涉条纹的平移情况。调节压电陶瓷驱动电压到最大后，缓慢降低驱动电压，在表 7－1 中记录降压过程中压电陶瓷驱动电压值和对应的条纹移动量。

表 7－1　干涉测量数据(f=____ mm；λ=____ nm)

序号	PZT 驱动电压/V	条纹移动数(N)	条纹位移量/nm	待测镜位移量(ΔL)/nm
1				
…				
10				

(5)用正弦波或三角波信号驱动压电陶瓷，观察干涉条纹的振动情况。改变正弦波或三角波的周期，观察条纹振动情况。

(6)在被测支路中插入待测光学元件，将之前的被测平面镜更换为标准平面镜。调节使干涉图清晰，运行干涉图处理软件，进行干涉条纹的实时采样，在表 7－2 中记录计算机显示的被测镜波面形状数据。

表 7－2　被测元件面形数据

序号	均方根值	波峰波谷值	最大面形误差	等高图
1				
2				

【注意事项】

1. 激光输出后严禁用眼直视激光束。
2. 严禁触碰光学元件表面。

【预习与思考】

1. 单色光的干涉条纹间距与哪些因素有关？
2. 如何提高测量精度和准确性？
3. 分析光学元件面形测量中光圈数 N、局部光圈数 ΔN 与最大面形误差 E_m 的关系。
4. 分析实验中的三维形貌测量方法的优缺点。

实验8 纳米量级的干涉测量实验

【实验目的】

1. 了解纳米精度测量的概念及实现方法。
2. 利用笔束激光干涉法进行纳米量级的位移测量。
3. 了解纳米量级的微弱振动监测原理。

【实验仪器】

光学平台；激光器；透镜；平面镜；分束镜；图像测量系统；压电陶瓷及控制电源；工作台等。

【实验原理】

纳米技术是20世纪80年代发展起来的新兴技术，纳米技术涉及越来越广泛的内容，形成了如纳米材料学、纳米电子学、纳米生物学及纳米测量学等许多科学领域。纳米科学是在纳米(10^{-9} m)和原子(10^{-10} m)尺度上研究物质的特性、物质的相互作用以及如何利用这些特性的多学科交叉的前沿科学与技术。纳米测量学在纳米技术中起着举足轻重的作用，目前纳米测量有扫描探针显微术、电子显微术、电容电感测微法等非光学方法，以及激光干涉仪、X射线干涉仪、光栅干涉测量和光频率跟踪等光学方法。

在图8-1的单频干涉测量系统中，若入射光束强度为I_0，被分束镜(BS)分成参考光束L_R和测量光束L_T，入射到M_1的光强为I_1，入射到M_2的光强为I_2，M_2安装在压电陶瓷材料(PZT)上，压电陶瓷形变量按照$s=s_0\sin\omega_0 t$振动而带动M_2移动时，M_2的瞬时光程长度为$L'_T=L_T+s_0\sin\omega_0 t$，则入射光经参考镜和测量镜反射回分束镜时的干涉光强表示为

$$I=I_1+I_2+2\sqrt{I_1 I_2}\cos\left(\frac{2\pi}{\lambda}(L_T+s_0\sin\omega_0 t-L_R)\right) \tag{8-1}$$

此时的光强极大值条件为

$$\frac{2\pi}{\lambda}(L_T-L_R+s_0\sin\omega_0 t)=m\pi \tag{8-2}$$

式中，m为整数。因光程差变化一个波长，条纹明暗交替变化一次，故相邻两个极大光强之间压电陶瓷的位移量为$\Delta x=\frac{\lambda}{2}$，即压电陶瓷振动使平面镜$M_2$每移动$\frac{\lambda}{2}$，干涉条纹的亮暗就变化一次，这个亮暗变化的光信号被光电探测器转换为电信号输出进行测量。若光强变化的频率与压电陶瓷振动频率之比为K(波形走一周期中条纹的移动

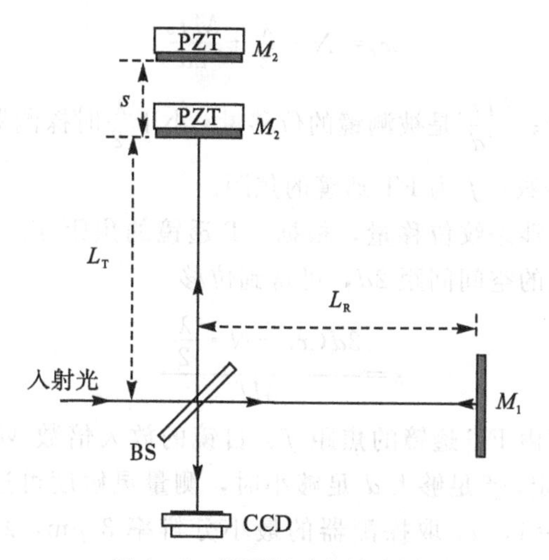

图 8 - 1 微弱振动的纳米测量

数)，则压电陶瓷的振幅为

$$x_0 = K\frac{\lambda}{8} \tag{8-3}$$

若采用如图 8 - 2 所示纳米测量中的单频(零差)激光干涉仪，测量镜和参考镜均为角锥棱镜反射器。He - Ne 激光器的出射光束被准直细化为直径很细的准直激光束，入射光经参考镜和测量镜反射回分束镜时不再重合，成为相距 $2d$ 的两束平行光束，在傅里叶变换(Fourier transform，FT)透镜的后焦面上发生干涉，目镜的前焦距处于 FT 透镜的后方焦面处，干涉图样经目镜放大后成像于 CCD 表面，通过图像采集系统进行数据处理。

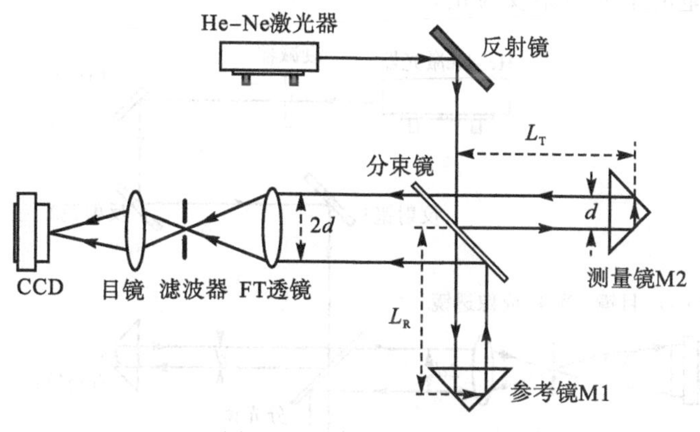

图 8 - 2 零差激光干涉仪

FT 透镜后焦面上的光强分布为

$$I = I_1 + I_2 + 2\sqrt{I_1 I_2}\cos\left(\frac{4\pi d}{\lambda \cdot f}x_f - \frac{2\pi}{\lambda}(s + L_T - L_R)\right)$$

式中，f 为 FT 透镜的焦距；$\Delta L = s + L_T - L_R$ 为测量臂和参考臂的光程差，s 为 PZT 形变带动测量镜的移动距离。探测器表面测得的干涉条纹位移量可表示为

$$x_f = N \cdot \frac{\lambda}{2} + \frac{Mfs}{2d} \tag{8-4}$$

式中，N 为条纹移动数；$\frac{Mfs}{2d}$是被测镜的位移量 s 小于$\frac{\lambda}{2}$时探测器上干涉条纹的移动距离，M 为目镜的放大倍数，f 为 FT 透镜的焦距。

记录探测器表面干涉条纹位移量，根据 FT 透镜的焦距 f、目镜的放大倍数 M 以及测量光束与参考光束的空间间距 $2d$，可得到位移

$$s = \frac{2d(x_f - N \cdot \frac{\lambda}{2})}{Mf} \tag{8-5}$$

可见，测量灵敏度由 FT 透镜的焦距 f、目镜的放大倍数 M 以及测量光束与参考光束的空间间距 $2d$ 决定，f 足够大 d 足够小时，测量灵敏度可达到纳米量级。若探测器表面移动条纹数 $N=1$，x_f 取探测器的最小分辨率 3 μm，$\lambda=632.8$ nm，$2d$ 取 5 mm，目镜放大倍数 $M=20$，FT 透镜焦距 $f=180$ mm，则 $s\approx3$ nm，即用该装置进行位移测量，灵敏度可以达到纳米量级。

【实验内容】

(1)将激光器电源控制盒上的串口和计算机相连，连接 PZT 电源线到电源控制盒，开启图像采集软件，进行激光干涉测量，屏幕显示接收的图像。

(2)如图 8-3 搭建笔束激光干涉仪纳米测量实验光路。在两个工作台上安装小直角棱镜，使直角棱镜最大面与入射光束垂直。在成像透镜($f=180$ mm)前用白纸或白屏观察两束反射光，调节直角棱镜使两束反射光束相距 5～8 mm 的平行光。目镜选用 20 倍物镜。反复调整光学元件，使显示屏上出现竖直状干涉条纹，且干涉条纹尽量宽，图像中只出现少量的干涉竖条纹为止。

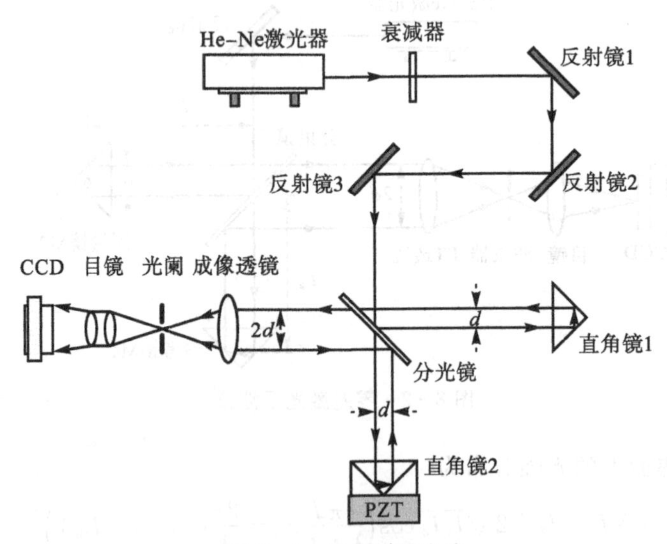

图 8-3　纳米测量光路

(3)待干涉条纹稳定后，启动压电陶瓷电源开关，选择 PZT 手动扫描，用鼠标拉动

PZT 手动扫描中的滑杆条缓慢增加 PZT 电压，使形变的压电陶瓷带动反光镜产生微小位移，观察干涉条纹的平移情况。

(4)观察条纹的移动，在表 8－1 中记录增压/降压过程中电压值和条纹移动量，观察二者之间的关系，绘制出 PZT 驱动电压和条纹移动量的拟合曲线，计算压电陶瓷的形变量。

表 8－1　纳米测量数据

序号	PZT 驱动电压/V	移动条纹数 N	条纹位移量 x_f/nm	压电陶瓷形变量 s/nm
1				
…				
10				

(5)选择 PZT 自动扫描，用正弦波或三角波信号驱动压电陶瓷 PZT，使 PZT 产生微位移或形变，实现干涉条纹的自动移动。改变正弦波或三角波的周期值可改变所产生波形的周期，观察干涉条纹的振动情况。

(6)实验完成后，将直角镜和各透镜放置回原位，关闭激光器和计算机。

【注意事项】

1. 激光输出后严禁用眼直视激光束。
2. 严禁触碰光学元件表面。

【预习与思考】

1. 纳米科学的含义是什么？纳米测量的方法有哪些？
2. 光学干涉法进行纳米测量时，对光源的要求是什么？
3. 进行实验误差分析，讨论如何提高测量精度和准确性？

实验9　迈克耳孙干涉仪的应用实验

【实验目的】

1. 掌握迈克耳孙干涉仪光路的原理和调节方法；
2. 了解压电陶瓷的性质和特性；
3. 利用迈克耳孙干涉光路测量空气折射率；
4. 利用迈克耳孙干涉光路测量压电陶瓷的压电常数。

【实验仪器】

He－Ne激光器；分束镜；气室；压电陶瓷附件；扩束镜；平面镜；白屏。

【实验原理】

1. 迈克耳孙干涉仪

迈克耳孙干涉仪在微小位移测量中已经得到广泛应用，原理光路如图9－1所示。扩展光源以45°角入射到具有一定厚度且背面镀有半透膜的分束镜后，分别以光线1和光线2入射到与分束镜距离相等的平面镜M_1和M_2。光线1返回接收屏时两次经过分束镜，为使光线1和光线2到达接收屏时的光程相等，对光线2使用了补偿板。补偿板和分束镜严格平行且具有相同的厚度和折射率。M'_2是M_2关于分束镜的反射像，观察者从探测器向分束镜方向看去，等效为M_1和M'_2构成空气薄膜。光线1和光线2的干涉等效于M_1和M'_2构成空气薄膜产生的干涉。

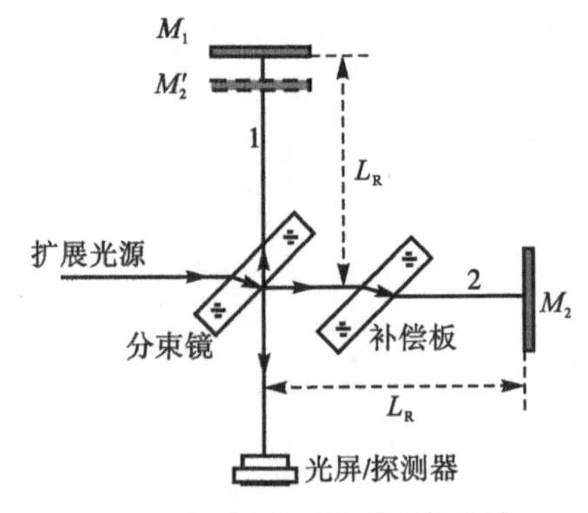

图9－1　迈克耳孙干涉仪光路

当M_1和M'_2严格平行时，空气薄膜的空气层厚度均匀，形成等倾干涉，如图9－2(a)所示。参与等倾干涉的光线1和光线2相互平行，光程差$\Delta=m\lambda=2nh\cos\theta$，在无穷远处形成同一级干涉条纹。人眼直接观察或在会聚透镜后焦面处，可看到一组同心圆环，每个圆环对应一恒定的倾角 θ。圆心处干涉级别最高，$\Delta=2h=k\lambda$，故 h 距离增大时，圆心处级次更高，干涉环条纹外冒；反之，h 距离减小时，干涉环条纹内缩；每内缩或外冒一个条纹，h 距离减小或增大半波长。当 θ 很小时，有 $\cos\theta\approx1-\frac{\theta^2}{2}$，故相邻两级条纹的角距离 $\Delta\theta_k=\theta_k-\theta_{k-1}\approx\frac{\lambda}{2h\theta_k}$，可见 h 一定时，干涉环中间稀疏边缘稠密；θ_k 一定时，干涉环随 h 的减小而变稀疏。

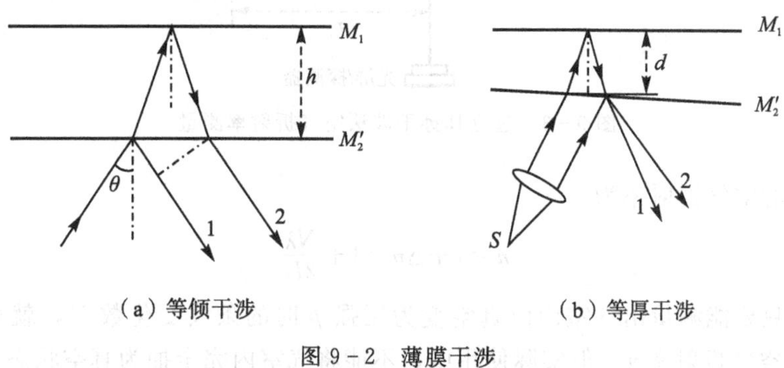

（a）等倾干涉　　（b）等厚干涉

图 9-2　薄膜干涉

当 M_1 和 M'_2 间空气层很薄且形成一个很小的空气劈尖时，形成等厚干涉，如图 9-2(b)所示。空气层两表面的光程差为 $\Delta=m\lambda=2nd\cos\theta$，在 M_1 和 M'_2 相交处光程差为 0，观察到直线状条纹。一般情况入射角 θ 很小 $\Delta\approx2nd(1-\frac{\theta^2}{2})$，在交棱附近忽略第二项的影响，光程差主要取决于空气劈尖厚度 d，同一厚度对应同一级干涉条纹，干涉条纹为平行于交棱等间隔分布的直线条纹；但在远离交棱处，不能忽略第二项的影响，干涉条纹逐渐变为弧形，且凸向朝交棱方向。

2. 迈克耳孙干涉法测量空气折射率

埃德勒(Edlen)公式给出正常状态($T=15℃$，$P=1.01325\times10^5\,\text{Pa}$)下空气的折射率计算公式以及空气折射率随温度和气压变化关系，但因实际测量环境中的空气和埃德勒公式描述的正常状态存在差异，且对空气温度、湿度、压强等参数测量的不准确性，造成空气折射率的测量存在误差，故在高精度测量中，通常利用干涉仪直接测量空气折射率。

迈克耳孙干涉法测量空气折射率如图 9-3 所示，在 M_1 和分束镜之间放置一个能够控制充、放气的气室，气室内空气柱长度为 L。若干涉仪光路中两反射镜到分束镜的距离以及气室长度 L 保持不变，使气室中空气折射率由 n_1 变为 n_2，则光程差的变化量为 $\mathrm{d}\Delta=2(n_2-n_1)L=2\Delta n\cdot L$。根据干涉明暗纹形成条件，因气室空气折射率变化而引起干涉明纹变化数目 N 的关系 $\mathrm{d}\Delta=2\Delta n\cdot L=N\lambda$，可知空气折射率变化量为

$$\Delta n=\frac{N\lambda}{2L} \tag{9-1}$$

若将气室抽真空(气室内压强近似为 0，折射率为 1)后，向气室内缓慢充气至压强 p 时折射率为 n，同时记录干涉环变化数 N，计算不同压强下折射率的变化量 Δn，则

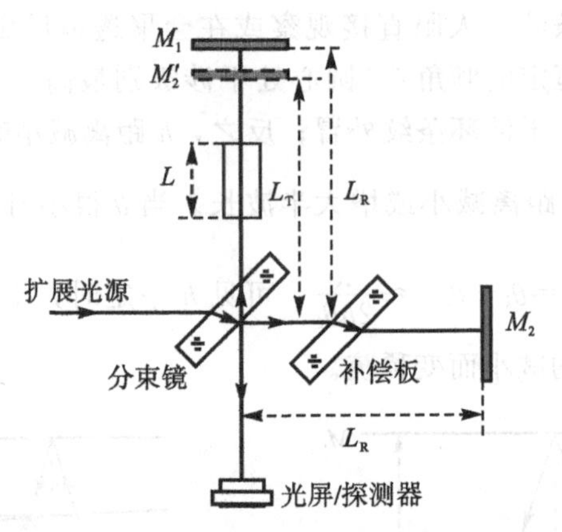

图 9-3　迈克耳孙干涉法空气折射率测量

相应压强下的空气折射率为

$$n=1+\Delta n=1+\frac{N\lambda}{2L} \tag{9-2}$$

可见，只要能测量出气室内由真空变为压强 p 时的条纹变化数 N，就可以计算出压强 p 时的空气折射率 n。但实际使用中，不能将气室内完全抽为真空状态，这种方法计算会存在较大的误差，故实验中通常使用间接法进行空气折射率的测量。

对于气体，$n^2\approx1$，$n^2-1=(n+1)(n-1)\approx2(n-1)$，根据洛仑兹-洛伦茨公式可知，气体密度 ρ 与折射率 n 的关系 $\frac{1}{\rho}\frac{n^2-1}{n^2+2}=c$ 近似为

$$\frac{n-1}{\rho}=c' \tag{9-3}$$

式中，c 和 c' 均为与气体的性质有关和气体的状态无关的常数。一般气体在温度不太低、压强不太大时，都可近似为理想气体，根据平衡态时理想气体状态方程 $pV=\frac{m}{\mu}RT$，可获得气体密度公式

$$\rho=\frac{m}{V}=\frac{\mu p}{RT} \tag{9-4}$$

式中，m、p、V 和 T 分别为气体的质量、压强、体积和温度，普适气体常数 $R=8.31\ \mathrm{J\cdot mol^{-1}\cdot K^{-1}}$，$\mu$ 为摩尔气体的质量。可见，温度变化不大的情况下，气体的压强 p 与气体密度 ρ 成正比。

若实验中温度 T 保持不变，结合式(9-3)和式(9-4)可知，近似有

$$n-1=\frac{\mu c'}{RT}\cdot p \tag{9-5}$$

可见，在一定的温度 T 下，气体的折射率变化量与气体压强变化量成正比，即 $\left|\frac{\Delta n}{\Delta p}\right|=\frac{\mu c'}{RT}$。代入式(9-5)有

$$n-1=\frac{\mu c'}{RT}\cdot p=\left|\frac{\Delta n}{\Delta p}\right|\cdot p \tag{9-6}$$

将式(9-1)代入可得实验环境下的空气折射率

$$n=1+\frac{N\lambda}{2L}\frac{p}{\Delta p} \tag{9-7}$$

可见，只要测量出气室中压强由 p_1 变化为 p_2 时的干涉条纹变化数 N，即可计算压强 p 时的空气折射率 n，而不必从 0 开始测量气室中的压强。

3. 迈克耳孙干涉法测量压电陶瓷的 d_{33} 系数

压电陶瓷也被称作铁电陶瓷，未经过极化处理的压电陶瓷不具有压电效应，经过电极化之后是一种具有各向异性的多晶体。常用的压电陶瓷有钛酸钡陶瓷、钛酸铅陶瓷、锆钛酸铅陶瓷(简称 PZT)等。压电陶瓷通常表现出比天然材料更大的压电效应。压电陶瓷在受到与极化方向一致的有限大小机械应力作用时，极化状态发生变化，在极化方向上产生一定的、与应力呈线性关系的电场强度，称正压电效应。对压电晶体施加电场时，晶体不仅产生极化，还同时产生形变，这种由于外加电场而产生形变的现象称为压电陶瓷的逆压电效应。

利用逆压电效应制成的压电陶瓷微位移器使材料发生可控的应变，其原理遵循逆压电方程

$$S_j=d_{ij}\cdot E_i \tag{9-8}$$

式中，S_j 为应变量；E_i 为电场强度；d_{ij} 是与压电陶瓷材料的性质有关的压电常数；i 和 j 分别为电场和应变方向。压电陶瓷电场强度增强时，会引起 90°铁电畴旋转，而这种电畴的旋转对外部电场的响应速度较慢，使驱动器的滞后现象更加明显，因此压电陶瓷所加电压不能过高。

单个压电陶瓷片逆压电效应原理如图 9-4 所示，矩形压电陶瓷片长、宽、高对应方向记为 x、y、z，压电陶瓷片的极化方向为 3 方向。若压电陶瓷片极化方向的厚度远

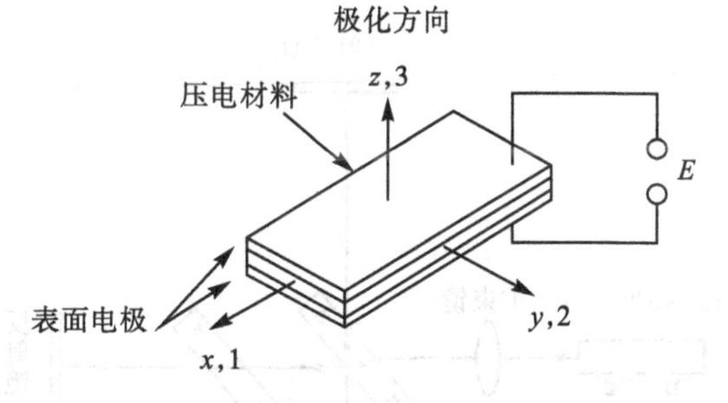

图 9-4　压电陶瓷片逆压电效应

小于其他两个方向的尺寸，在极化方向对压电陶瓷片的两个端面上施加不太大的电场，则整个压电陶瓷片内的电场视为均匀电场，片内电场强度和施加的电压关系为

$$E_3=\frac{U}{z} \tag{9-9}$$

在电压作用下，压电陶瓷片在 1 和 2 方向收缩，在 3 方向应延长，若压电陶瓷在 3 方向的长度和形变量分别为 z 和 Δz，则方向的应变量为

$$S_3=\frac{\Delta z}{z} \tag{9-10}$$

将式(9-9)和式(9-10)代入式(9-8)，可知极化方向 3 上的压电系数为

$$d_{33}=\frac{S_3}{E_3}=\frac{\Delta z/z}{E_3}=\frac{\Delta z}{zE_3}=\frac{\Delta z}{U_3} \tag{9-11}$$

可见，极化方向上的形变量与其厚度无关，而与驱动电压成正比。d_{33}的大小一般为 10^{-1} nm/V 数量级，当所加电压为 0～200 V 时，其变形量仅几纳米，故压电陶瓷通常用于纳米测量中。

迈克耳孙干涉仪光路中，反射镜 M_2 安装在压电陶瓷上，压电陶瓷电压变化产生一定的形变，造成光程差的改变，从而使干涉条纹外冒或内缩。设空气折射率 n 为 1，压电陶瓷形变产生的形变量为 Δz，移动前后干涉条纹冒出或吸入数量为 ΔN，则

$$\Delta z=\frac{\lambda}{2}\cdot\Delta N \tag{9-12}$$

即每冒出或吸入一个干涉条纹，压电陶瓷的形变量将改变半个波长。

可见，已知入射波长 λ，改变压电陶瓷所加电压 U，测得干涉条纹中心冒出或吸入的条纹数 ΔN，可计算出压电陶瓷在极化方向的压电系数。（说明：实验中的压电陶瓷块由 10 片压电陶瓷堆叠而成，总形变量是所有陶瓷片形变量的总和，单片压电陶瓷的厚度是 10 片压电陶瓷总厚度的$\frac{1}{10}$。）

【实验内容】

1. 迈克耳孙干涉仪光路调节

(1)在光学平台上按图 9－5 摆放光学元件，搭建迈克耳孙干涉仪实验光路。打开激光器电源，先不放置扩束镜，使光束以 45°角依次入射到分束镜中部，调节使分束镜和补偿板尽量平行或垂直放置，使激光束垂直入射到两个平面反射镜的中部。

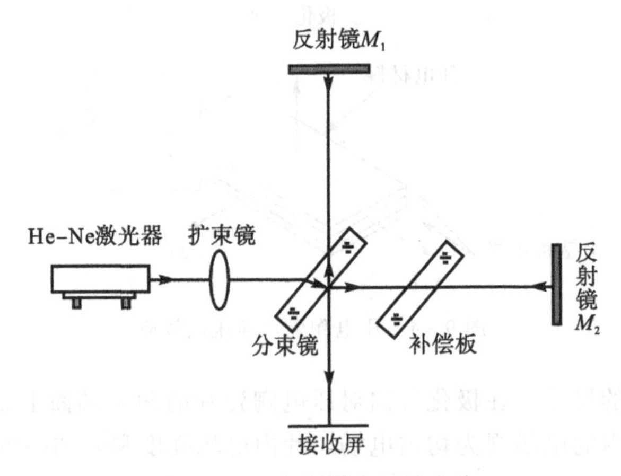

图 9－5　空气折射率测量光路

(2)调节反射镜的高度和俯仰角度，使反射回的激光束和出射光束重合。在接收屏上可以看到两个反射镜返回的两排光点，微调反射镜调整架，使两排光点中对应较亮的光点重合，此时两反射镜基本相互垂直。

(3)在激光器和分束镜之间加入扩束镜，使入射光和扩束镜垂直，微调扩束镜的位置和高度，使激光束放大后均匀照射在两平面反射镜上，此时接收屏上可看到一系列

干涉圆环。

(4)调节某一个平面反射镜调整架的旋钮，改变两平面反射镜间的夹角，观察干涉条纹的变化情况。调节平面反射镜调整架手轮，改变两平面反射镜之间的距离，观察干涉圆环的吞吐现象。

2. 空气折射率的测量

(1)迈克耳孙干涉仪光路调节完成后，如图 9-6 所示将气室安装在测量光束支路中，使气室端面和光束尽量垂直，将气囊和气压表与气室相连接。调节气室的角度，使干涉条纹清晰可见。

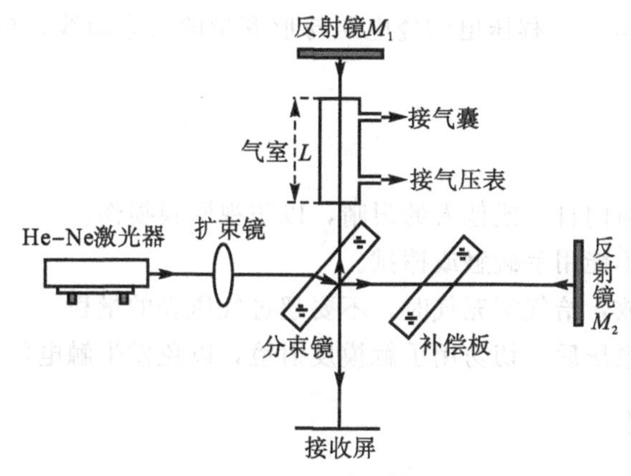

图 9-6　空气折射率测量光路

(2)关闭气囊上的阀门，紧握橡胶球反复向气室充气，直至不超过气压表量程的某一数值，记录此时的气压 p_1。缓慢松开气阀进行放气操作，同时默数干涉环变化数 N(通常数 10 个)，至气压表的表针气压为 p_2 或零。

(3)重复以上两步进行多次测量并记录在表 9-1 中，计算实验环境的空气折射率。

表 9-1　气体压强与干涉环的吞吐数据(L=____ cm，λ=632.8 nm)

序号	压强 p_1/mmHg	压强 p_2/mmHg	干涉环变化数 N	空气折射率 n	空气折射率平均值
1					
…					
10					

注：1 mmHg=133.322 Pa。

(4)绘制压强变化量与空气折射率的拟合曲线，并将测量值和标准气压下空气对可见光的折射率值进行比较，分析实验误差及其原因。

3. 压电陶瓷特性测量

(1)迈克耳孙干涉仪光路调节完成后，待干涉条纹稳定后，先将压电陶瓷直流电源旋钮调到最小，然后接通压电陶瓷电源。缓慢调节直流电源电压大小，同时观察干涉环的变化。

(2)按照条纹变化规律，升压或降压单向缓慢调节电压大小，观察干涉条纹的移动，记录条纹变化数 N 及对应的电压值 U 于表 9-2(电压回零时，压电陶瓷可能存在剩余形变，存在剩余条纹)。

表 9-2　干涉法测量压电常数数据(λ=632.8 nm)

序号	电压/V	干涉环变化数 ΔN	形变量 Δz	压电系数 d	压电系数平均值
1					
…					
10					

(3)绘制增压和降压过程压电陶瓷电压与形变量的关系曲线，根据公式计算压电陶瓷的压电常数。

【注意事项】

1. 勿让激光束射向自己或他人的眼睛，以防视网膜损伤。
2. 各元件镜面不能用手碰触或擦拭。
3. 气室轻拿轻放，给气室充气时，不要超过气压表的量程。
4. 压电陶瓷加电压后，切勿用手触摸反射镜，以免发生触电危险。

【预习与思考】

1. 如果使用白光照明，干涉情况如何变化?
2. 试分析实验光路中无补偿镜时对实验结果有无影响?
3. 圆形干涉条纹都是等倾干涉条纹吗?请举例说明。
4. 测量压电常数的其他方法有哪些?

实验10　激光全息照相实验

【实验目的】

1. 掌握漫反射物体全息照相的基本原理。
2. 学会激光全息照相工艺流程。
3. 熟练再现全息图像，观察全息照相的特点。

【实验仪器】

激光器；光学平台；扩束镜；反射镜；被拍摄物体；曝光定时器；全息干板；白屏等。

【实验原理】

光波的振幅和相位是描述光波的两个基本物理量。普通摄影是把从物体表面发出或反射的光经透镜会聚成像，用感光胶片记录所成的像。光引起感光材料上乳胶层的化学变化深度随入射光的强度增大而增大，因发光强度与光波振幅的平方成正比，因此普通摄影记录的是被拍摄物体表面各点发出光波的振幅信息，不能记录光波的相位信息，所成的像没有视差和立体感。全息摄影以光的干涉和衍射理论为基础，引入一个相干的参考光波，与物体表面漫反射的物光波在全息干板处发生干涉，将物光携带的强度和位相信息在全息干板上以干涉条纹的形式记录下来。全息干板上的干涉图像，相当于一块复杂的光栅，当用与记录时参考光完全相同的光以同样的角度照射全息照片时，可在光栅的衍射光波中得到原来的物光，被“冻结”在全息照片上的物光波能被“复活”。通过全息片在原来放置物体的地方能看到一个和原物体一样大小的逼真虚像，即为波前再现。全息照相可以显示物体的三维像，具有真正的视差和大景深，有真正的立体感。

1. 激光全息图的拍摄

漫反射物体全息拍摄光路如图10-1所示。激光器的出射光被分束镜分成参考光束和物光束，扩束镜将物光束扩大以便照明到整个物体表面，经过物体表面的漫反射后照射全息干板，参考光束直接照射在全息干板上。两束光的强度根据被照射物体的反射情况而定，尽可能使物体反射的光和参考光强度相当。因物体表面形状凹凸不同，引起反射光的相位发生变化，与参考光束在空间相遇形成各种明暗不同的条纹、圆环、斑点等干涉图案，利用全息干板将干涉图案记录下来，这些干涉图案反映出物光和参考光的位相关系，称为全息图。物体表面的反射光与参考光具有相同相位的那部分反射光干涉后形成亮条纹，与参考光相位相反的那部分反射光干涉形成暗条纹；若两束光到达干板某处的相位既不相同也不相反，则干涉条纹的亮度介于明暗条纹之间；条纹的明暗反映了光的不同强度；条纹的间距取决于两束光的夹角大小，夹角大的地方对应条纹细密，夹角小则条纹间距大。全息照相记录过程可以不要透镜，也称无透镜成像，记录过程实质上是一个光波干涉的过程。

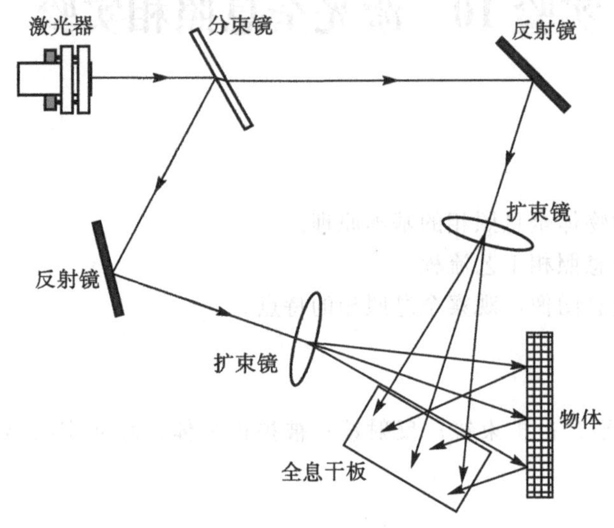

图 10－1　激光全息照相光路

用数学模型表达全息照相时，设参与全息照相的物光和参考光均为平面波，表示为

$$U_0(r)=u_0(r)e^{i\varphi_0}$$
$$U_R(r)=u_R(r)e^{i\varphi_R} \tag{10-1}$$

两光波在全息照相干板平面的合成光强为

$$I(r)=|U_0(r)+U_R(r)|^2=u_0^2(r)+u_R^2(r)+2u_0(r)u_R(r)\cos(\varphi_0-\varphi_R) \tag{10-2}$$

合成光强中，前两项分别是物光和参考光独立照射在干板上时的光强，它们是与振幅有关和相位无关的常量；第三项是与物光和参考光的相对相位差有关的干涉项，包含入射光波的振幅和相位信息。说明全息干板上不仅记录干涉条纹的光强分布，同时也记录其相位分布，即干板上每一点的光强都是参考光与到达该点的所有物光波相干涉的结果，物体上各点反射的光只要能到达干板上的这一点，都对这一点的光强有贡献，干板上的每一点都包含了整个物体的信息。

用作全息记录的感光材料较多，最常用的是由细微粒卤化银乳胶涂覆的超微粒干板，即通常所说的全息干板。对含有物体全部信息的全息干板经过曝光、显影和定影等处理即可得到透光率各处不同的全息片。选择合适的曝光时间、显影和定影以及冲洗等处理，可使曝光冲洗后干板的透射率 T 与曝光时的光强 I 之间为线性关系

$$T=T_0+KI(r)=T_0+Ku_0^2(r)+Ku_R^2(r)+2Ku_0(r)u_R(r)\cos(\varphi_0-\varphi_R) \tag{10-3}$$

式中，T_0 为未曝光部分的透射率；K 为小于 1 的比例系数。

2. 全息图的再现

激光全息记录了漫散射物体反射光的相位和振幅，可产生真正的三维图像，这种

干涉技术产生的全息图用参考光束或其他相干光源照射时，可以利用衍射的方法再现出物体的三维全息图像，如图 10－2 所示。全息图上的干涉条纹分布极其细密，犹如一个复杂的光栅，当被再现光波照射时产生衍射现象，出现许多衍射波，其中沿着再现光波照射方向传播的光波为零级衍射波，在零级衍射波两侧分别为一级、二级和三级衍射波等，但二级以上的高级衍射光强衰减较快眼睛无法观察。这两列一级衍射波中的一列形成物体的虚像(初始像)，另一列衍射波形成物体的实像(共轭像)。使用参考光波再现物体时，可以在原来记录过程中物体所处的位置处呈现出物体的虚像，再现的物体像与原来物体的三维立体像；若在实像处放置光屏，可以在光屏上观察物体的像。

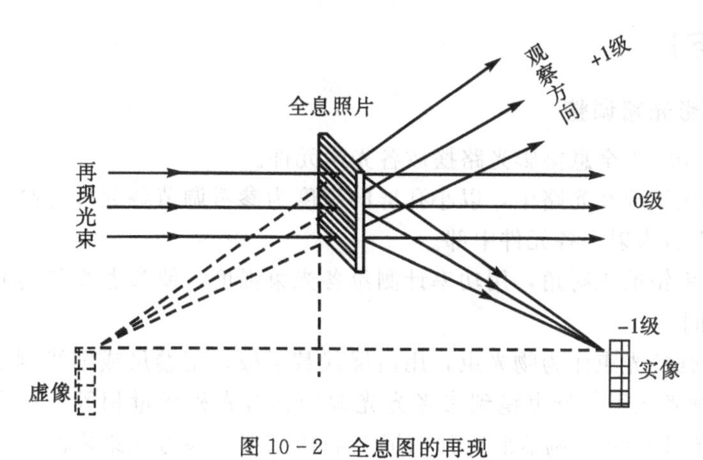

图 10－2　全息图的再现

当用再现光波 $U_C(r)=u_C(r)e^{i\varphi_C}$ 照射全息图时，透过光波为

$$\begin{aligned}M &= U_C(r)T \\ &= u_C(r)e^{i\varphi_C(r)}(T_0+K(u_0^2(r)+u_R^2(r)) \\ &\quad +Ku_0(r)u_R(r)u_C(r)e^{i(\varphi_C+\varphi_0-\varphi_R)}+Ku_0(r)u_R(r)u_C(r)e^{i(\varphi_C+\varphi_R-\varphi_0)}\end{aligned} \tag{10-4}$$

若再现光波和原始光波相同，即 $u_C(r)e^{i\varphi_C}=u_R(r)e^{i\varphi_R}$ 时，有波前再现公式

$$M=T_0u_R(r)e^{i\varphi_R}+Ku_R^3(r)e^{i\varphi_R}+Ku_R(r)u_0^2e^{i\varphi_R}+Ku_R{}^2(r)u_0(r)e^{i\varphi_0}+Ku_0(r)e^{i2\varphi_R}\cdot e^{i\varphi_0} \tag{10-5}$$

等号右边第一项为再现光波经过全息照片后的透射波，即全息图再现中的零级衍射波；第二项为物光波在干板上的光强分布，受到再现光波的振幅调制，呈现为散斑图像；第三项代表＋1 级衍射光波，含有 $u_0(r)e^{i\varphi_0}$ 成分，它的相位分布与物光波完全相同，再现了原物光波的信息，表现为视觉方向与物光波的反方向延长线构成的原物的虚像。第四项的相位分布与物光波相反，在全息图另一侧形成初始像的共轭像，物光波发散时，再现物光波是会聚的，构成一个实像。

3. 激光全息照相特点

由于全息照相是波前的记录和再现，因此它有着和普通照相不同的特点：

(1)不能直接从全息照片上看到物体的形貌，只有在再现过程中才能看到被拍摄物体的像。

(2)全息照片记录了物光的全部信息，再现的物体是一个非常逼真的三维立体像。

(3)全息图具有弥散性，即使一张打碎的透射全息图的碎片仍可重现所拍摄物体的完整的形象。

(4)全息照片所再现出的被摄物像的亮度可调，再现光波越强，再现物像就越亮。

(5)全息图可同时重现虚像和实像，在参考光采用平行光照明的情况下，特别容易观察到。

(6)全息照片的再现像可放大或缩小。用不同波长的激光照射全息照片，由于与拍摄时所用激光的波长不同，再现的物像就会发生放大或缩小。

(7)重现时，只需将全息底片做一次翻转即可。全息照相可进行多重记录，只需适当改变参考光相对于全息底片的入射角，即可在同一张全息底片上记录多个全息图。

【实验内容】

1. 全息摄影光路调整

(1)按照图 10－1 全息摄影光路摆放各光学元件。

(2)扩束镜先不放在光路中，以小孔屏的高度为参考调节各元件等高，使激光束始终平行于光学平台入射到各元件中部。

(3)调整分束镜的入射角，用功率计测量各光束强度，使参考光与物光的照度比在 3∶1～6∶1 之间。

(4)选择较强的光束作为物光束，用白屏代替干板，用卷尺或细线测量，使分束镜至白屏之间的物光光程与分束镜到参考光光源的参考光程尽量相等，不完全相等时两者之差最好不超过 5 cm。调节照射到白屏上的物光束与参考光束之间的夹角，尽量使夹角小于 45°。

(5)参考光束应照射到白屏的中心位置。物体与白屏的距离为 10 cm 左右，距离较远时，会因物光束较弱导致全息图效果较差。

(6)将扩束镜放入光路中，挡住物光束或参考光束中的一路光，判断另一光路扩束后在白屏上的光斑分布情况，通过调节扩束镜的二维调节旋钮，使被放大的光束光斑分布均匀，被拍摄的物体尽量被均匀照亮，调节物体方位使物体漫反射光的最强部分和参考光在白屏上重合。

2. 曝光调节

(1)关闭实验室日光灯、激光器及其他光源。

(2)取出全息干板，根据全息照射物体的大小用玻璃刀切割出一块合适大小的全息干板，把剩余的干板及时放回盒内，避免全息干板被提前曝光。

(3)取下白屏，用试管夹夹持切割好的全息干板边缘，将其放置在白屏的位置并固定，全息干板的药膜面需要面向被拍摄物体方向，安静等待 2 min 待系统稳定后，使曝光定时器工作在“定时”状态。

(4)根据激光器的功率、被拍摄物体表面的反射状况以及所用全息底片的灵敏度，即根据照射在全息干板上光的强弱来确定适合的曝光时间进行曝光，实验中可设为 40～60 s。

3. 显影及定影

曝光完成后，在暗室或在暗绿灯下用试管夹夹持干板，室温下进行处理，处理过程中，不能用手触摸全息干板的表面。处理方法如下：

(1)把干板放置蒸馏水内静置浸泡 30～60 s。

(2)把干板放置在异丙醇中静置脱水 60～120 s。

(3)取出干板，用吹风机热风快速吹干，直到出现清晰明亮的图像为止。注意：干板上记录的是干涉条纹，而不是物体的像，全息图在普通光源下看到的外观仅为干涉条纹。

(4)把被拍摄物体从载物台上拿开，将干板按照原方向安装在干板架上，挡住物光，用原参考光照射全息图。用眼睛观察虚像，改变眼睛的位置做同样观察，可观察到再现像的不同部位。

(5)记录观测到的现象，如果照相不成功，请分析失败的原因。

(6)用干净的玻璃片覆盖全息板感光层面，再用密封胶密封，固化后即得一块可保存的全息片或艺术品。

【注意事项】

1. 激光器功率较大，严禁用眼直视激光束，防止视网膜损伤。
2. 严禁用手触摸各光学元件表面。
3. 化学处理过程中，夹住全息片边缘，不要触摸药膜。
4. 成像物体易碎，注意轻拿轻放。

【预习与思考】

1. 光学全息实验需要满足的基本条件有哪些？
2. 照射到全息干板上的参考光和物体反射光之间的夹角对成像的影响是什么？
3. 如果一张拍好的全息片打碎了或部分污染了，用其中一部分再现，看到的是部分物像还是整个物像？为什么？
4. 全息图再现像放大、缩小、等大的条件各是什么？

实验 11　激光散斑实验

【实验目的】

1. 了解激光散斑现象及特点。
2. 应用二次曝光法测量物体表面的面内位移。
3. 学会用电子散斑干涉法测量物体的离面位移。

【实验仪器】

光学平台；He－Ne 激光器；分束镜；扩束镜；反射镜；透镜；被测物体；图像测量系统等。

【实验原理】

1. 激光散斑的基本概念

当使用相干度很高的光源照射漫反射特性表面或通过非均匀介质透射，表面上无规则分布的面元所散射的子波相互叠加，在相干空间区域产生大量长条形的、横截面为颗粒状结构的、稳定的随机分布，称为激光散斑。按照在散斑面有无透镜，将散斑场分为主观散斑和客观散斑，主观散斑需要通过透镜成像获得又称为成像散斑，客观散斑为自由空间客观存在的散斑或非成像散斑。散斑在全息和相干光成像过程中，会增加背景噪声而降低成像的分辨率，但散斑携带了光束和所通过物体的光学信息，散斑的大小、位移及运动变换可以反映光路中物体及传播介质的变化。

激光散斑是一种随机分布，需要使用概率统计的方法研究其强度分布、对比度、运动规律等。散斑的大小定义为两相邻亮斑间距离的统计平均值，随观察方式和入射波长 λ 不同而不同，近场观察如图 11－1(a)所示，散斑直径为 $D_s \approx 1.22\dfrac{\lambda L}{D}$；借助透镜观察散斑面，若透镜相对孔径的倒数为 $F=\dfrac{f}{D}$，垂轴放大率为 M，如图 11－1(b)所示，散斑直径为 $D_s \approx 1.22\lambda(1+M)F$；图 11－1(c)散斑直径为 $D_s \approx 1.22\lambda F$。当照明区域增大或观察屏移近反射面时，散斑大小也随之改变。

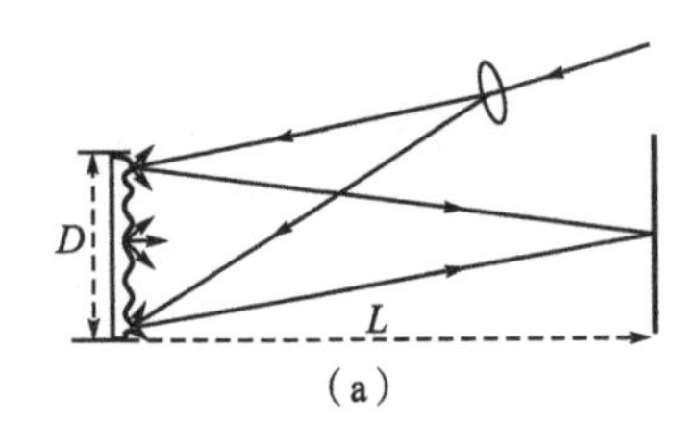

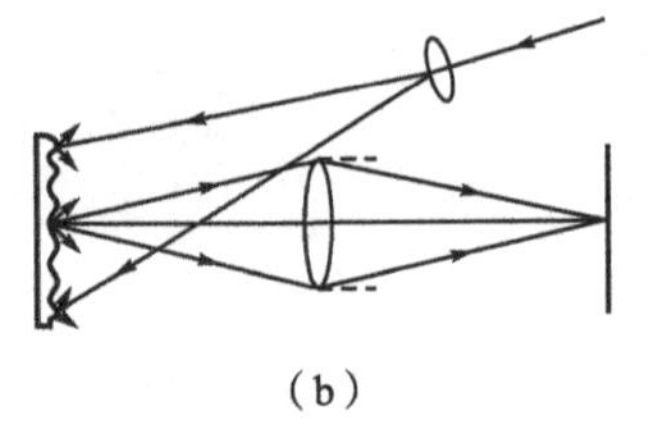

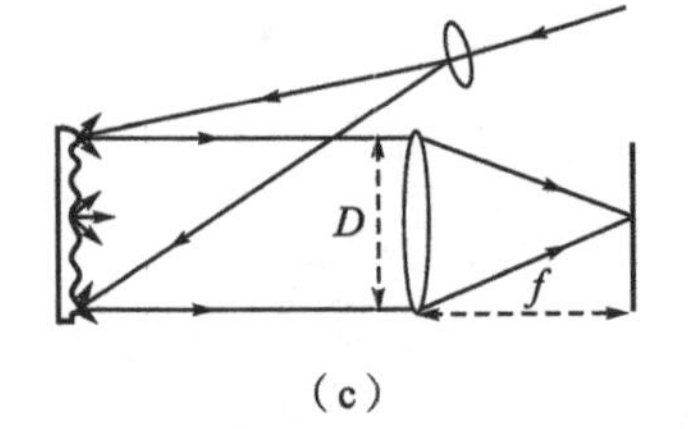

图 11－1　激光散斑

当物体运动或由于受力而产生变形时，随机分布的散斑也随之在空间按一定规律运动，散斑计量技术将物体表面空间的散斑图记录下来，通过分析散斑图进而分析物体运动或变形的有关信息。通常利用散斑照相术或散斑干涉术，测量物体变形、位移、振动等相关信息。

2. 散斑照相术

散斑照相术通常指在同一张底片上，利用两次或多次曝光的方法，分别记录物体变形或位移前后的散斑图，二次曝光法原理如图 11 - 2 所示。因散斑图上每个小区域都和物体表面上某个小区域一一对应，相关区域内两次曝光的散斑图相同却错开一定距离，错开的距离和方位代表对应的物体表面小区域的移动，故各散斑亮点都成对出现，成对的散斑点构成两个透光孔。两组散斑对应的区域内相当于在底片上布满杨氏双孔，双孔的孔距和连线反映双孔所在处像点的位移。散斑照相术是比较简单的全场无损检测技术，只需要一束光即可实现，光传播过程中能量流失较小。

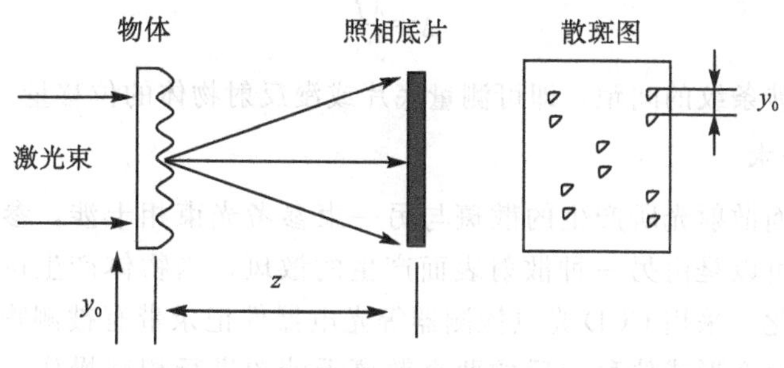

图 11 - 2　散斑照相术测量微小位移

照相底片上记录的强度分布是两次曝光时漫反射物体所产生的散斑图强度之和，表示为

$$I(x,y)=g(x,y)+g(x,y-y_0)=g(x,y)*(\delta(x,y)+\delta(x,y-y_0)) \quad (11-1)$$

其中，$g(x,y)$是未变形或移动前散斑图的强度分布，y_0 是第二次曝光后底片或物体沿 y 方向移动的距离。$\delta(x,y)$是基脉冲响应的点扩散函数。

对照相底片进行显影处理，若底片的复振幅透过率 $t(x,y)$正比于曝光强度 $I(x,y)$，则

$$t(x,y)=t_0+\beta I(x,y)=t_0+\beta g(x,y)*(\delta(x,y)+\delta(x,y-y_0)) \quad (11-2)$$

此时用波长 λ 的单色平面波照射底片，如图 11 - 3 所示，在透镜的后焦面上的频谱为

$$T(f_x,f_y)=t_0\delta(f_x,f_y)+\beta G(f_x,f_y)(1+e^{-j2\pi f_y y_0}) \quad (11-3)$$

式中，t_0、β是记录干板上的有关常数，$G(f_x,f_y)$是 $g(x,y)$的频谱，$f_x=\dfrac{x_f}{\lambda f}$，$f_y=\dfrac{y_f}{\lambda f}$，$f$ 为透镜焦距。忽略透镜焦点处的亮点，焦平面上其他位置的光强分布为

$$I(f_x,f_y)=4\beta^2|G(f_x,f_y)|^2\cos^2\left(\frac{\pi y_f y_0}{\lambda f}\right) \quad (11-4)$$

可见，焦平面上的光强分布受到 $\cos^2\left(\dfrac{\pi y_f y_0}{\lambda f}\right)$的调制，亮条纹符合条件 $y_f y_0=k\lambda f$，$k=0$，±1，±2，…，而暗条纹符合条件 $y_f y_0=\dfrac{2k+1}{2}\lambda f$，$k=0$，$\pm1$，$\pm2$，…。

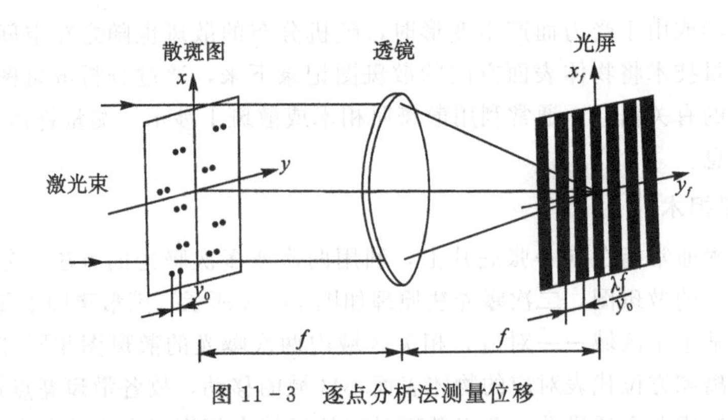

图 11-3　逐点分析法测量位移

屏幕上可见杨氏双孔干涉条纹，条纹的方向与被照射处的位移方向垂直，杨氏条纹的间距 Δ 与被照射处的双孔间距 y_0 的关系为

$$\Delta=\frac{\lambda f}{y_0} \tag{11-5}$$

于是通过测量干涉条纹的间距，即可测量底片或漫反射物体的位移量。

3. 散斑干涉术

被测物体表面散射光所产生的散斑与另一束参考光束相干涉，参考光可以是平面波或球面波，也可以是由另一种散射表面产生的散斑，当物体产生位移或形变时，干涉条纹将发生变化。采用 CCD 光电探测器等光电器件记录带有被测物体光场信息的散斑干涉图，通过对变形或位移前后的两个散斑干涉图进行相减操作，以及滤波处理分离出两者之间的变形信息，并以条纹形式显示出来的方法，称为散斑干涉测量，如图 11-4 所示。

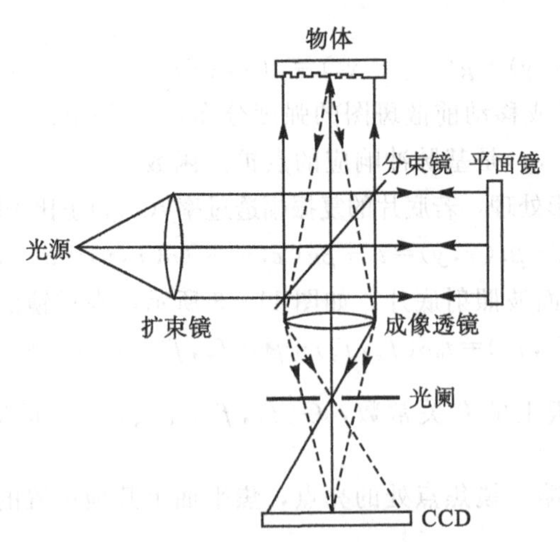

图 11-4　散斑干涉法测量离面位移

当激光照射在被测物体表面时，其漫反射和参考光束在探测器件 CCD 表面的光振动复振幅分别为

$$U_0(r)=u_0(r)\mathrm{e}^{\mathrm{i}\varphi_0(r)}$$

$$U_R(r)=u_R(r)e^{i\varphi_R(r)} \tag{11-6}$$

两束光到达探测器的光程相等时，两束光波在像面合成光强为

$$I(r)=u_0^2(r)+u_R^2(r)+2u_0(r)u_R(r)\cos(\varphi_0(r)-\varphi_R(r)) \tag{11-7}$$

当被测物体发生变形后，其表面各点反射光的振幅 $u_0(r)$ 基本不变，而相位 $\varphi_0(r)$ 将变为 $\varphi_0(r)-\Delta\varphi(r)$，即变形后漫反射光束在探测器表面的复振幅为

$$U'_0(r)=u_0(r)e^{i(\varphi_0(r)-\Delta\varphi_R(r))} \tag{11-8}$$

因参考光波保持不变，物体发生变形后的合成光强为

$$I'(r)=u_0^2(r)+u_R^2(r)+2u_0(r)u_R(r)\cos(\varphi_0(r)-\Delta\varphi(r)-\varphi_R(r)) \tag{11-9}$$

散斑照相中将这两个不同时刻的光强信息记录在同一个干板上，产生叠加效应。而电子散斑干涉测量则使用 CCD 探测器记录数字化的散斑图，将变形前后的两幅干涉场分离，对两个光强进行相减处理，即

$$\bar{I}=|I'(r)-I(r)|=\left|4u_0(r)u_R(r)\sin(\varphi_0(r)-\varphi_R(r)+\frac{\Delta\varphi(r)}{2})\sin\frac{\Delta\varphi(r)}{2}\right| \tag{11-10}$$

可见，相减处理之后的光强是含有一个高频载波项 $\varphi_0(r)-\varphi_R(r)+\frac{\Delta\varphi(r)}{2}$ 的低频条纹 $\sin\frac{\Delta\varphi(r)}{2}$。该低频条纹取决于物体形变引起的光波相位改变，即光程差与物体位移之间存在一定的几何关系：

$$\Delta\varphi(r)=\frac{2\pi}{\lambda}(z_1(1+\cos\theta)+z_2\sin\theta) \tag{11-11}$$

式中，λ 为所用激光波长；θ 为入射激光束与试件表面法线的夹角；z_1 和 z_2 分别是物体形变的离面位移和面内位移。

图 11-5 光路中，波长 λ 的入射激光束与试件表面法线的夹角 θ 较小，满足 $\cos\theta\approx 1$ 和 $\sin\theta\approx 0$ 时，试件表面上任一点 P 在试件变形后移动到 P' 点，由位移量引起的相位差与离面位移 z_1 的关系为

$$\Delta\varphi(r)=\frac{2\pi}{\lambda}z_1(1+\cos\theta)=\frac{4\pi}{\lambda}z_1 \tag{11-12}$$

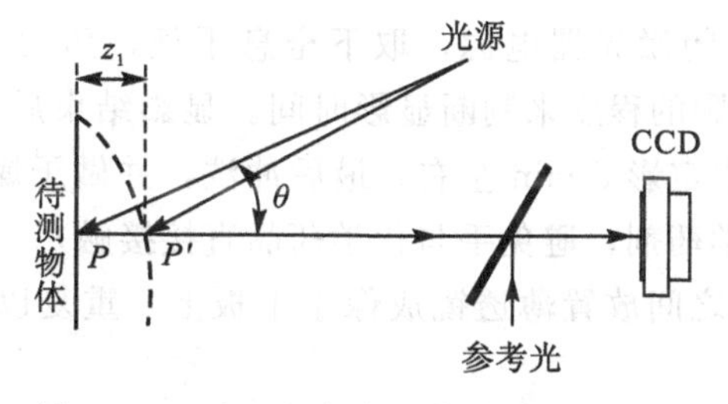

图 11-5　光程差与离面位移的关系示意图

可知，当 $\Delta\varphi(r)=(2k+1)\pi$ 时，变形前后两散斑图光强差最大，相减后出现最大值，表现为亮条纹。当离面位移使相位差 $\Delta\varphi(r)=2k\pi$ 时，变形前后两散斑图光强相同，相减后为 0，可出现暗条纹，即暗条纹处的离面位移是半波长的整数倍

$$z_1=\frac{k\lambda}{2},\ k=0,\ 1,\ 2,\ \cdots \tag{11-13}$$

【实验内容】

1. 散斑照相法位移测量

(1)将激光器、扩束镜、准直镜、毛玻璃等如图 11－6 所示放置到导轨上，激光器位于导轨的右端。

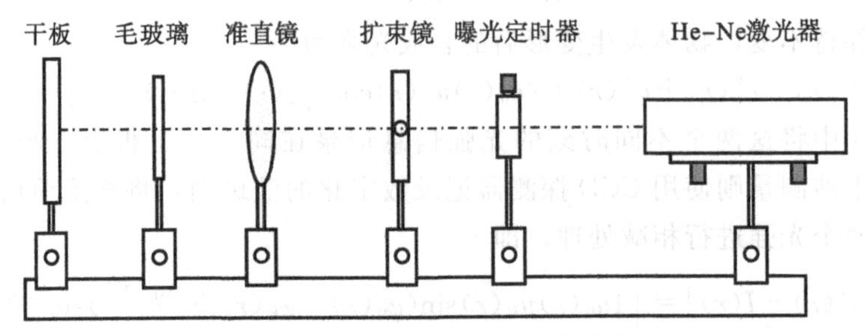

图 11－6　散斑照像发测量面内位移光路图

(2)打开激光器，调整各元件高度及位置，使激光束从各透镜中心通过，通过准直镜后为平行光；调节毛玻璃的位置，避免激光圆斑照射在毛玻璃的边缘，尽量使光束从毛玻璃中心透过，准直镜与毛玻璃的距离不宜过远，一般 10～20 cm 即可。

(3)曝光前用白屏代替全息干板来确定干板的位置，曝光量受到照亮孔径以及干板与毛玻璃间距离的影响，孔径值大或者干板与毛玻璃的距离小可明显提高实验灵敏度，反之降低。实验中干板架与毛玻璃之间距离 10 cm 左右为宜，可用照度计测量激光照在干板上的光强。

(4)各部件位置确定后，关闭实验室日光灯和激光光源，拿掉白屏，将干板放回白屏位置，放置干板时应注意使干板的药面(粗糙面)朝向激光光束的入射方向。

(5)打开激光光源，进行第一次曝光。可根据照度计的读数来确定曝光时间，通过手动曝光定时器控制曝光时间，一般取 3～5 s 为宜。第一次曝光完成等待数秒后，横向移动毛玻璃或干板(两者等价)0.08～0.20 mm，然后进行第二次曝光，曝光量与第一次相同。

(6)曝光结束后，关闭激光器电源，取下全息干板，药面朝上放入显影液中 3～4 min，也可通过观察显影的程度来判断显影时间。显影结束后，将干板放入清水冲洗片刻，然后置于定影液中定影 5 min 左右。最后冲洗，并做干燥处理(注意：由于显影和定影液为有腐蚀性化学药剂，避免手与化学药品直接接触)。

(7)在毛玻璃和干板之间放置薄透镜成像于干板上，重复以上(4)～(6)操作过程，并测出放大率。

(8)如图 11－2 所示用细激光束垂直照射在二次曝光后的全息干板上，用照度计测量照射在干板上的光强，数值应尽量与步骤(5)中照在干板上一致，在远处的屏上可得到杨氏条纹。依据像面散斑或自由空间散斑，根据公式计算位移量，数据记录于表11－1。

(9)另取一张干板，重复第一次曝光前操作，然后将毛玻璃旋转一个小角度后，重复第二次曝光操作。按照上述步骤将数据记录于表 11－2。

表 11 - 1　散斑照相数据(λ=______ nm)

序号	光照度	曝光时间	曝光距离	放大倍数	实际位移	条纹间隔	测量的位移	相对误差
1								
2								
3								

表 11 - 2　散斑照相数据(λ=______ nm)

序号	光照度	曝光时间	曝光距离	放大倍数	实际角度	条纹间隔	测量角度	相对误差
1								
2								
3								

(10)试分析实验误差的原因。

2. 电子散斑干涉测量离面位移实验

(1)打开激光器电源，用白屏代替CCD像机，在光学实验台按照图 11 - 7 搭建迈克耳孙干涉仪光路。调整底座的高度，使各个实验器件的中心高度一致，使光束平行于光学平台入射到各光学元件中心。要求：被测物体和参考平面镜到分束镜距离近似相等；反射镜反射的激光束垂直照射在扩束镜上；激光束以 45°角入射到分束镜，使分束镜的透射光垂直入射到被测物体表面，分束镜的反射光垂直入射参考平面镜。

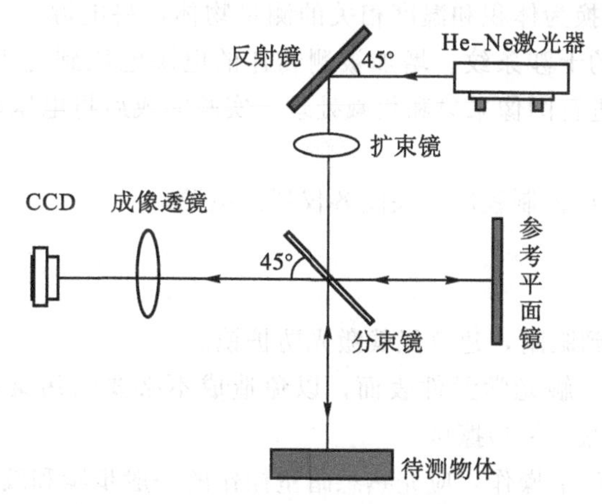

图 11 - 7　电子散斑干涉测量离面位移光路图

说明：被测物体有两个，被测物体 1 可以手动调节形变量，粗调旋钮为背面上部的螺丝，细调旋钮为螺旋测微器。被测物体 2 是一个通电加热的金属铝块，上部的三根电阻丝加热使得铝块表面产生形变，铝块上半部分比下半部分形变量大，电阻丝所加电压越高物体形变越快，实验中不宜使物体形变过快，开始新实验前应保证物体是冷却过的。被测物体 2 的相应数据如表 11 - 3 所示。

表 11-3　被测物体 2 相应数据

时间/min	0	5	10	15	20	25	30	35	40	45	50	60
温度/℃	22	31	34	40	44	48	51	53	58	62	64	66

(2)反复调整元件的位置、高度及角度，直至白屏上呈现清晰稳定的迈克耳孙干涉条纹，将白屏更换为 CCD 像机，调节 CCD 像机的位置与高度，使干涉条纹成像在 CCD 表面。若不能调出清晰的干涉条纹，可尝试将被测物体用平面反射镜替换进行调节。

(3)启动计算机运行散斑干涉测量软件，设置图像采集方式为手动，点击开始按钮采集图像。调整 CCD 像机的位置，直至主工作区显示清晰的迈克耳孙干涉条纹。

(4)点击工具条上的抓图按钮，采集一幅散斑图像并保存。使被测物体发生形变，在被测物体发生形变的过程中，多次进行图像采集和存储。

(5)点击图像处理，选择物体变形前后的两幅图像进行图像相减处理，相减处理后的图像中有 3～5 条黑色条纹时，软件处理效果较好。然后选择不同阈值对相减处理后的图像进行二值化，根据图像二值化的效果选择手动或自动拟合。

(6)手动拟合的具体步骤：自下而上选取某一清晰的黑色条纹，用鼠标左键自左而右选取 4～12 个点，且要选中黑色条纹与边界的交点。处理完一条黑色条纹后，进行下一黑色条纹的处理。可通过微调来调节某标注点的位置。如此重复处理完所有清晰黑色条纹。

(7)点击完成按钮，可得到拟合的骨架线、物体表面的三维图像、等高线以及叠加图，采集图像完毕后点击停止按钮。

(8)将被测物体切换为体积和温度相关的测量物体，将电源电压调到 0 V，微调实验光路直至出现清晰的干涉条纹。增加被测物体的电源电压到适当值，待物体产生形变后，按照上述步骤进行图像采集和相减处理。实验完成后将电压调到 0 V，使被测物体缓慢冷却。

(9)实验完成，退出控制程序，关闭各仪器的电源。

【注意事项】

1. 避免激光直射到眼睛，建议佩戴激光防护镜。

2. 避免用手直接接触光学元件表面，以免造成不必要的污染，如发现镜面较脏，应用混合液(酒精和乙醚 4∶1)擦拭。

3. 实验在暗室条件下操作，应先熟悉暗室操作的一般步骤和胶片的冲洗过程。

【预习与思考】

1. 从散斑图衍射条纹的取向能否判断被测物体的位移方向？试分析为什么？

2. 分析激光照相术能否进行离面位移的测量？

3. 若有一均匀的背景光迭加在散斑信号上，对测量结果有无影响？试分析原因。

实验 12　光栅条纹投影三维形貌测量实验

【实验目的】

1. 了解光栅条纹投影的结构原理。
2. 学习四步相移法及多频外差法进行包裹相位提取的过程。
3. 使用三频外差法和拟合负指数法进行三维表面测量。

【实验仪器】

CCD 摄像机；投影仪；计算机；三角架；标定板；成像物体。

【实验原理】

大部分三维测量技术的应用以对静态物体进行精密测量或三维曲面重构为最终目的，分为接触式和非接触两种。在各种光学三维形貌测量技术中，条纹投影三维形貌测量技术具有测量精度高、系统架构简单、数据采集速度快、系统携带方便等优点被广泛应用。

1. 光栅条纹三维测量原理

光栅条纹三维测量原理通常采用相位-高度映射原理，通过计算机编程产生正弦光栅条纹，将该正弦条纹通过投影设备投影至被测物体，物体的高度信息会使正弦条纹出现不同程度的形变，利用 CCD 相机捕捉具有形变信息的光栅条纹图像，通过数学计算解调出形变图像中具有高度信息的相位信息，再将相位信息转化为全场的高度即可获得被测物体所包含的高度信息。

如图 12－1 所示系统中，远心光学结构的 DLP 投影仪光轴和 CCD 摄像机光轴相交于 O 点，它们之间的夹角为 θ，O 为理想参考平面的原点，d 为投影仪光心 A 和 CCD 光心 B 间的距离，A 和 B 连线平行于参考平面且与参考平面距离为 L，h 为物面上任意一点 H 到参考平面的距离。假设开始参考平面上没有待测物体，投影仪发射的一束光线经参考平面反射后，在 CCD 视野中对应的光线投射点为参考平面上 D 点。相机和透射角度均保持不变的情况下，放置待测物体后，CCD 视野中对应光线的投射点变为参考平面上的 C 点。故点 D 到点 C 的位移量反映了待测物体表面点 H 相对于参考平面的高度 h。

由相似三角形的几何关系，有

$$\frac{h}{L-h}=\frac{\overline{DC}}{d} \tag{12-1}$$

整理成高度 h 的表达式为

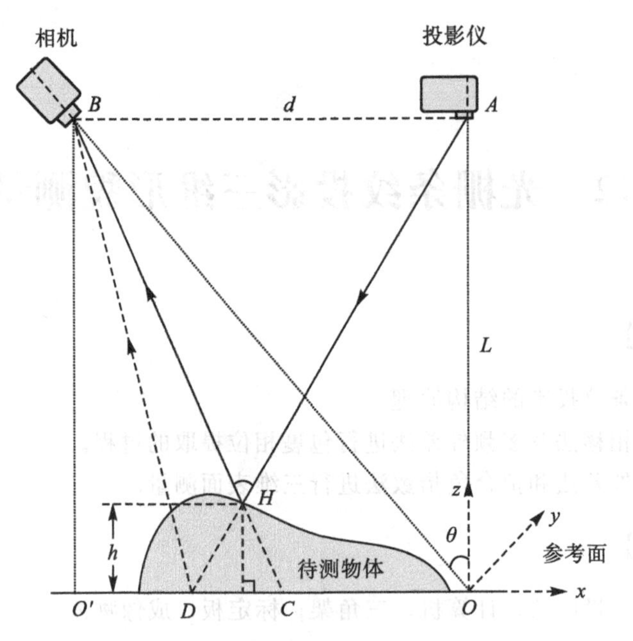

图 12-1　光栅条纹投影三维形貌测量

$$h=\frac{\overline{DC}}{\overline{DC}+d}L \tag{12-2}$$

正弦条纹等周期分布在参考平面，其周期可用节距 p 或空间频率 f_0 表示，参考面上(x,y)点的相位分布 φ_x 为 x 坐标线性函数，表示为 $\varphi_x=\frac{2\pi x}{p}=2\pi f_0 x$。可知位移量$\overline{DC}$引起的相位差可由 D 点的相位 φ_D 和 C 点的相位 φ_C 表示为

$$\Delta\varphi=\varphi_D-\varphi_C=2\pi f_0\,\overline{DC} \tag{12-3}$$

式(12-3)代入式(12-2)，得到被测物体高度 h 引起的相位差 $\Delta\varphi$ 之间的映射关系

$$h=\frac{L\Delta\varphi}{\Delta\varphi+2\pi f_0 d} \tag{12-4}$$

可见上述系统中，已知正弦光栅的节距 p 或空间频率 f_0，测量被测物体表面相位分布 $\Delta\varphi$，便可以得到物体表面的三维轮廓。

2. 相位提取

相位提取方法很多，相移法的应用最广泛。相移法通过向被测物体投射具有一定相位差的多幅正弦光栅条纹来计算相位信息。根据相移步数的不同以及每次相移量的不同可以划分出多种相移算法，多种算法之间存在稳定性和误差方面的差异，这些差异对提取相位后的三维重建过程有重要的影响。本实验中使用三频外差法与拟合负指数法进行相位提取。

(1)四步相移法。

四步相移法由计算机生成四幅空间频率为 f_0、相位差为$\frac{\pi}{2}$的正弦光栅条纹图，将其依次投射到被测物体表面，如图 12-2 所示。若被测物体表面的反射率变化不大，则 CCD 接收到被测物体表面调制的变形条纹，其灰度分布为

$$I_N(x,y)=a(x,y)+b(x,y)\cos\left(\varphi(x,y)+2\pi\cdot\frac{N-1}{4}\right),\ N=1,\ 2,\ 3,\ 4 \quad (12-5)$$

式中，$a(x,y)$为背景光强，$b(x,y)/a(x,y)$为条纹对比度，$\varphi(x,y)$为待测物体表面的相位主值。对四幅条纹图进行计算，求得物体表面高度对条纹调制的相位函数表达式

$$\varphi(x,y)=\arctan\frac{I_4(x,y)-I_2(x,y)}{I_1(x,y)-I_3(x,y)},\ -\pi<\varphi\leqslant\pi \quad (12-6)$$

式(12-6)使用反正切函数进行相位计算，条纹图中每个像素有一个相对相位，这个相位值在每个相位周期内是唯一的，但在整个测量空间不唯一，具有 2π 的跳变相位，称为包裹相位，被包裹相位必须能恢复为完整的相位分布，称为相位解包裹或解相位。相位解包裹是被测物体三维形貌测量的关键步骤之一，也是目前研究的热点和难点。

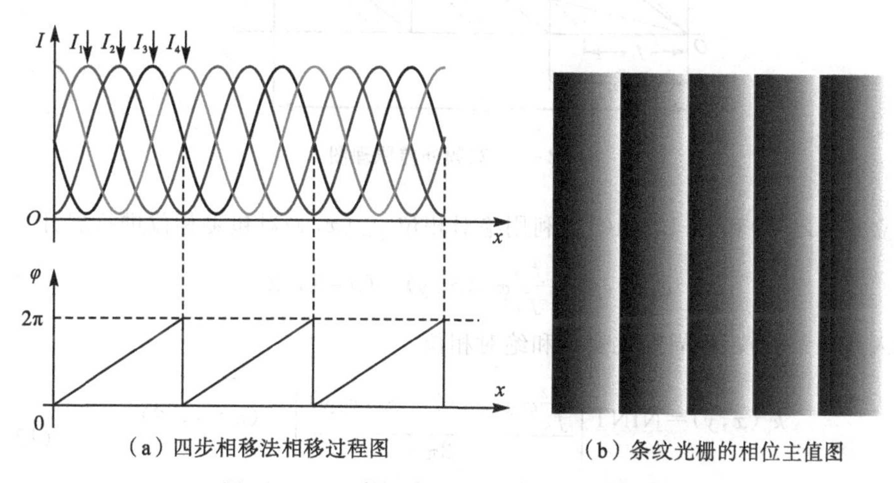

（a）四步相移法相移过程图　　（b）条纹光栅的相位主值图

图 12-2　四步相移法计算条纹光栅的相位主值

实际应用中，需要相位主值除在单个周期内连续分布外，在整个 x 方向或 y 方向也是连续的。通常在相位突变的地方，相位值加上 2π 的整数倍即可得到实际连续的绝对相位，有

$$\phi(x,y)=2\pi k(x,y)+\varphi(x,y) \quad (12-7)$$

式中，$\phi(x,y)$为绝对相位；$\varphi(x,y)$为包裹相位；整数 $k(x,y)$为 $\varphi(x,y)$的周期跳变数。若每幅条纹图中每一点处的条纹级次 $k(x,y)$均有一预设值且唯一，则可以获得连续的相位分布 $\varphi(x,y)$，称为绝对相位值，相位解包裹的本质就是求解图像中每一点处的条纹级次。

(2)外差解相原理。

外差解相原理是指将多种不同频率的光栅图像叠加到一起进行解相的方法，最常用的是双频外差解相和三频外差解相。双频外差是将两种频率的相位函数叠加得到一种频率更低的相位函数，如图 12-3 所示。两个频率 f_1、f_2 的光栅条纹的包裹相位 $\varphi_1(x,y)$、$\varphi_2(x,y)$进行外差，得到一个频率更低的相位 $\varphi_{12}(x,y)$，其频率为

$$f_{12}=\frac{f_1 f_2}{|f_1-f_2|} \quad (12-8)$$

因不同周期条纹测量同一被测物体表面，所得图像上的同一坐标(x,y)位置处高度不变，即根据

$$h(x,y)=\frac{\varphi_1(x,y)}{2\pi f_1 d}L=\frac{\varphi_2(x,y)}{2\pi f_2 d}L \tag{12-9}$$

得到外差后的低频相位

$$\varphi_{12}(x,y)=\begin{cases}\varphi_2(x,y)-\varphi_1(x,y), & \varphi_2(x,y)\geqslant\varphi_1(x,y)\\ 2\pi+\varphi_2(x,y)-\varphi_1(x,y), & \varphi_2(x,y)<\varphi_1(x,y)\end{cases} \tag{12-10}$$

选择合适的 f_1、f_2，可使 $f_{12}=1$，进而保证低频相位 $\varphi_{12}(x,y)$对全视场连续。

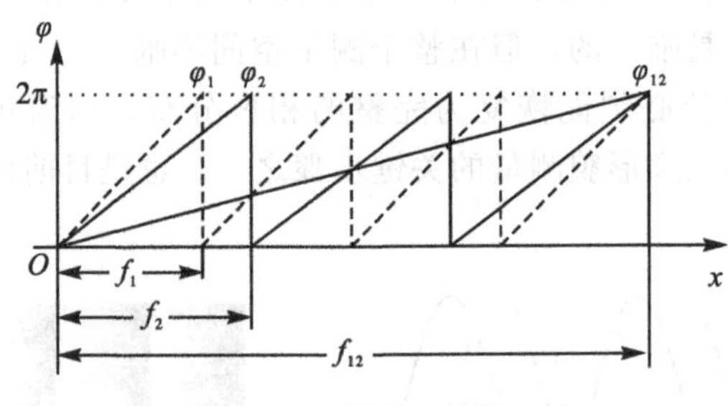

图 12-3　双频外差原理图

联立式(12-9)和式(12-10)，利用绝对相位 $\varphi_{12}(x,y)$对包裹相位进行展开

$$\varphi_n(x,y)=\frac{f_{12}}{f_n}\varphi_{12}(x,y)\quad(n=1,\ 2) \tag{12-11}$$

代入式(12-7)，得周期跳变数和绝对相位

$$k_n(x,y)=\text{NINT}\left[\frac{\frac{f_{12}}{f_n}\varphi_{12}(x,y)-\varphi_n(x,y)}{2\pi}\right]\quad(n=1,\ 2) \tag{12-12}$$

$$\phi_n(x,y)=2\pi k_n(x,y)+\varphi_n(x,y)\quad(n=1,\ 2)$$

式中，NINT()为取整函数。因双频外差解相精度受条纹周期的制约且必须满足

$$R<\frac{1}{2(\Delta\varphi+\Delta\phi)} \tag{12-13}$$

式中，R 为初始相位主值频率与外差后相位频率的比值，$\Delta\varphi$ 为初始相位主值误差，$\Delta\phi$ 为外差后相位误差。实验中使用三频外差的方法提高计算精度。

三频外差光栅分别投射频率为 f_1、f_2 和 f_3 的三种相移条纹，且 $f_1<f_2<f_3$，首先由其反正切函数获得相位包裹函数分别为 $\varphi_1(x,y)$、$\varphi_2(x,y)$和 $\varphi_3(x,y)$，然后对 $\varphi_1(x,y)$和 $\varphi_2(x,y)$进行外差得到 $\varphi_{12}(x,y)$，对 $\varphi_2(x,y)$和 $\varphi_3(x,y)$外差得到 $\varphi_{23}(x,y)$，最后对 $\varphi_{12}(x,y)$和 $\varphi_{23}(x,y)$进行外差得到 $\varphi_{123}(x,y)$。f_1、f_2 和 f_3 条纹数目通常取$S+\sqrt{S}+1$，S，$S-\sqrt{S}$，使 $\varphi_{123}(x,y)$的周期 $f_{123}=1$，即 $\varphi_{123}(x,y)$在整个视场范围连续，再利用连续相位 $\varphi_{123}(x,y)$对 $\varphi_{12}(x,y)$和 $\varphi_{23}(x,y)$进行相位展开，利用 $\varphi_{12}(x,y)$和 $\varphi_{23}(x,y)$对 $\varphi_1(x,y)$、$\varphi_2(x,y)$和 $\varphi_3(x,y)$进行相位展开获得绝对相位为 $\phi_1(x,y)$、$\phi_2(x,y)$和 $\phi_3(x,y)$，实现对物体表面形貌的复原。

(3)拟合负指数相位展开。

拟合负指数法需要投影的条纹周期数目按 $t=s$，$s-1$，$s-2$，$s-4$，…，$s/2$ 来改变，即条纹频率按负指数函数序列进行改变。采用等距四步相移法，每套条纹投影四幅图案，首先求出每套条纹图案的包裹相位图

$$\varphi_w(x, y, t)=\arctan\frac{I_4(x, y, t)-I_2(x, y, t)}{I_3(x, y, t)-I_1(x, y, t)} \tag{12-14}$$

式中，t 表示条纹套数，$t=1, 2, 3, \cdots, s$，然后求出相邻两套条纹图案上同一像素点的包裹相位之差和 2π 不连续数：

$$\Delta\varphi_w(t,t-1)=\varphi_w(x,y,t)-\varphi_w(x,y,t-1)$$

$$d_w(x,y,t)=\mathrm{round}\left(\frac{\Delta\varphi_w(x,y,t)}{2\pi}\right) \tag{12-15}$$

式中，round 表示取最接近整数。则第 1 套条纹与第 s 套条纹总的 2π 不连续数为

$$k(x,y,s)=\sum_{t=1}^{s}d(x,y,t) \tag{12-16}$$

若时间轴上的条纹频率满足抽样定理，则第 s 套条纹的总展开相位差可由所有相邻条纹包裹相位差叠加得到：

$$\phi_u(s,0)=\sum_{t=1}^{s}\Delta\varphi_w(t,t-1)=\varphi_w(x,y,s)-\varphi_w(x,y,0)-2\pi k(x,y,s) \tag{12-17}$$

可以看出，仅第一套条纹 $\phi_w(0)$ 与第 s 套条纹 $\phi_w(s)$ 对总展开相位差 $\Delta\phi_u$ 有贡献，中间相位值 $\phi_w(1)$，$\phi_w(2)$，$\cdots$，$\phi_w(s-1)$ 中的任何随机误差都在求和过程中正负抵消了，因此测量误差仅与 $t=0$ 和 $t=s$ 的条纹误差有关。实际上，$t=0$ 没有投影图案，可将此情况定义为条纹图上所有点相位值都为 0，所以 $\Delta\phi_u$ 的误差仅与 $t=s$ 时的条纹误差有关。虽然中间相位图只是用来确定最后一副截断相位的相位级次，但也可以利用这些中间相位值来拟合 $\phi_u(t)=\omega t$ 序列中所有的数据点，其中 ω 表示相位随时间 t 的变化速率，有

$$\hat{\omega}=\frac{s\phi_u(s)+\sum_{t=0}^{\log_2 s-1}(s-2^t)\phi_u(s-2^t)}{s^2+\sum_{t=0}^{\log_2 s-1}(s-2^t)^2} \tag{12-18}$$

3. 系统标定

系统标定是获取表征相机和投影仪投影变换特性的内部参数和空间位置关系的外部参数，并建立其数学模型，由提供的标定模板特征点图像坐标和世界坐标求解数学模型的各个参数。相机是三维场景对二维图像的映射，而投影仪是二维图像对三维空间的映射。投影仪的光学结构与具有远心光学结构的相机相同、光路相反，通常把投影仪看作是“逆向”的相机，也可借助相机的标定原理完成投影仪的标定。

(1)针孔相机模型。

根据光学成像原理，图像是空间物体通过成像系统在成像平面上的反映，即空间物体在成像平面上的投影。理想情况下，图像上每一点的位置与空间物体表面对应点的几何位置有关。因此，建立 CCD 摄像机数学模型需要在理想成像的基础上结合实际成像与理想成像的变化，并考虑图像坐标系、摄像机坐标系和世界坐标系的转换关系以完成完整的 CCD 摄像机成像系统的数学表达关系。

根据透镜成像公式 $\frac{1}{f}=\frac{1}{m}+\frac{1}{n}$，因物距 n 一般远大于透镜焦距 f，有 $m\approx f$，故可

用小孔模型代替透镜成像。相机坐标系为 $O-xyz$，O 为相机的光心即针孔模型的针孔。现实世界中的空间点 P 经针孔投影后落在物理成像平面 $O'-x'y'$ 的 P' 点。设 P 和 P' 的坐标分别为 $(x_w, y_w, z_w)^T$ 和 $(x', y', z')^T$。设物理成像平面与针孔距离为透镜焦距 f，根据相似三角形原理有 $x'=-f\dfrac{x_w}{z_w}$，$y'=-f\dfrac{y_w}{z_w}$，式中负号表示像是倒立的。为简化模型把成像平面对称到相机前方，和三维空间点一起放在摄像机坐标系的同一侧，可去掉负号的影响，利用小孔成像原理对 CCD 摄像机进行几何建模如图 12－4 所示。

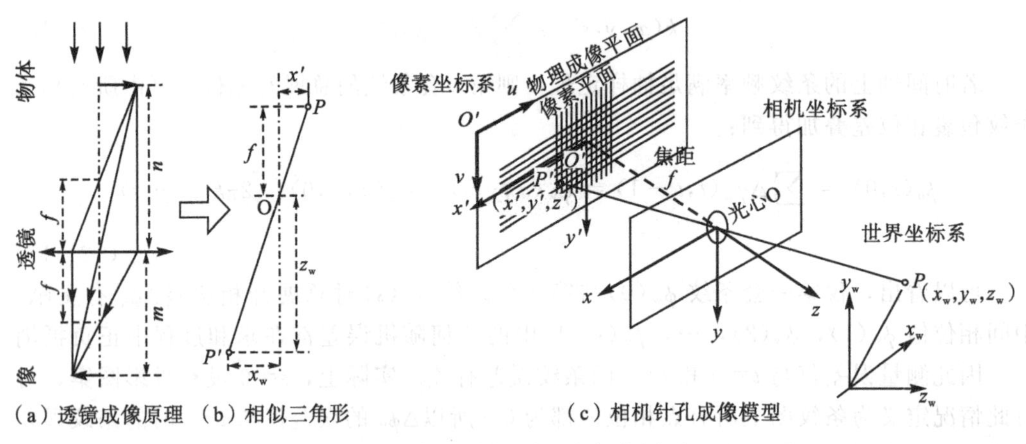

图 12－4　相机模型与标定原理

在图像的像素坐标系，每幅数字图像是以 $M\times N$ 的数组形式表征，显示器上看到的图像原点 O' 在图像的左上角，u 轴向右与 x 轴平行，v 轴向下与 y 轴平行。像素坐标系与成像平面之间，进行了一次缩放和一次原点的平移。设像素坐标在 u 轴上缩放了 f_x/f 倍，在 v 轴上缩放了 f_y/f 倍，同时原点平移了 $(c_x, c_y)^T$，则 P' 的坐标与像素坐标 $(u, v)^T$ 的关系为 $u=f_x\dfrac{x_w}{z_w}+c_x$，$v=f_y\dfrac{y_w}{z_w}+c_y$，写成矩阵形式为

$$z_w\begin{bmatrix}u\\v\\1\end{bmatrix}=\begin{bmatrix}f_x&0&c_x\\0&f_y&c_y\\0&0&1\end{bmatrix}\begin{bmatrix}x_w\\y_w\\z_w\end{bmatrix}=\boldsymbol{KP} \tag{12-19}$$

称 $\boldsymbol{K}=\begin{bmatrix}f_x&0&c_x\\0&f_y&c_y\\0&0&1\end{bmatrix}$ 为相机的内参数矩阵。通常认为，相机的内参在出厂之后是固定的，不会在使用过程中发生变化，标定就是要获取相机的内参数矩阵。

除了标定相机的内参，还要获得相机的相对外参，即将运动相机的当前位姿世界坐标 $\boldsymbol{P}_w$ 变换到相机的像素坐标系下的结果。相机的位姿由它的旋转矩阵 $\boldsymbol{R}$ 和平移向量 $\boldsymbol{T}$ 来描述，相机的位姿 $\boldsymbol{R}$、$\boldsymbol{T}$ 称为相机的外参数，即

$$z_w\begin{bmatrix}u\\v\\1\end{bmatrix}=\begin{bmatrix}f_x&0&c_x\\0&f_y&c_y\\0&0&1\end{bmatrix}\begin{bmatrix}\boldsymbol{R}&\boldsymbol{T}\\\boldsymbol{0}^T&1\end{bmatrix}\begin{bmatrix}x_w\\y_w\\z_w\end{bmatrix} \tag{12-20}$$

(2)畸变。

在条纹投影三维形貌测量成像系统中，摄像机成像系统由透镜或透镜组构成，光学透镜设计的复杂性和工艺水平等因素的影响使镜头与理想状态存在着偏差，这种偏差导致物点在摄像机成像面上所成的实际像点与理想像点之间存在误差，即光学畸变。根据摄像机镜头设计、加工和装配的影响，一块镜头的光学畸变主要涉及径向畸变、偏心畸变和薄棱镜畸变三种类型。

对某些透镜，光线在远离透镜中心的地方比靠近中心的地方更加弯曲，产生“筒形”或“鱼眼”现象，称为径向畸变，它们主要分为两大类，桶形畸变和枕形畸变，如图 12－5 所示。桶形畸变是由于图像放大率随着离光轴的距离增加而减小，而枕形畸变却恰好相反。一般来讲，成像仪中心的径向畸变为 0，越向边缘移动，畸变越严重。

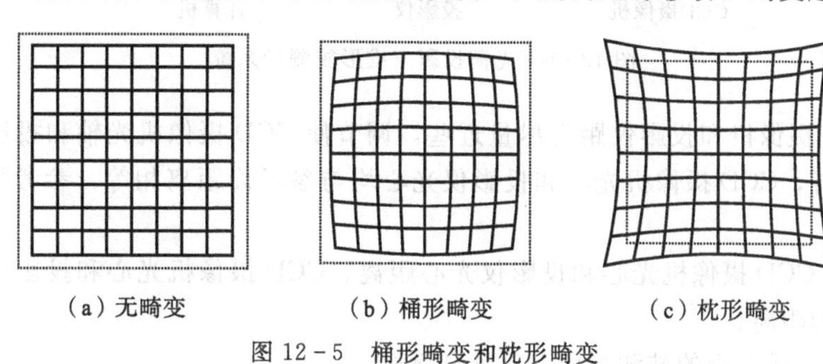

图 12－5　桶形畸变和枕形畸变

若(x, y)表示受镜头失真影响而偏移的像平面坐标，$(\delta_{xr}, \delta_{yr})$表示径向畸变矫正后的坐标，则：

$$\begin{aligned}\delta_{xr} &= x(1+k_1 r^2+k_2 r^4+k_3 r^6)\\ \delta_{yr} &= y(1+k_1 r^2+k_2 r^4+k_3 r^6)\end{aligned} \tag{12-21}$$

式中，$r=\sqrt{x^2+y^2}$。对于畸变较小的图像中心区域，畸变矫正主要是 k_1 起作用，而对于畸变较大的边缘区域矫正主要是 k_2 起作用。普通摄像头用这两个系数就能很好地矫正径向畸变，如鱼眼镜头畸变很大的摄像头可以加入 k_3 畸变项对畸变进行矫正。

在相机的组装过程中，不能使得图像平面和透镜严格平行，从而产生切向畸变，即矩形被投影在相机上成的像，可能会变成梯形。切向畸变矫正坐标$(\delta_{xd}, \delta_{yd})$为

$$\begin{aligned}\delta_{xd} &= x+2p_1 xy+p_2(r^2+2x^2)\\ \delta_{yd} &= y+2p_2 xy+2p_1(r^2+2y^2)\end{aligned} \tag{12-22}$$

可见，相机坐标系中的某点 $P(x,y,z)$，可以找到五个畸变系数校正该点在像素平面上的真实坐标 $P'(u,v)$，则校正后的新位置坐标为

$$\begin{aligned}x_{\text{corrected}} &= x(1+k_1 r^2+k_2 r^4+k_3 r^6)+2p_1 xy+p_2(r^2+2x^2)\\ y_{\text{corrected}} &= y(1+k_1 r^2+k_2 r^4+k_3 r^6)+2p_2 xy+2p_1(r^2+2y^2)\end{aligned} \tag{12-23}$$

进而获得成像平面物体的坐标 $u=f_x x_{\text{corrected}}+c_x$，$v=f_y y_{\text{corrected}}+c_y$。

【实验内容】

1. 系统构建

(1)如图 12－6 构建实验系统，CCD 摄像机固定在三脚架上，投影仪置于桌面位

置，将 CCD 摄像机和投影仪分别与计算机相连接。

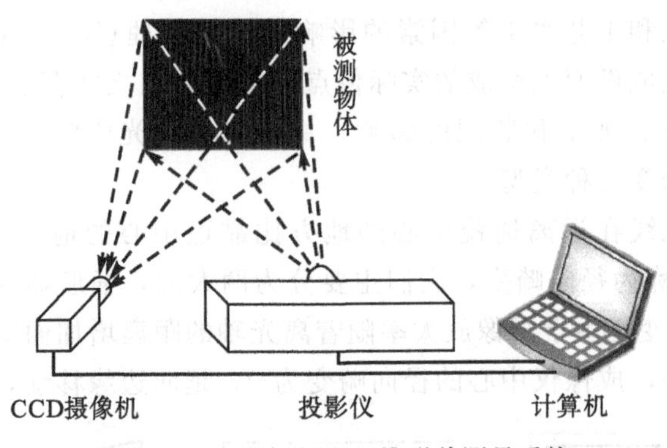

图 12-6 光栅投影三维形貌测量系统

(2)CCD 摄像机和投影仪距离尽量近些，调节使 CCD 摄像机光轴和投影仪光轴均和水平面平行，CCD 摄像机光心和投影仪光心均与参考面距离相等，参考平面距离投影仪较远处。

(3)测量 CCD 摄像机光心和投影仪光心距离、CCD 摄像机光心和投影仪光心连线与参考平面的距离。

(4)选择合适大小的被测物体，启动计算机。

2. 用标定工具箱标定系统

(1)使用软件生成行列方块不等的棋盘格标定板并打印，在标定板边框位置做一个简单文字标记用以区别角点起始位置，用卡尺测量棋盘格标定板的尺寸，计算出每个小方格的物理尺寸，将标定板粘贴在表面平整的白板上，置于参考平面位置。

(2)相机和投影仪位置及姿态保持不变，投影仪投射的棋盘格需要和相机拍摄的实物棋盘格在同一场景中，尽可能保证投影仪投射的棋盘格占据广泛视野，关闭投影仪，在参考平面附近拍摄不同姿态标定板图像 15 张左右用于相机标定。打开投影仪，将标定图案直接投射在白板上，拍摄不同姿态投射的标定图像 15 张左右用于投影仪标定。

(3)打开标定工具箱，分别加载相机和投影仪标定板图片，输入棋盘格的格子物理尺寸，标定获得内外参数。标定过程中需要检查每一幅角点标记图像，确认标定的所有图像角点位置起点相同，若有角点不同的图像，需要删除原图像后重新进行标定。

(4)记录标定所得的相机和投影仪内外参数，其中 IntrinsicMatrix 为相机内参矩阵 $[f_x, 0, 0; 0, f_y, 0; c_x, c_y, 1]$，RadialDistortion 为径向畸变参数 k_1、k_2、k_3，TangentialDistorition 为切向畸变参数 p_1、p_2，TranslationVectors 为物理坐标系到相机坐标系变换关系的平移向量，RotationMatrices 为物理坐标系到相机坐标变换关系的旋转矩阵。

3. 三维形貌测量

(1)根据相机像素大小选择合适的正弦光栅频率 f_1、f_2 和 f_3，且 $f_1<f_2<f_3$，要求三种频率外差后的周期等于 1。

(2)利用软件分别产生三种不同频率正弦光栅的 12 幅四步相移图，要求图像顺序或命名规则体现出频率及相移量。

(3)将待测物体紧靠参考平面前放置，使投影仪光束覆盖待测物体表面。

(4)将三种频率的 12 幅相移图通过投影仪依次投射向待测物体，拍摄经过物体表面调制的 12 幅光栅条纹图，要求图像顺序或命名规则体现出频率及相移量。

(5)将系统参数值及按照频率相移量拍摄的图像依次导入绝对相位提取软件，获得三种频率光栅条纹的包裹相位图 $\varphi_1(x, y)$、$\varphi_2(x, y)$和 $\varphi_3(x, y)$；并利用三频外差法分别计算 $\varphi_{12}(x, y)$、$\varphi_{23}(x, y)$和 $\varphi_{123}(x, y)$；利用逆向法计算三种频率光栅的绝对相位 $\phi_1(x, y)$、$\phi_2(x, y)$和 $\phi_3(x, y)$并存储。

(6)分别利用三种频率之一的绝对相位和包裹相位对被测物体表面进行三维重构。

(7)利用等距四步相移法产生条纹数目分别为 $s-1$，$s-2$，$s-4$，$s-8$，…，$s-\frac{s}{2}$ 的正弦光栅条纹，以上述的方法采集并存储图像，求取每套条纹的包裹相位图 $\varphi_w(x,y,t)$、相邻两套条纹的包裹相位差 $\Delta\varphi_w(t,t-1)$和第 1 套条纹与第 s 套条纹总的 2π 不连续数 $k(x,y,s)$，进而获得展开相位 $\phi_u(s)$，利用展开相位对物体进行三维表面重构。

(8)更换不同频率的光栅或不同形状大小的被测物体，分别用三频外差法和拟合负指数法重新进行以上步骤恢复物体形貌。

(9)比较三频外差法与拟合负指数法对物体表面重构的效果，分析两种方法的优缺点。

【预习与思考】

1. 基于光学原理的三维形貌测量方法有哪些？
2. 分析光栅投影三维形貌测量的优缺点。
3. 分析影响光栅投影三维形貌测量精度的因素。

实验13 缝宽或微孔的衍射测量实验

【实验目的】

1. 观察夫琅禾费衍射，加深对光的衍射理论的理解。
2. 熟悉不同形状衍射物的衍射图样。
3. 利用衍射法测微小缝宽和圆孔尺寸。

【实验仪器】

He-Ne激光器；透镜；平面镜；分束镜；狭缝试件；金属丝；图像测量系统等。

【实验原理】

光的衍射现象是光波动性的一个重要标志。衍射是指光波在传播过程中，遇到小孔、缝隙、细丝等障碍物时，若障碍物的线度与光波长相差不多时发生的光波偏离直线传播的现象。按照光源、衍射物和衍射屏三者之间的关系，通常有限距离处的菲涅耳衍射和无限远距离处的夫琅禾费衍射。光的衍射在近代科学技术中得到了重要的应用，激光衍射计量基本原理是夫琅禾费衍射效应。

1. 单缝夫琅禾费衍射

入射光和衍射光是平行光束，视为光源到衍射物无限远产生夫琅禾费衍射，单缝夫琅禾费衍射如图13-1所示。波长λ的单色平面波入射到长度为L、宽度为$b(L\gg b)$的狭缝AB上，在透镜焦平面处的屏幕上形成夫琅禾费衍射图样，衍射条纹垂直于狭缝方向亮暗相间分布。衍射角为θ(向上为正，向下为负)方向的一束平行光经透镜会聚在屏幕上P点，狭缝AB两条边缘光线在P点的光程差BC决定P点干涉条纹的明暗。

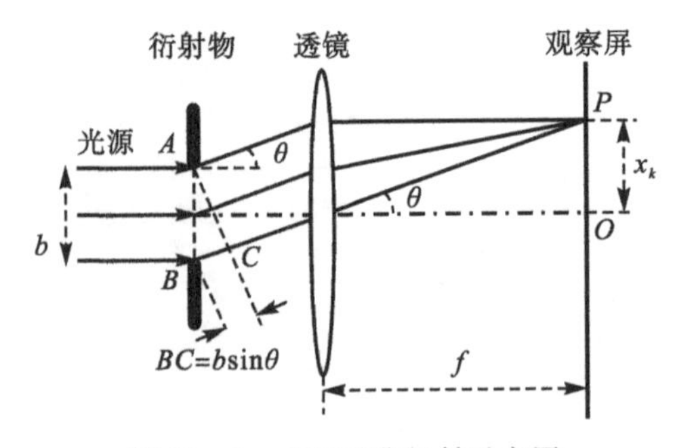

图13-1 夫琅禾费衍射示意图

$$BC = b\sin\theta \tag{13-1}$$

当光程差 BC 不同时，衍射图样可有以下几种：

(1)$b\sin\theta=0$，在 $\theta=0$ 的点干涉始终相互加强，呈现中央明纹。

(2)$b\sin\theta=\pm 2k\dfrac{\lambda}{2}=\pm k\lambda$，$k=1，2，3，\cdots$，干涉相互抵消，呈现暗纹。

(3)$b\sin\theta=\pm(2k+1)\dfrac{\lambda}{2}$，$k=1，2，3，\cdots$，干涉相互增强，呈现亮纹。

(4)$b\sin\theta\neq\pm k\dfrac{\lambda}{2}$，$k=1，2，3，\cdots$，介于明暗纹之间。

单缝衍射观察屏上衍射角 θ 方向上的光强分布为

$$I_\theta = I\cdot\frac{\sin^2\beta}{\beta^2},\ \beta=\frac{\pi b\sin\theta}{\lambda} \tag{13-2}$$

式中，I 是中央方向 $\theta=0$ 时的最大光强。单缝衍射光强分布如图 13-2 所示，中央零级亮条纹光强最大，两侧明纹强度随级数的增加而减小；明暗条纹近似等距离分布在中央亮条纹两侧，中央明纹宽度约为其他明条纹宽度的两倍；当狭缝宽度 b 减小时，条纹间距增大，条纹对称于中心亮纹向两边扩展。各级明纹的光强比为

$$I_0 : I_1 : I_2 : I_3 = 1 : 0.047 : 0.017 : 0.0083 \tag{13-3}$$

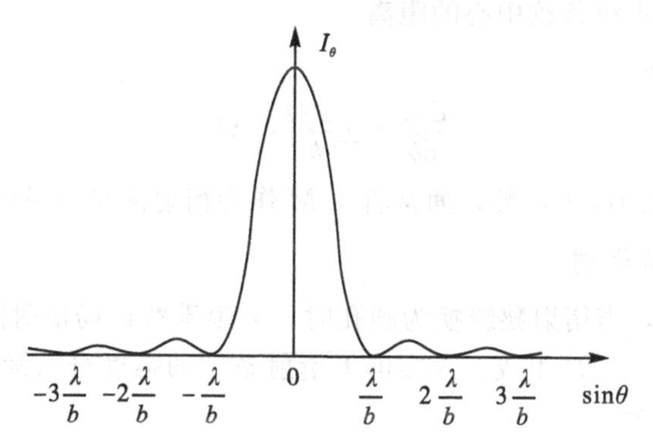

图 13-2　单缝衍射光强分布

根据式(13-1)可知，中央明纹区域为 $-\lambda<b\sin\theta<\lambda$。因衍射角 θ 一般很小，满足 $\sin\theta\approx\tan\theta=\dfrac{x}{f}$，即 $b\sin\theta\approx b\dfrac{x}{f}$。可知，暗纹和明纹的中心位置分别为

$$\begin{cases} x_{暗}=\pm\dfrac{k\lambda f}{b} \\ x_{明}=\pm(2k+1)\dfrac{\lambda f}{b}(k=1，2，\cdots) \end{cases} \tag{13-4}$$

若 x_k 表示从中央亮纹开始计数的第 k 个暗纹，则第一级暗纹中心位置为

$$x=\pm\frac{\lambda f}{b} \tag{13-5}$$

中央明纹角宽度和线宽度分别为

$$\Delta\theta_0 = 2\frac{\lambda}{b}$$
$$l_0 = 2x_1 = 2\frac{\lambda f}{b} \tag{13-6}$$

测量单缝衍射的暗纹中心位置，可根据下式计算衍射狭缝的宽度

$$b = \pm\frac{k\lambda f}{x_k} = \pm\frac{\lambda f}{s} \quad (k=1,2,3,\cdots) \tag{13-7}$$

此式为单缝衍射测量基本公式，式中 $s=\frac{x_k}{k}$ 为第 k 级暗条纹和第 $k+1$ 级暗条纹间的间距。可见，单缝衍射各级明纹的宽度正比于波长，反比于缝宽；缝宽越小、入射波长越长，条纹间距越大，衍射效应越显著；缝宽越宽，衍射越不明显。

若入射光波长 λ 已知，测量出相邻的两个暗条纹的间隔值 s，即可确定缝宽的精确尺寸。当被测物尺寸改变时，相当于狭缝尺寸改变，则被测物体尺寸或轮廓的变化量可以表示为

$$\sigma = b' - b = k\lambda f\left(\frac{1}{x'_k} - \frac{1}{x_k}\right) \tag{13-8}$$

式中，b' 和 b 分别表示物体尺寸变化前后的缝宽；x'_k 和 x_k 分别表示物体尺寸变化前后第 k 级暗条纹到中央零级条纹中心的距离。

由式(13-7)可知

$$\frac{\mathrm{d}x_k}{\mathrm{d}b} = \pm\frac{kf\lambda}{b^2} = M \tag{13-9}$$

式中，M 为单缝衍射的放大倍数，通常将 $1/M$ 作为衍射测量的灵敏度。

2. 圆孔夫琅禾费衍射

如图 13-3 所示，当衍射狭缝换为圆孔时，夫琅禾费远场衍射图像由一个中央亮斑和一组明暗相间的同心圆环组成。观察屏上衍射条纹的强度分布随孔径不同变化显著，衍射条纹的光强分布为

$$I = I_0 \cdot \left(\frac{2J_1(u)}{u}\right)^2, \quad u = \frac{\pi D\sin\theta}{\lambda} \tag{13-10}$$

式中，$J_1(u)$ 为一阶贝塞尔函数；θ 为衍射角；D 为圆孔直径。圆孔夫琅禾费衍射沿半径方向的明暗纹位置、强度及能量分布如表 13-1 所示。

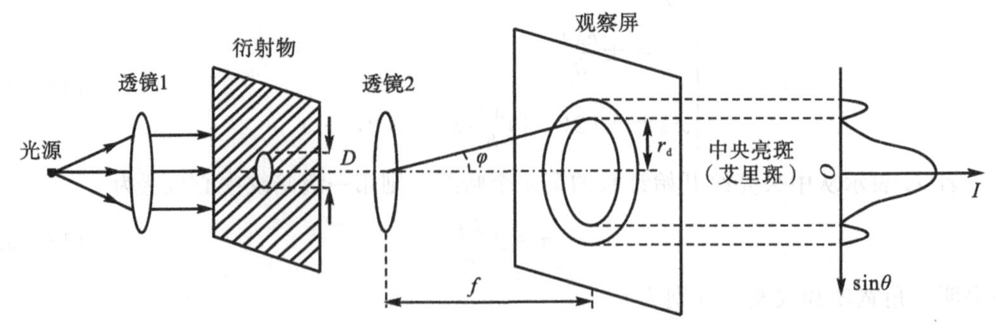

图 13-3　圆孔夫琅禾费衍射示意图

表 13－1 圆孔夫琅禾费衍射的极值

项目	$\pi D\sin\theta/\lambda$	I/I_0	能量分配
中央亮环	0	1	83.78%
第一暗环	$1.22\pi=3.83$	0	0
第一亮环	$1.64\pi=5.15$	0.0175	7.22%
第二暗环	$2.33\pi=7.32$	0	0
第二亮环	$2.68\pi=8.42$	0.0042	2.77%
第三暗环	$3.24\pi=10.17$	0	0
第三亮环	$3.70\pi=11.62$	0.0017	1.46%

第一暗环所围成的中央亮斑称为艾里斑，艾里斑光强占总光强的 84%左右。艾里斑的半角宽度 φ 定义艾里斑半径 r_d 对透镜中心的张角

$$\varphi\approx\sin\varphi=\frac{r_d}{f}=1.22\frac{\lambda}{D} \tag{13-11}$$

观察屏上的艾里斑半径为

$$r_d=1.22\frac{\lambda}{D}f \tag{13-12}$$

可见，已知 λ 和 f 时，测得艾里斑半径 r_d，可求出微孔尺寸 D。

【实验内容】

1. 缝宽与间隙的衍射测量

(1)启动计算机图像采集软件进行衍射测量设置，屏幕上显示探测器接收到的图像。

(2)在光学平台上搭建如图 13－4 所示的衍射测量光路。不需要扩束，使激光束经过衰减器、反射镜后，入射在衍射缝上，经过透镜成像于光电探测器表面，光电探测器放在透镜的焦面位置。

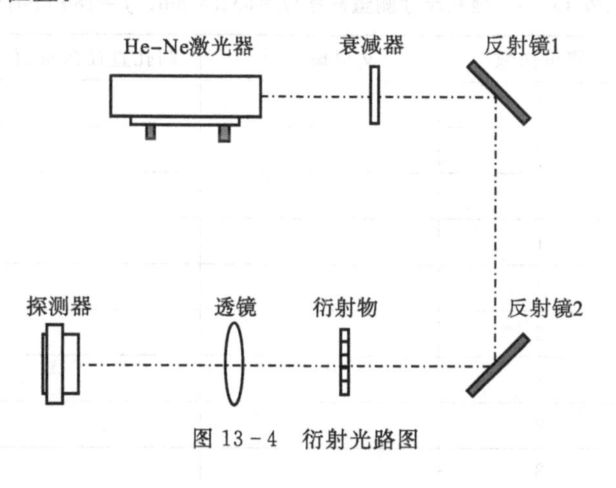

图 13－4 衍射光路图

(3)调节衰减器使通过的光强适中，并使激光垂直入射衍射缝，细调狭缝位置及探

测器高度，直至衍射图像达到最佳衍射效果。

(4)冻结图像测量衍射条纹距离，方法：用鼠标点击所需测量位置的起点，按住左键不放，移动鼠标到所测位置的终点，放开左键，屏幕的右下角显示所测线段长度。在表13-2中记录单缝衍射所对应的一级、二级、三级衍射条纹间距，根据公式计算待测缝宽。

(5)逐步增加缝宽，观察并记录不同缝宽时的衍射图样，分析缝宽对单缝衍射的影响。

表13-2 单缝衍射测量数据($\lambda=632.8$ nm，$f=180$ mm)

待测物体	衍射级数 k	衍射点的中心 x_k	测量值 b	测量平均值 $\bar{b}$
待测单缝1	1			
	2			
	3			
待测单缝2	1			
	2			
	3			
待测单缝3	1			
	2			
	3			

2. 微孔尺寸测量

(1)测量光路如缝宽与间隙的衍射测量，将待测狭缝更换为微待测小孔，使激光垂直照射小孔。细调小孔位置及探测器高度，直至衍射图像达到最佳衍射效果。

(2)在表13-3中记录测量数据，测量艾里斑直径，根据公式计算微小圆孔实际尺寸。

表13-3 微孔尺寸测量数据($\lambda=632.8$ nm，$f=180$ mm)

圆孔标记值	测量次数	艾里斑直径	圆孔直径测量值	测量平均值
待测孔1	1			
	2			
	3			
待测孔2	1			
	2			
	3			
待测孔3	1			
	2			
	3			

(3)对衍射测量结果进行误差分析。

【注意事项】

1. 激光输出后严禁用眼直视激光束。
2. 严禁触碰光学元件表面。
3. 确保激光束垂直入射衍射物体。

【预习与思考】

1. 说明激光衍射计量的应用。
2. 若单缝衍射条纹左右不对称，试分析其原因。
3. 单缝衍射的狭缝宽度对衍射图样的影响如何？

实验 14　激光共焦实验

【实验目的】

1. 了解激光共焦成像工作原理及测量特点。
2. 掌握共焦成像法测量样品表面平整度。
3. 了解激光共焦测量的其他应用。

【实验仪器】

光学平台；激光器；透镜；平面镜；分束镜；图像测量系统；试件架等。

【实验原理】

激光共焦扫描显微镜是集共焦原理、激光扫描技术和计算机图像处理技术于一体的新型显微镜，是一种典型的高新技术光电仪器，已广泛应用于生物医学与工业探测的研究，特别是对活体的形貌探测中。激光共焦与荧光技术结合形成单光子及双光子共焦荧光显微术，是当前分子光谱中最新的探测技术。

激光共焦显微镜以光学共轭焦点(简称共焦)成像技术为基础，使光源针孔与检测针孔共轭聚焦，对样品进行断层扫描，以获得高分辨率的光学成像。共焦显微成像分为反射式和透射式两种，本实验采用反射式共焦测量系统，如图 14－1 所示。以激光为照明光源，激光器发出的激光通过照明针孔形成点光源，取标准平面镜为样品，光束经物镜会聚于样品表面某个点上，样品表面该点被激光激发后的出射光被反射至成像透镜，被聚焦在探测器上，在探测器前成像透镜的焦面位置有一个针孔光阑，针孔以

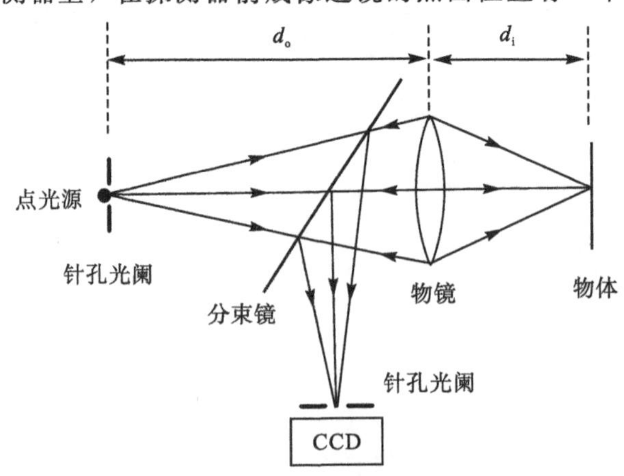

图 14－1　反射式共焦显微镜

外的任何发射光线被阻挡不能到达探测器。当样品表面偏离共焦透镜焦平面时，反射光在探测器的前面或后面某个位置聚焦，探测器仅收集到一小部分能量，即离焦的信号比焦点上信号弱，只有当样品位于焦点面上时，其反射像才能被有效地记录下来。将探测器图像输入计算机进行存储，通过二维扫描，得到物体某一层面的二维断层图像，再经轴向扫描，得到大量断层图像，经计算机图像重构合成三维立体图像。

对于理想的点光源与点探测器情况，根据菲涅耳衍射理论，若样品反射率为 1，归一化轴向光强 $I(u)$分布和归一化横向光强 $I(v)$分布随定义的光学坐标变换规律近似为

$$I(u)=\left(\frac{\sin(u/2)}{u/2}\right)^2$$
$$I(v)=\left(\frac{J_1(v)}{v}\right)^2 \tag{14-1}$$

式中，归一化的轴向光学坐标 $u=\frac{2\pi a^2}{\lambda f^2}z_f=\frac{2\pi}{\lambda}z_f\sin^2 T$，$v=\frac{2\pi}{\lambda}\frac{a}{f}r$，$z_f$ 表示离焦量，a 和 f 为透镜半径和焦距，物镜的数值孔径近似为 $\sin T\approx\frac{a}{d_1}$。

可见，轴向光强 $I(u)$在 $u=0$ 的焦平面处最大，且焦平面处的光强 $I(v)$分布为艾里斑分布，集中了大约 80%的入射光能量。因焦深的影响，在透镜焦点前后一定范围内，探测器可探测到清晰的光强信号，透镜的焦深可表示为

$$\Delta z=\frac{2\lambda}{n\sin^2 T} \tag{14-2}$$

将艾里斑直径

$$d=\frac{0.61\lambda}{n\sin T} \tag{14-3}$$

代入，透镜的焦深可表示为

$$\Delta z=\frac{8n}{\lambda}d^2 \tag{14-4}$$

通常用光强最大值的一半对应的半极值宽度表征系统的分辨率。可见，纵向分辨率与艾里斑直径平方成正比，横向分辨率极限与艾里斑直径的一次方成正比。衍射效应对纵向分辨率的影响比横向分辨率的影响大很多，改善横向分辨率也可极大地改善纵向分辨率。共焦显微镜很适合用于光学层析，这是因为共焦显微镜具有独特的纵向分辨率。共焦显微镜的层析分辨本领由其焦深决定，焦深越大纵向分辨率越差，故可将焦深作为纵向分辨率的判据。因透镜的数值孔径近似为 a/f，可见透镜的数值孔径越大，其分辨率越高，故共焦显微镜中常用高数值孔径的显微镜。

实验中使用如图 14-2 所示的共焦显微镜系统，当针孔光阑、点光源及样品均处于彼此的共轭位置时，探测器接收到的反射光最多。反射光大部分被探测器前的针孔遮挡，使探测器接收到的反射光迅速减弱，相应的轴向曲线变窄，从而获得高的轴向分辨率。光阑小孔尺寸越接近理想大小，则分辨率越高、成像质量越好，但光阑小孔尺寸过小，则探测器无法接收足够的光能成像。通常光阑小孔尺寸取近似艾里斑尺寸，既能保证共焦成像的高分辨率和层析能力，又有足够的光能通过小孔被探测器接收。由于激光共焦扫描显微镜是点物成点像，要想获得物体的二维图像，需要借助于 x、y 方向的二维扫描。当样品处于可以进行 xy 平面移动的扫描装置上时，可得到被测样品

的一个平面图像，如果使样品沿光轴 z 方向相对移动进行扫描，并将每个扫描位置上的光学图像保存在计算机中，可获得样品上全部物点的图像，即获得样品的层析图像。

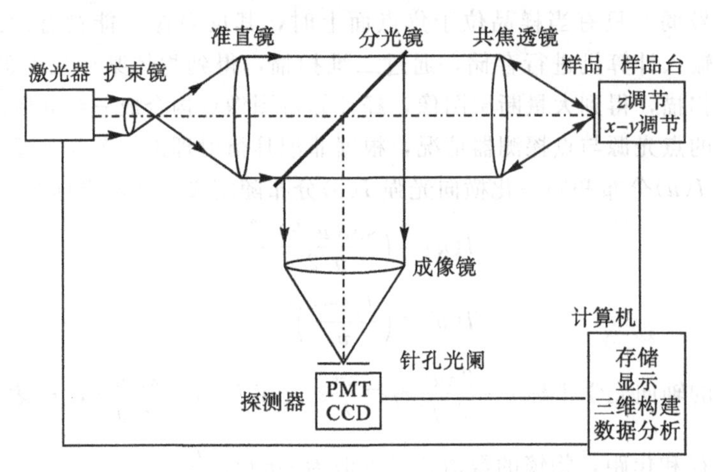

图 14 - 2　共焦显微镜系统

共焦测量不仅可以获得样品表面形貌的三维信息，还可进行多种表面观测和分析，如表面粗糙度、几何尺寸、断层图像等。如对物体表面粗糙度的测量中，测得光斑半径与离焦量的关系曲线后，可以测量样品表面的平整度。固定样品的轴向距离不变，利用微动平台使光束对样品表面进行轴向扫描，若样品表面凹凸不平，则在扫描过程中离焦量会发生变化，测得的反射光光斑半径也会随之变化。根据光斑半径的变化情况可判断样品表面的凹凸情况。如判断金属片表面的平整度时，若光束扫描到金属片凹下去的地方，离焦量会增大；若光束扫描到金属片凸起来的地方，离焦量会减小。通常用表面形貌的最大峰谷值 PV 和均值方根 RMS 两个指标来评价平面光学零件的表面平整度，如图 14 - 3 所示。

$$\begin{aligned} \mathrm{PV} &= x_{\max} - x_{\min} \\ \mathrm{RMS} &= \pm\sqrt{\frac{\sum \Delta x^2}{N-1}} \end{aligned} \tag{14-5}$$

式中，Δx 为单次测量值与多次测量的平均值之差，N 为采样点数。

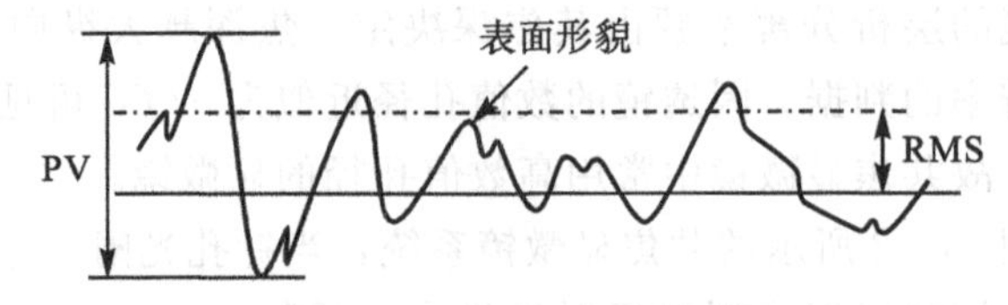

图 14 - 3　表面平整度评价

【实验内容】

(1)双击计算机桌面的实验仪配套软件，选择“共焦计量测试”，点击活动图像按钮，打开实验仪开关，此时桌面窗口会稍有微弱的信号出现。

(2)按照图 14-4 搭建实验光路，调节分光镜，使反射光入射到 10 倍物镜，组合工作台上放置标准平面镜，调节组合工作台使光束垂直入射到平面镜且物镜的焦点落在平面镜上。当平面镜处于焦点位置时，光斑最小最亮。

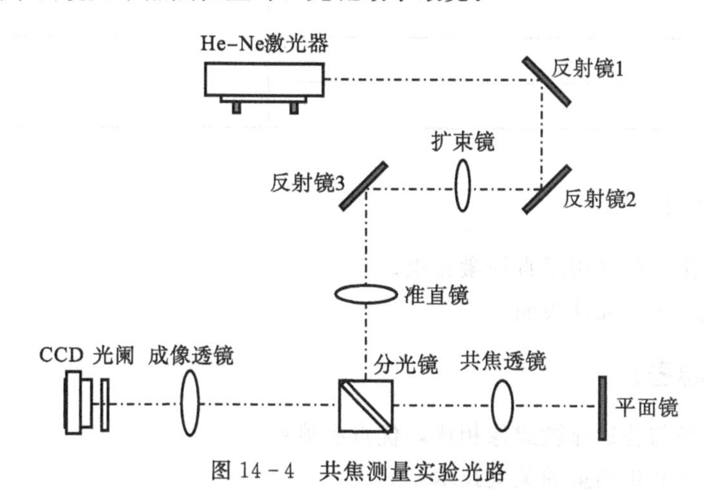

图 14-4　共焦测量实验光路

(3)小孔光阑置于成像透镜的焦面位置，探测器紧贴小孔光阑后放置，光阑孔径调到最小，调节探测器和光阑的高度，使光束从小孔中间通过后正入射到探测器表面的中心。光斑尺寸最小时，固定小孔光阑和探测器，此时点光源、样品平面镜和小孔光阑三者处于共轭位置，探测器接收的光最强。记录组合工作台上螺旋测微器的示数，此时的离焦量记为 0。

(4)调节螺旋测微器改变平面镜的轴向位置，使其远离或靠近共焦透镜的焦面位置，观察光斑尺寸变化，待基本稳定后确定光斑大小，记录光斑半径和离焦量数据于表 14-1。

表 14-1　光斑半径与离焦量测量数据

次数	离焦量 z_f/mm	光斑半径 r(像素值)					
		1	2	3	4	5	平均值
1							
2							
…							

(5)绘制离焦量 z_f 与光斑半径 r 的关系曲线，标定离焦量 z_f 与光斑半径 r 的关系。

(6)实验光路调节如上。将平面镜调回到共焦处，更换样品为金属片，因为金属片和平面镜的厚度不同，金属片处于离焦状态，用同样的方法对金属片进行多次轴向扫描，记录光斑半径 r 和轴向位置于表 14-2。

(7)根据光斑半径与离焦量的标定曲线，代入光斑半径可得对应的离焦量，绘制金属表面离焦量与轴向位置的关系曲线。

表 14-2　光斑半径与轴向位移测量数据

次数	光斑半径/像素	轴向位置/mm
1		
2		
…		

【注意事项】

1. 激光输出后严禁用眼直视激光束。
2. 严禁触碰光学元件表面。

【预习与思考】

1. 共焦成像与普通显微成像相比，优点有哪些？
2. 说明实现共焦测量的关键技术。
3. 如何利用共焦成像获得被测物体的三维形貌？

实验 15　阿贝-波特与空间滤波实验

【实验目的】

1. 加深对空间分布、空间频谱和空间滤波等概念的理解。
2. 学会用低密度光栅验证阿贝成像原理。
3. 掌握 $4f$ 光学系统在光学图像加减、θ 调制的应用。

【实验仪器】

激光器；白光源；透镜；光栅；θ 调制片；滤波器；白屏；CCD；调节架；导轨等。

【实验原理】

1. 阿贝-波特实验原理

早在 1873 年阿贝(E. Abbe)研究显微镜成像时就指出，在相干光照明下，透镜的成像过程可分为两步：第一步称为分频过程，即物平面上发出的光波在透镜后焦面(频谱面)产生夫琅禾费衍射，形成物体的空间频谱，该空间频谱称为第一次衍射像；第二步称为合频过程，即频谱面的空间频谱成为新的相干波源，发出的次波到达像面相干叠加形成物体的像，为第二次衍射像。1906 年波特(Porter)对这一理论进行了验证，科学地说明了成像质量与系统传递的空间频谱之间的关系。阿贝的两次成像理论为空间滤波和光学信息处理奠定了理论基础。

如图 15－1 所示，从物体平面到频谱面的成像为第一步，对应一次傅里叶变换

$$T(f_x,f_y)=\int_{-\infty}^{\infty}\int_{-\infty}^{+\infty}t(x,y)\mathrm{e}^{-\mathrm{j}2\pi(f_x x+f_x y)}\mathrm{d}x\mathrm{d}y \tag{15-1}$$

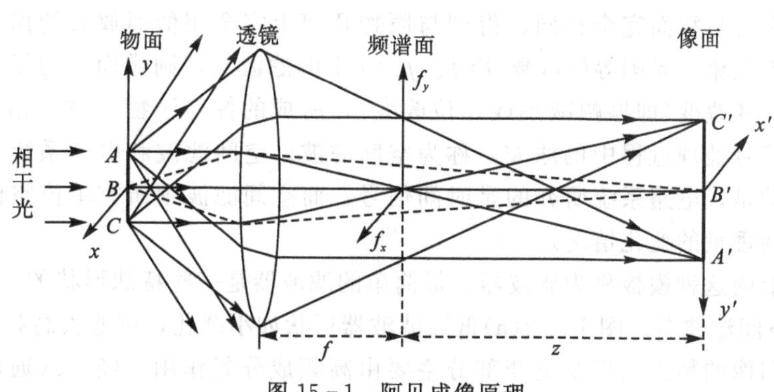

图 15－1　阿贝成像原理

$T(f_x,f_y)$为频谱面上的复振幅分布，它是物平面处透射光复振幅分布$t(x,y)$的傅里叶变换，$t(x,y)$称为$T(f_x,f_y)$的傅里叶逆变换。$t(x,y)$和$T(f_x,f_y)$实际构成傅里叶变换对，记为$T(f_x,f_y)=\mathscr{F}\{t(x,y)\}$，$t(x,y)=\mathscr{F}^{-1}\{T(f_x,f_y)\}$。即第一次衍射过程是物面复振幅的分解，在后焦面得到空间频谱。(f_x,f_y)为频谱面相应的空间频率坐标，f为透镜焦距。

按频谱分析理论，频谱面上的每一点均具有物理意义：

①频谱面上任一光点对应着物面上的一个空间频率成分。

②光点距频谱面中心的距离标志该频率成分的高低。远离中心的点代表物面上的高频成分，反映物体的细节信息。靠近中心的点代表物面的低频成分，反映物体的粗轮廓。中心亮点即零频，不包含任何物体的信息，反映在像面上呈现均匀光斑而不能成像。

③光点的方向是指物平面上该频率成分的方向，例如横向的谱点表示物面有纵向栅缝。

④光点的强弱则显示物面上该频率成分的幅度大小。

光波从频谱面(透镜后焦面)到像面的第二次变换过程，若孔径光阑直径D和焦面到像面的距离z满足$\frac{D}{z}\ll 1$时，由孔径光阑到像面所产生的衍射可近似按照夫琅禾费衍射处理，相当于频谱又经过一次傅里叶变换，将$T(f_x,f_y)$从频谱分布又还原到空间分布$t'(x',y')$为

$$t'(x',y')=\int_{-\infty}^{\infty}\int_{-\infty}^{\infty}T(f_x,f_y)\mathrm{e}^{-\mathrm{j}2\pi(f_x x'+f_y y')}\mathrm{d}\xi\mathrm{d}\eta \tag{15-2}$$

如果这两次傅里叶变换完全理想，即信息在传播过程中没有任何损失，则像和物应该完全相似(可能放大或缩小)，但由于透镜孔径有限，总有一部分衍射角度较大的高频成分不能进入透镜而丢失，所以像的信息总比物的信息要少一些。高频信息主要反映物的细节，故无论显微镜有多大的放大倍数，因孔径的影响分辨本领总是受限制。当物镜孔径极小时，有可能只有零级衍射通过透镜，像面上有亮的均匀背景而无像分布。

2. 空间滤波的傅里叶分析

在傅里叶逆变换过程中，如果物面上所有的空间频谱都能参与综合成像，则像面的复振幅分布将与物面完全相同，得到与原物几何上完全相似而放大的像，但如果在频谱面上加上光栅、光阑等屏函数$T(f_x,f_y)\neq 1$的滤波片，则像面上的场分布有些频谱成分被除去或改变(即振幅减小或相位改变)，所成的像与原物不完全相似。这种现象类似于电信号处理过程中的滤波，称为空间滤波。空间滤波和电路系统中的滤波相仿，所不同的是，电路系统研究的是时间信号，而空间滤波则研究单位空间距离范围内的灰度等物理量的变化情况。

频谱面上的这种模板称为滤波器。最简单的滤波器是一些特殊形状的光阑，图15-2为常见的空间滤波器。图15-2(a)低通滤波器形状如小圆孔，可滤去高频成分而保留低频成分，图像的精细结构及突变部分主要由高频成分起作用，经过低通滤波后图像的精细结构将消失，黑白突变处变得模糊；图15-2(b)高通滤波器形状如圆屏，滤去

低频成分而让高频成分通过，使物的细节及边缘清晰；图 15－2(c)带通滤波器只允许特定区域的频谱通过，可以去除随机噪声；图 15－2(d)方向滤波器，只让某一方向的频率成分通过，像面上将突出物的纵向线条。研究表明，透镜的口径有限会造成高频信息的丢失，使像面不能显示出物的细节信息而变模糊，所以透镜本身为一个低通滤波器，故为能准确反映物面信息，应当尽量扩大物镜的口径。

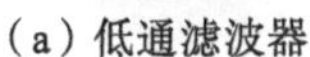
(a) 低通滤波器

(b) 高通滤波器

(c) 带通滤波器

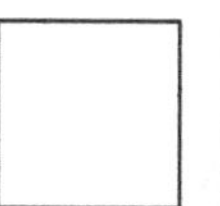

(d) 方向滤波器

图 15－2　常见的空间滤波器

以一维光栅物体为例分析系统透射频谱对于像结构的直接影响。当单色平行光束垂直照射在光栅常数为 d、缝宽为 a、光栅沿方向的尺寸为 L、透过率为 $t(x)=(\mathrm{rect}(\frac{x}{a})*\frac{1}{d}\mathrm{comb}(\frac{x}{d}))\mathrm{rect}(\frac{x}{L})$ 的光栅上时，衍射分解为不同方向的很多束平行光，在透镜后焦面叠加形成夫琅禾费衍射图样，衍射图样的零级位于中央，正负各级依次对称分布于两侧，即光栅的空间频谱为

$$T(f_x)=\frac{aL}{d}\sum_{n=-\infty}^{\infty}\mathrm{sinc}(\frac{an}{d})\mathrm{sinc}(L(f_x-\frac{n}{d}) \qquad (15-3)$$

光栅频谱如图 15－3 所示，反映了光栅的信息特征，其中央亮斑是直流成分，相当于空间频率为零；空间频率随衍射级次的增加而增加，相应的空间频率越高。透镜后焦面上的各衍射亮斑看作次波波源，其发出的次波在像平面上重新叠加形成光栅的实像。

此时在频谱面放置不同的滤波器，狭缝的复振幅透过率频谱为 $H(f_x)$，则系统输出不同。若放置适当宽度的单缝，仅让零级谱通过而挡掉其余频谱部分，输出面的光场分布为

$$t'(x')=\mathscr{F}^{-1}\{(T(f_x)H(f_x)\}=\frac{a}{d}\mathrm{rect}(\frac{x'}{L}) \qquad (15-4)$$

适当放宽狭缝宽度，仅让零级、正一级和负一级谱通过时，则输出面的光场分布为

$$t'(x')=\mathscr{F}^{-1}\{T(f_x)H(f_x)\}=\frac{a}{d}\mathrm{rect}(\frac{x'}{L})\left(1+2\mathrm{sinc}(\frac{a}{d})\cos(\frac{2\pi x'}{d})\right) \qquad (15-5)$$

频谱面采用双缝，仅让正二级和负二级谱通过时，则输出面的光场分布为

$$t'(x')=\mathscr{F}^{-1}\{T(f_x)H(f_x)\}=\frac{2a}{d}\mathrm{rect}(\frac{x'}{L})\mathrm{sinc}(\frac{2a}{d})\cos(\frac{4\pi x'}{d}) \qquad (15-6)$$

采用不透光的小圆屏挡掉零级谱，让其余频谱均通过双缝时，输出面的光场分布为

$$t'(x')=\mathscr{F}^{-1}\{T(f_x)H(f_x)\}=t(x')-\frac{a}{d}\mathrm{rect}(\frac{x'}{L}) \qquad (15-7)$$

阿贝、波特分别于 1873 年和 1906 年对阿贝成像实验做了验证，即著名的阿贝-波特实验。实验中，物面采用正交光栅(即细丝网格状透光物体)，由相干单色平行光照明，频谱面上放置滤波器，以各种方式改变物的频谱结构，在像面上可观察到各种与物不同的像，如图 15－4 所示。图 15－4(b)是频谱面上空间结构如图 15－4(a)所示的

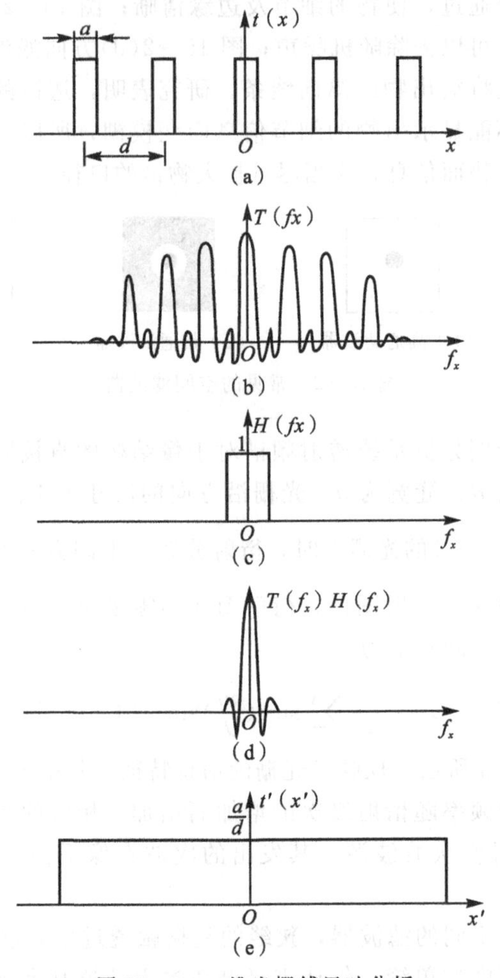

图 15－3　一维光栅傅里叶分析

成像物体的空间频谱。此时若如用一块图 15－4(c)的狭缝屏作为空间滤波器放置在透镜的频谱面上，像平面上的像将如图 15－4(d)。若用类似于图 15－4(e)的一维光栅代替二维光栅成像，也得到同样的像，即图 15－4(c)中的狭缝把二维光栅的像处理成一维光栅的像。若将狭缝水平放置，成的像将如图 15－4(f)所示；如果让狭缝如图 15－4(g)45°倾斜地放置频谱面，那么透镜的焦平面上保留的频谱和像平面上成的像将如图 15－4(h)所示；这表明用一条狭缝作滤波器，当其取向不同时，可将二维光栅的物处理成上述各种方位的一维光栅的像。

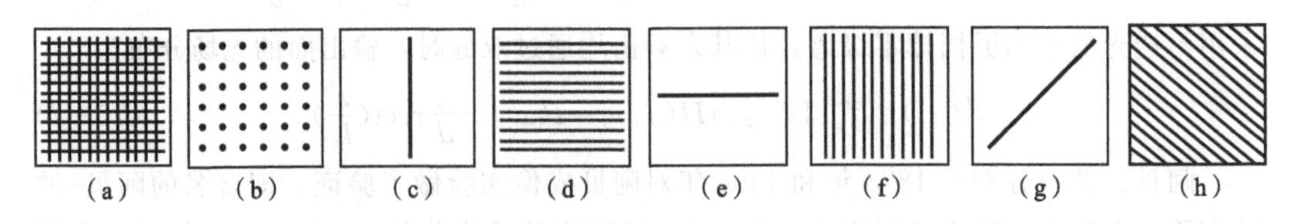

图 15－4　正交光栅的空间滤波

3. 4f 光学处理系统及应用

光学信息处理中用的最多的是 4f 光学处理系统，如图 15－5 所示。L_1、L_2 分别为第一、第二傅里叶变换透镜；p_1 面为系统的输入面(物面)，p_2 为频谱面(滤波面)，p_3 为系统的输出面(像面)。各面与相邻傅里叶变换透镜间距为 f，故称为 4f 光学系统。根据阿贝成像理论，若 L_1、L_2 孔径足够大，p_2 面上得到物体的傅里叶频谱，p_3 面的复振幅分布是 p_2 面图像频谱准确的傅里叶变换。对第二次傅里叶变换用反射坐标系 $x'=-x$，$y'=-y$ 进行替换，可得 $t'(x',y')=t(-x,-y)$，即 4f 光学系统连续两次傅里叶变换在空间域还原一个物体，该系统为放大率－1 的成像系统。

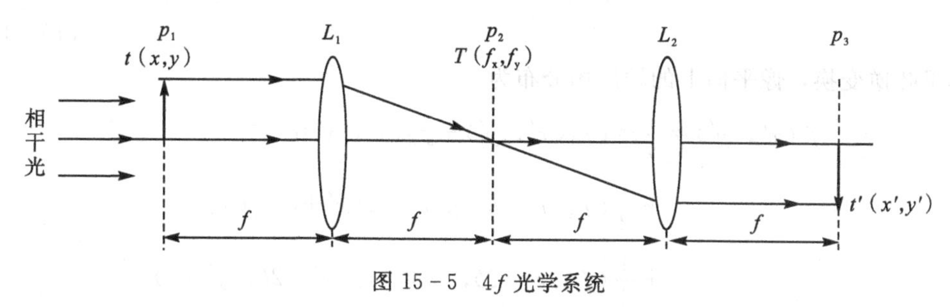

图 15－5　4f 光学系统

(1)光学图像加减。

用正弦光栅作空间滤波器，可在 4f 光学系统中对图像进行实时的相加或相减运算。如图 15－6 所示，4f 光学系统的输入物平面上放置两个需要进行加减操作的图像 A 和 B，它们的中心离坐标原点的距离都等于 b，空间频率为 f_0 的正弦振幅型光栅放置在系统的频谱面。

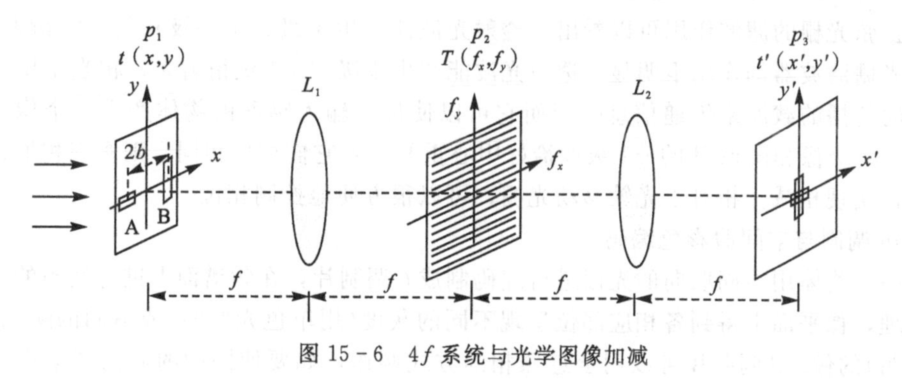

图 15－6　4f 系统与光学图像加减

若透镜焦距为 f，光源的波长为 λ，则 $f_0=\dfrac{b}{\lambda f}$。忽略光栅的有限尺寸，正弦光栅的复振幅透过率频谱为

$$H(f_x,f_y)=\frac{1}{2}+\frac{1}{4}\mathrm{e}^{\mathrm{j}(2\pi f_0 f_x+\varphi)}+\frac{1}{4}\mathrm{e}^{-\mathrm{j}(2\pi f_0 f_x+\varphi)} \tag{15-8}$$

式中，φ 表示光栅条纹的初相位，决定了光栅相对坐标原点的位置。

设 $f_A(x_0,y_0)$和 $f_B(x_0,y_0)$分别为图像 A 和 B 复振幅透过率函数。在单位振幅平面波垂直照射下，物平面输入场分布为 $f(x_0,y_0)=f_A(x_0-b,y_0)+f_B(x_0+b,y_0)$，则物体的输入频谱为

$$F(f_x,f_y)=F_A(f_x,f_y)e^{-j2\pi bf_x}+F_B(f_x,f_y)e^{j2\pi bf_x}$$

$$\overset{bf_x=f_0x}{=}F_A(f_x,f_y)e^{-j2\pi f_0x}+F_B(f_x,f_y)e^{j2\pi f_0x} \tag{15-9}$$

经光栅滤波后的频谱为

$$\begin{aligned}F(f_x,f_y)H(f_x,f_y)=&\frac{1}{4}(F_A(f_x,f_y)e^{j\varphi}+F_B(f_x,f_y)e^{-j\varphi})\\&+\frac{1}{2}(F_A(f_x,f_y)e^{-j2\pi f_0x}+F_B(f_x,f_y)e^{j2\pi f_0x})\\&+\frac{1}{4}(F_A(f_x,f_y)e^{-j(4\pi f_0x+\varphi)}+F_B(f_x,f_y)e^{j(4\pi f_0x+\varphi)})\end{aligned} \tag{15-10}$$

经傅里叶逆变换，像平面上的输出场分布为

$$\begin{aligned}f'(x',\ y')=&\frac{1}{4}e^{j\varphi}(f_A(x',\ y')+f_B(x',\ y')e^{-j2\varphi})\\&+\frac{1}{2}(f_A(x'-b,\ y')+f_B(x'+b,\ y'))\\&+\frac{1}{4}(f_A(x'-2b,\ y')+f_B(x'+2b,\ y')e^{j\varphi})\end{aligned} \tag{15-11}$$

当 $\varphi=0$ 时，在像面中心部位实现了图像相加。若光栅的最大透过率偏离光轴 $\frac{1}{4}$ 周期，即 $\varphi=\frac{\pi}{2}$ 时可以得到图像相减的结果。其他四项分布在光轴两侧，中心位于 $(\pm b,\ 0)$ 和 $(\pm 2b,\ 0)$，它们不重叠。

从正弦光栅的滤波作用可以看出，透射光波能产生零级、正一级和负一级衍射光，相当于光栅滤波器的作用很明显；透射光波能产生零级和 ± 1 级衍射光，相当于用三个不同方向传播的载波来传递信息，因而它可以使位于输入物面的物体产生三个像。图像 A 的 $+1$ 级像和图像 B 的 -1 级像恰好中心重叠。若它们相位相同，则实现相加；相位相反，实现相减。相对于光轴移动光栅，可以很方便地控制相位。

(2) θ 调制与空间假彩色编码。

将一个物体用不同取向的光栅进行编码制成 θ 调制片，在频谱面上进行适当的空间滤波处理，像平面上得到各相应部位呈现不同的灰度（用单色光照明）或不同的颜色（用白光照明）的像。θ 调制片可以用全息照相的方式制作，如要使图中的城门图案中三个区域呈现三种不同颜色，可以通过在同一张胶片上曝光三次，每次只曝光其中一个区域而遮挡其他区域，且每次曝光在胶片上覆盖不同取向的光栅，再经过显影、定影处理的方法制成。

实验原理如图 15-7 所示，将 θ 调制片的图像作为成像物置于透镜 L_1 的前方焦面位置，以溴钨灯的白色光源垂直照射 θ 调制片，在透镜 L_1 的后焦面（即频谱面）上呈现出彩色谱斑，因为光栅的衍射角与入射光的波长有关，故谱斑颜色由中心向外按波长从短到长的顺序排列。红光的波长最大，衍射角最大，分布在最外面；紫光波长最短，衍射角最小，分布在最里。将带孔或细缝的光屏置于频谱面挡住某一部分的频谱，分别让不同颜色区域的某种颜色通过时，像面上部分图像消失呈现不同效果的彩色图像。

这种方法利用不同方向的光栅对图像进行调制，因此称为 θ 调制法。又因为它将图像中的不同部位“编”上不同的颜色，故又称空间假彩色编码。

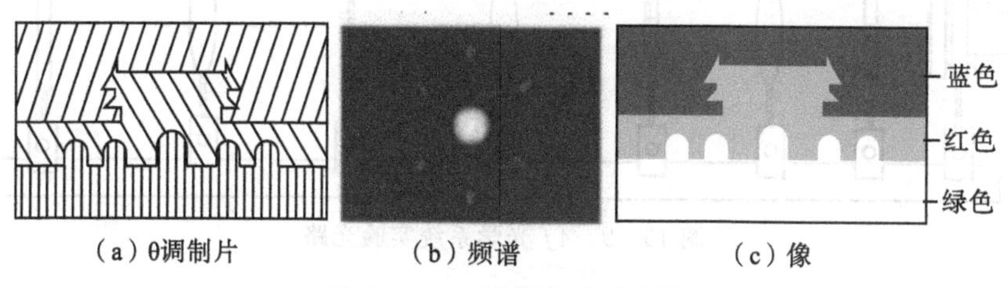

图 15-7　θ 调制实验示意图

【实验内容】

1. 阿贝成像实验

(1)在导轨上搭建如图 15-8 所示光路，首先使激光束经扩束镜进行放大，扩束镜置于准直镜的焦距处，白屏置于导轨远端，仔细调节扩束镜和准直镜的位置和高度，直至白屏在导轨上移动时光斑大小基本不变，固定激光器及各透镜底座。

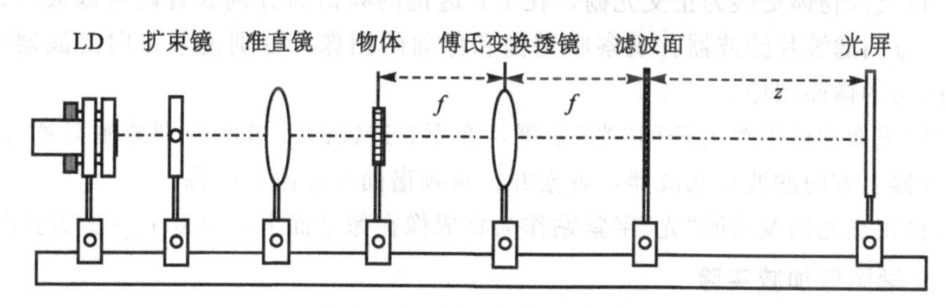

图 15-8　阿贝成像实验光路

(2)阿贝成像光路调节。将一维光栅作为成像物体置于准直透镜后傅里叶透镜的前方焦距处，光栅狭缝沿水平或竖直方向，使平行光垂直照射光栅。仔细调节傅里叶透镜及光屏的位置，并用白屏在傅里叶变换透镜的后焦面附近移动，直至白屏上衍射点最清晰，即确定傅里叶变换透镜后滤波器位置，然后在导轨远端放置成像光屏。

(3)记录傅里叶变换透镜和滤波面的相对距离，计算傅里叶变换透镜的焦距，并与透镜上的标识值比较。

(4)在傅里叶变换透镜后焦面位置放置白屏，观察一维光栅的空间频谱，测量各级衍射点到 0 级光点的距离 x_k，根据 $f_x=\dfrac{x}{f\lambda}$，$f_y=\dfrac{y}{f\lambda}$，计算各级光点的空间频率(f_x，f_y)，计算光栅常数 $d=\dfrac{1}{\xi_1}$并和已知值进行比较。

(5)移去滤波面的白屏，放置小孔或狭缝滤波器，逐步增加孔径或狭缝宽度，分别使 0 级、0 级和±1 级、0 级至±2 级衍射光通过，以及挡去 0 级、挡去±1 级衍射光时，观察并记录滤波后成像光屏上图像的变化。

2. 空间滤波与光学图像处理实验

(1)在导轨上搭建如图 15-9 光路，激光束放大准直调节方法同上。

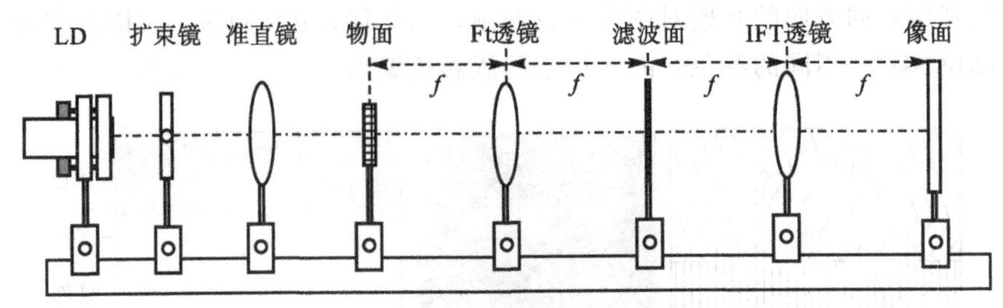

图 15-9　4f 光学系统实验光路

(2)4f 光路调节。两个焦距均为 f 的透镜分别安装在 FT 透镜及 IFT(傅里叶逆变换)透镜位置，白屏置于 IFT 透镜的后方焦距处。仔细调节各透镜及白屏的位置和高度，使各透镜和激光器同轴，白屏上的光斑和准直后的光斑大小相同。

(3)FT 透镜的前方焦面处放置一维光栅，光栅条纹沿竖直方向，平行光束垂直入射到光栅，观察并记录 FT 透镜频谱面和 IFT 透镜输出像面的一维光栅图像。在滤波面放置不同孔径的狭缝或小孔屏，改变狭缝的角度和宽度，观察并记录 IFT 透镜后光屏上像的变化。

(4)将成像物体更换为正交光栅，在 FT 透镜的频谱面分别放置高通滤波器、带通滤波器、方向滤波片滤波器，观察频谱面和像面的图像，分别记录方向滤波器不同缝宽和方向时的像面图像。

(5)将成像物体更换为透明“光”字屏，在 FT 透镜的频谱面分别放置高通滤波器、带通滤波器、方向滤波片滤波器，观察并记录频谱面和像面的图像。

(6)将正交光栅及透明“光”字紧贴作为物成像在像平面上，重复上一步实验内容。

3. 光学图像加减实验

(1)光路同 4f 光学系统及空间滤波实验。

(2)FT 透镜的前方焦面放置成像物，FT 透镜的后方焦面位置放置三维精密调节架，三维精密调节架上安装一维正弦光栅，光屏上接收物体图形 A 的 +1 级衍射像 $A+1$和图形 B 的 −1 级衍射像 $B-1$，使 $A+1$ 和 $B-1$ 的中心重合。若 $A+1$ 和 $B-1$ 的中心重合不好，可稍微调节图形 A、B 的相对位置。

(3)令光栅沿水平方向缓慢移动时，观察到 $A+1$ 和 $B-1$ 的重合处周期地交替出现图形 A、B 相加和相减的效果，如图 15-10 所示。当滤波光栅的亮条纹位于光轴上时，两个图像在输出平面的像的相位恰好相同，实现图像相加运算。相加时，重合处特别亮。当滤波光栅的亮条纹偏离光轴$\frac{1}{4}$周期(或$\frac{1}{4}f_0$)时，两个图像在输出平面的像的相位将相差$\frac{\pi}{2}$，此时得到图像相减结果。

4. θ 调制实验

(1)光路同 4f 光学系统及空间滤波实验。

(2)将激光器更换为白光光源，其他调节相同。FT 透镜的前方焦面放置城门光栅或全息照相法获得的 θ 调制片，使光束垂直入射到 θ 调制片上。

(3)FT 透镜频谱面放置白屏，观察 θ 调制片的光栅衍射图样。

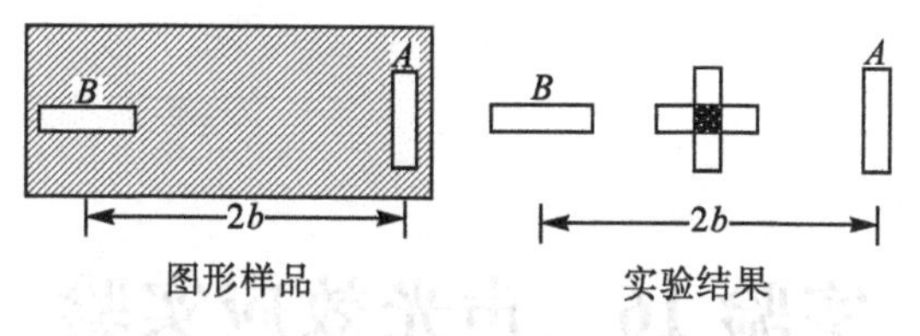

图 15－10　光学图像加减实验效果图

(4)移去 FT 透镜频谱面的白屏，放置小孔或方向滤波器，改变滤波器的方向和通光孔径，让预想的不同颜色的光通过，观察 IFT 透镜输出像面上经编码得到的假彩色像。

(5)实验中，可以根据 θ 调制片的图案自制滤波器，如在硬纸片标记打孔等，然后将其放到频谱面，观察滤波效果。

【注意事项】

1. 严禁眼睛直视激光束，以免造成视网膜损坏。
2. 严禁用手触摸各光学元件表面。
3. 白光源在工作一段时间后，温度很高，操作过程中，避免烫手。

【预习与思考】

1. 空间频率和时间频率的异同。
2. 根据本实验结果，如何理解显微镜、望远镜的分辨本领？为什么说一定孔径的物镜只能具有有限的分辨本领？如果增大放大倍数能否提高仪器的分辨本领？
3. 如何利用空间滤波法提取透明材料上的指纹信息？
4. θ 调制实验中，物面没有光栅而透明的部分，像面上相应的部位是什么样的？

实验 16　声光效应实验

【实验目的】

1. 了解声光相互作用原理。
2. 观察拉曼-奈斯衍射和布拉格衍射现象。
3. 研究声光调制和声光偏转特性。

【实验仪器】

激光器；声光晶体；声光调制电源；透镜；光阑；光电接收器。

【实验原理】

光波通过有超声波传播的介质时发生衍射，衍射光的强度、频率和方向随超声场变化，将这种现象称为声光效应。声光效应有正常声光效应和反常声光效应。正常声光效应是指在各向同性介质中，声光相互作用不导致入射光偏振状态的变化；而反常声光效应是在各向异性介质中，声光相互作用导致入射光偏振状态发生变化，本实验只涉及各向同性介质中的正常声光效应。

1. 声光栅

超声波为弹性波，当超声波在介质中传播时，介质产生和超声波相应的随时间和空间周期性变化的弹性形变，介质密度呈现疏密相间的周期性变化，导致介质折射率也发生周期性变化。声波在介质中传播时，有行波和驻波两种形式。

(1)超声行波。

应变引起的折射率变化表示为

$$\Delta\left(\frac{1}{n^2}\right)=PS \tag{16-1}$$

式中，n 为介质折射率，P 为材料的弹光系数，S 为应变。各向同性介质中，S 和 P 可作标量处理。超声行波 $u_1(y,\ t)=u_0\cos(\omega_s t-k_s y)$引起介质在 y 方向的瞬时应变量为 $S=S_0\sin(\omega_s t-k_s y)$。应变较小时，介质折射率随时间变化的函数为

$$n(y,\ t)=n_0+\Delta n\sin(\omega_s t-k_s y) \tag{16-2}$$

式中，n_0 是无超声波时的折射率，声致折射率的瞬时值 Δn 为

$$\Delta n=-\frac{1}{2}n^3 PS=-\frac{1}{2}n^3 PS_0\sin(\omega_s t-k_s y) \tag{16-3}$$

光束垂直入射厚度为 L 的介质时，光波在介质前后表面的相位差为

$$\Delta\Phi=k_0 n_0 L+k_0\Delta nL\sin(k_s y-w_s t) \tag{16-4}$$

式中，右端第一项为无超声波时光波在介质前后两点的相位差，第二项为超声波引起的附加相位差；k_0 为入射光在真空中的波矢大小。可见，超声波使平面光波的出射波面变为周期变化的皱褶波面，改变了出射光的传播特性，使光产生衍射。

某一瞬间超声行波对介质的作用情况如图 16－1 所示，图中深色部分表示介质受到压缩密度增大，相应的折射率也增大；浅色部分表示介质密度变小，折射率减小；介质折射率增大或减小呈现交替变化，变化周期是声波周期，同时以声速 v_s 向前传播。相对于光速而言，运动的“声光栅”可看作静止的。

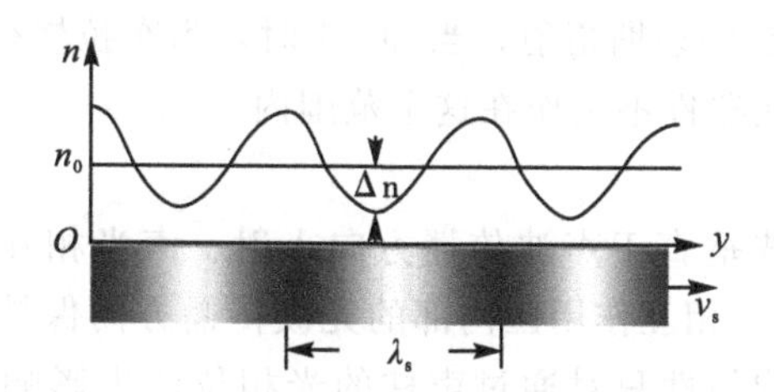

图 16－1 超声行波形成的声光栅

(2)超声驻波。

如图 16－2 所示，声驻波由波长、振幅和相位均相同，传播方向相反的两束声波叠加而成，驻波的质点位移可写为 $u_1(y,t)=2u_0\cos(k_s y)\sin(\omega_s t)$，介质折射率的变化为

$$\Delta n(y,t)=2\Delta n\sin\omega_s t\sin k_s y \tag{16－5}$$

把声波近似为不随时间变化的超声场，略去对时间的依赖关系，介质折射率为

$$n(y)=n_0+2\Delta n\sin k_s y \tag{16－6}$$

即介质折射率发生了周期性的变化，会对入射光的相位进行调制。

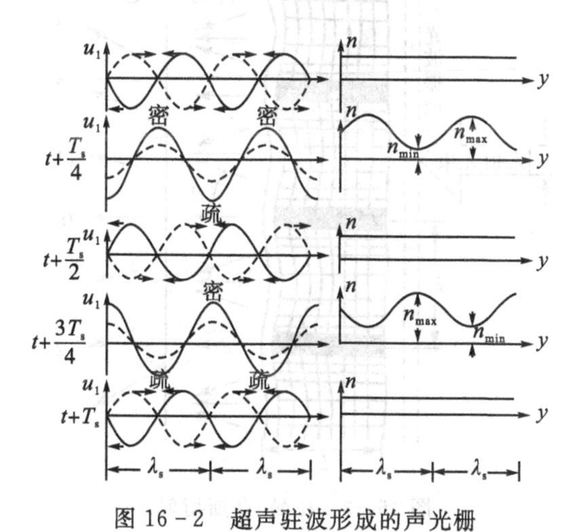

图 16－2 超声驻波形成的声光栅

可见，在一个周期 T_s 之内，介质呈现两次疏密结构，且振幅存在极大值(波腹)和极小值(波节)点，在波节处密度保持不变，每隔半个周期$\frac{T_s}{2}$折射率在波腹处变化一次，由极大(或极小)变为极小(或极大)，在两次变化的某一瞬间，介质各部分的折射率相同，相当于一个没有声场作用的均匀介质。超声光栅交替出现和消失，交替变化频率

为原驻波频率的 2 倍，即 $2\omega_s$。

2. 拉曼-奈斯衍射和布拉格衍射

根据声波频率的高低、光波相对于超声场的入射角度、声波和光波相互作用长度，将声光衍射分为拉曼-奈斯衍射和布拉格衍射两种类型。衡量这两类衍射的参量为

$$Q=\frac{2\pi\lambda L}{\lambda_s^2\cos\theta_i} \tag{16-7}$$

式中，L 为声光相互作用长度，λ 为通过声光介质的光波长，λ_s 为超声波波长，θ_i 为入射角。当 $Q\ll 1$ 时，为拉曼-奈斯衍射；当 $Q\gg 1$ 时，为布拉格衍射；在中间区域内，衍射现象较复杂，通常声光器件不工作在这个范围内。

(1)拉曼-奈斯衍射。

当声频率较低、光波垂直于声波传播方向入射、声光相互作用长度较短时，产生拉曼-奈斯衍射。衍射时，相互作用区内部的光波传播方向保持直线方向，而与折射率变化有关的介质光学不均匀性只对通过声柱的光相位产生影响。假设声波沿 y 方向传播，超声波面为 xz 平面、声光作用距离为 L，平面波 $E_i=Ae^{i\omega t}$ 从声光介质的前表面 $z=-\frac{L}{2}$ 处入射，如图 16-3 所示。在 $z=\frac{L}{2}$ 处的出射光波 $E_{out}=Ae^{i\omega(t-n(y,t)L/c)}$ 不再是平面波，因作用距离 L 和光速 c 相对不变，等相位面是由折射率 $n(y,t)$ 决定的褶皱曲面，产生对称排列在光束中心两边、间距相等的衍射极值分布。

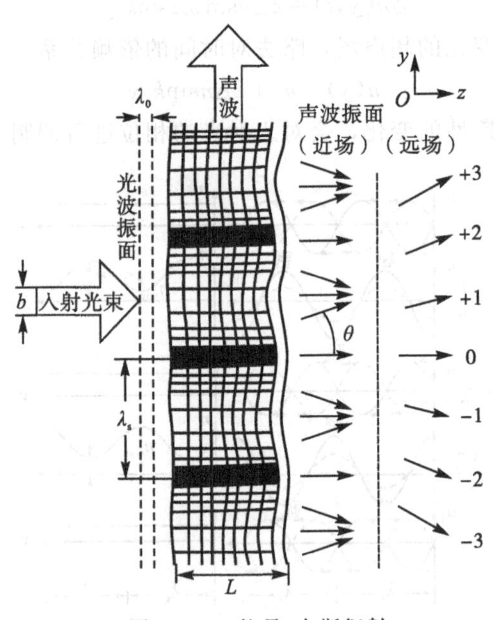

图 16-3　拉曼-奈斯衍射

根据光学衍射公式，若光束宽度为 b、衍射角为 θ，在远处屏上某点 P 的光振幅为

$$A(\theta)=\int_{-\frac{b}{2}}^{\frac{b}{2}} Ae^{i(\omega(t-n(y,t)L/c)-k_0 y\sin\theta)}\,dy \tag{16-8}$$

利用和贝塞尔函数相关的恒等式

$$e^{ia\sin\theta} = \sum_{m=-\infty}^{\infty} J_m(a) e^{im\theta}, m = 0, \pm 1, \pm 2, \pm 3, \cdots \tag{16-9}$$

将上式展开并积分得到

$$E_P = cb \sum_{m=-\infty}^{\infty} J_m(\delta\Phi) e^{i(\omega - m\omega_s)t} \frac{\sin(b(mk_s - k_0 \sin\theta)/2)}{b(mk_s - k_0 \sin\theta)/2}, m = 0, \pm 1, \pm 2, \pm 3, \cdots \tag{16-10}$$

式中，$\delta\Phi = k_0 \Delta n L = \frac{2\pi\Delta n L}{\lambda}$；$J_m(x)$ 为第一类 $\eta = \frac{P_1}{P_0} \times 100\%$ 阶贝塞尔函数。与第 m 级衍射有关项为

$$E_m = cbJ_m(\delta\Phi) \frac{\sin(b(mk_s - k_0 \sin\theta)/2)}{b(mk_s - k_0 \sin\theta)/2} e^{i(\omega - m\omega_s)t} \tag{16-11}$$

上式中每项贝塞尔函数的系数均为 $\frac{\sin bx}{bx}$ 形式，其中 $x = \frac{mk_s - k_0 \sin\theta}{2}$。因函数 $\lim\limits_{x \to 0} \frac{\sin bx}{bx} = 1$，即 $\frac{mk_s - k_0 \sin\theta}{2} = 0$ 时取得衍射极大值，故第 m 级衍射极大值的方位角为

$$\sin\theta_m = m \frac{k_s}{k_0} = m \frac{\lambda_0}{\lambda_s},\ m = 0,\ \pm 1,\ \pm 2,\ \pm 3,\ \cdots \tag{16-12}$$

式中，λ_0 为真空中的光波长；λ_s 为介质中超声波的波长。第 m 级衍射极大强度为

$$I_m = c^2 b^2 J_m^2(\delta\Phi) = I_0 J_m^2(\delta\Phi),\ m = 0,\ \pm 1,\ \pm 2,\ \pm 3,\ \cdots \tag{16-13}$$

当 m 为整数时，

$$J_{-m}(a) = (-1)^m J_m(a) \tag{16-14}$$

可知，拉曼-奈斯衍射各级光强不等，m 越大衍射光强越小，对称分布在零级光强两侧的同级次衍射光强度相等。将第 m 级衍射光的强度与入射光的强度之比定义为第 m 级衍射极大时的衍射效率 η_m。拉曼-奈斯衍射第 m 级衍射极大强度正比于衍射效率 η_m，即正比于 $J_m^2(\delta\Phi)$。将某一级衍射光作为输出时，利用光阑将其他级的衍射光遮挡，光阑孔的出射光束成为随 $\delta\Phi$ 变化的调制光。

由于光波与声波的相互作用，各级衍射光波将产生多普勒频移，应有

$$\omega_m = \omega - m\omega_s$$

但因超声波频率为 10^9 Hz 量级，光波频率为 10^{14} Hz 量级，频移的影响可以忽略，即衍射光仍为单色光。

(2)布拉格衍射。

在声波频率较高、声光相互作用距离较大、光线与超声波面有一定角度斜入射时，产生布拉格衍射。光在声光介质中要连续穿过许多声波波面，入射光在声柱内不是直线传播，产生的周期结构不再是相位光栅，入射光不仅受到相位调制，还受到振幅调制，此时声光介质具有立体光栅的性质，布拉格衍射如图 16-4 所示。当平面光波相对于声波波阵面以一定的角度斜入射时，各级衍射光在介质内相互干涉，在一定条件下，使各高级衍射光相互抵消，只出现两个相应于 $m=0$ 和 $m=1$ 的极值，不存在 $m=-1$ 和 $|m|>1$ 的高级衍射极值。

从波的干涉增强理论分析，声波通过时介质近似为许多相距 λ_s、部分反射、部分透射的镜面。对于行波超声场，这些镜面以速度 v_s 沿 y 方向移动。因超声波的速度远

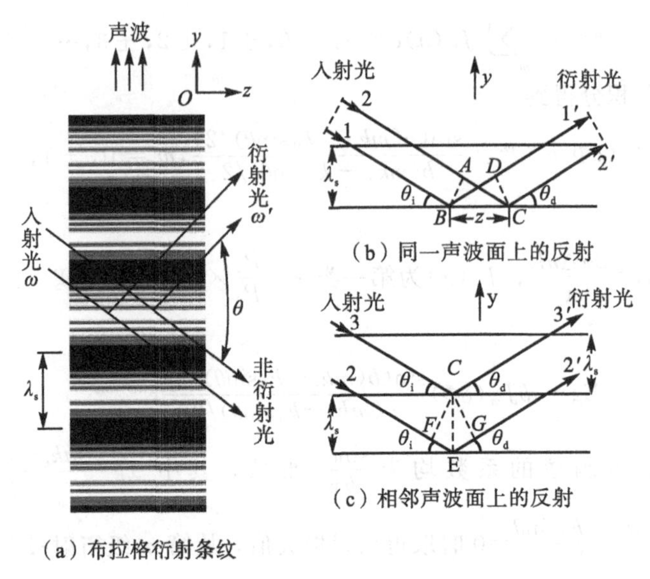

(a) 布拉格衍射条纹

(b) 同一声波面上的反射

(c) 相邻声波面上的反射

图 16-4　布拉格衍射及衍射条件

小于光速，某一瞬间，超声场可看作是静止的，对衍射光的强度分布没有影响。平面波 1、2 和 3 以角度 θ_i 入射至声波场，在 B、C、E 各点处部分反射，产生衍射光 1′、2′和 3′。当它们光程差为波长的整数倍时，各衍射光相干增强。图 16-4(b)表示在同一声波面衍射情况，声波面上所有点同时满足光程差 $AC-BD$ 等于光波长的整数倍，即 $z(\cos\theta_i-\cos\theta_d)=m\lambda(\theta_i=\theta_d)$ 的情况；图 16-4(c)为两个相邻声波面的衍射情况，光程差 $FE+EG$ 等于光波长的整数倍，即 $\lambda_s(\sin\theta_i+\sin\theta_d)=m\lambda$，需考虑 $\theta_i=\theta_d$，有 $2\lambda_s\sin\theta_i=m\lambda$。若 λ_s 一定，当 θ_i 满足 1 级衍射条件，就不会出现高级衍射光，取 $m=1$。故布拉格衍射方程为

$$2\lambda_s\sin\theta_B=\lambda \quad 或 \quad \sin\theta_B=\frac{\lambda}{2n\lambda_s}=\frac{\lambda}{2nv_s}f_s \tag{16-15}$$

式中，$\theta_i=\theta_d=\theta_B$，称 θ_B 为布拉格角。可见，只有入射角等于布拉格角时，在声波面上的光波才具有同相位，满足相干条件，得到衍射极值。

布拉格衍射效率定义为在作用距离 L 处衍射光强和入射光强之比

$$\eta=\frac{I_1(L)}{I_i(0)}=\sin^2\left(\frac{\pi}{\sqrt{2}\lambda}\sqrt{\frac{LMP_S}{H}}\right) \tag{16-16}$$

式中，$M=\dfrac{p^2n^6}{\rho v^3}$ 为声光介质常数，p 为光弹性系数，ρ 为介质密度，v 为声速；P_S 为超声功率；H 和 L 分别为换能器的宽度和长度。可见，晶体衍射效率和材料的光弹性系数、折射率、声速、密度以及换能器的形状等有关。

当入射光强为 I_i 时，布拉格衍射的 0 级和 1 级衍射光强表示为

$$\begin{aligned} I_0&=I_i\cos^2\left(\frac{\delta\Phi}{2}\right)\\ I_1&=I_i\sin^2\left(\frac{\delta\Phi}{2}\right)\end{aligned} \tag{16-17}$$

式中，$\delta\Phi$为光波穿过长度为L的超声场所产生的附加相位延迟。当$\delta\Phi=\pi$时，$I_0=0$，$I_1=I_i$。即适当控制参数，可使入射光功率全部转变为+1级或-1级衍射，故利用布拉格衍射效应制成的声光器件可以获得较高的效率。

若声波为行波场，则声光栅以声速进行移动，光与声之间具有相对运动产生多普勒效应，0级衍射光和入射光频率相同，衍射光频率$\omega'=\omega\pm\Delta\omega$不同于入射光频率$\omega$，产生了频移；"+"对应于声速迎着入射光方向，"-"对应声速背着入射光方向，频移量为

$$\Delta\omega=2\omega\frac{V_{//}}{c/n}=2\omega\frac{v_s\sin\theta_B}{c/n} \tag{16-18}$$

可见，超声波频率会引起衍射光频率的改变，超声波的振幅可使衍射光束得到强度调制。

3. 声光调制与声光偏转

声光调制是利用声光效应将信息加载于光频载波上的一种物理过程，当光波通过声光介质时，由于声光作用，使光载波受到调制而成为"携带"信息的强度调制波。因拉曼-奈斯衍射效率较低，光能利用率低使用较少，而布拉格衍射由于效率高、调制带宽较宽而多被采用。声光调制利用声光调制器来实现。

声光调制器(AOM)由声光介质、电声换能器、吸声(或反射)装置及驱动电源等组成。电声换能器又称声发生器，利用某些压电晶体(石英、$LiNbO_3$等)或压电半导体(CdS、ZnO等)的反压电效应，在外加电场作用下产生机械振动而形成声波，将调制的电功率转换成声功率。吸声(或反射)装置放置在超声源的对面，用以吸收已通过介质的声波，以免返回介质产生干扰，若超声场工作在驻波状态，需要将吸声装置换成反射装置。驱动电源产生调制电信号施加在电声换能器上，驱动声光驱动器工作。

声光偏转是通过改变声波频率来改变衍射光的方向实现的，拉曼-奈斯衍射和布拉格衍射均可实现声光偏转，但布拉格衍射可实现只有一级的高效率衍射，所以声光偏转器多以布拉格衍射实现。声光偏转器的结构与布拉格型声光调制器的基本相同。由声光布拉格衍射理论分析可知，布拉格衍射的衍射光和入射光之间的夹角(偏转角)θ是布拉格角的2倍，即

$$\theta=\theta_i+\theta_d=2\theta_B=\frac{\lambda}{v_s}f_s \tag{16-19}$$

可见，改变超声波的频率f_s，就可以改变其偏转角θ，从而对光束传播方向进行控制。超声频率改变Δf_s会引起光束偏转角变化

$$\Delta\theta=\frac{\lambda}{v_s}\Delta f_s \tag{16-20}$$

【实验内容】

1. 拉曼-奈斯衍射实验

(1)如图16-5在光学导轨上搭建光路。先不放置声光调制器，用小孔光阑实现光路准直；然后使声光调制器尽量靠近激光器端，观察屏置于导轨末端垂直于光束方向移动的底座上，连接好激光器以及声光调制器电源并开启。先不放透镜，调节激光器

及声光调制器支架上的旋钮，使光束垂直于声光介质的通光面。开启声光调制器驱动源，调节驱动电压大小，观察拉曼-奈斯衍射情况。

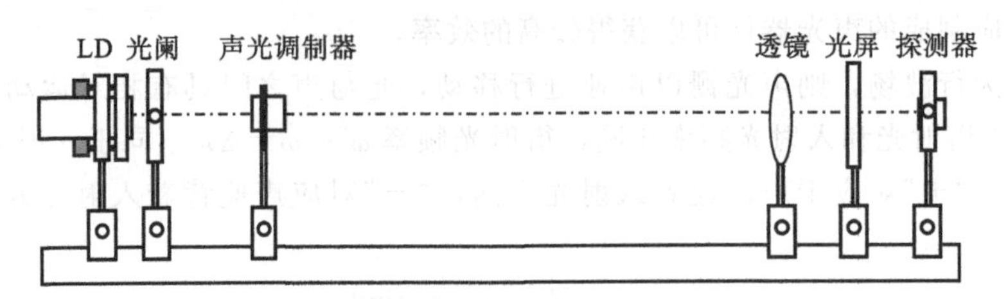

图 16-5　拉曼-奈斯衍射测量光路

(2)改变声光调制器的方位角、用光阑限定声光调制器前表面入射光斑的功率，分别观察入射角对拉曼-奈斯衍射的影响。衍射光点最多时，利用光屏找到透镜焦面位置后，用配置光阑的光电探头置于光屏位置测量光功率。

(3)记录衍射条纹的数目 N，根据 $v=\frac{2Df}{N}$ 计算声光介质中的声速，式中光斑直径 $D=2.5$ mm，超声波频率 $f=10$ MHz。

(4)测量入射光强 I_0；调节声光晶体驱动电压，衍射最强时，分别测量各级衍射光强度 I_m；计算各级衍射光的衍射效率 $\eta_i=\frac{I_m}{I_0}$，绘制各级衍射效率与驱动电压的关系曲线。

(5)测量出声光调制器距离光功率计探头的距离 L，测量各级衍射条纹和中央零级条纹之间的距离，近似计算出衍射角 θ_m，再根据光栅方程 $d\sin\theta_m=m\lambda$，计算超声光栅常数 d。

(6)高速光电探头置于底座有位移结构的支架上，连接光电输出信号到示波器。分别接收不同级衍射光，改变驱动功率，用示波器观察调制光强波形，分析驱动功率与衍射光强波形的关系。

(7)将手机或 MP3 的音频信号接入电源控制箱的音频输入端，用十二挡光电探头接收不同衍射级的衍射光，光电探头接信号放大器的输入，信号放大器的输出接示波器，打开信号放大器后面的喇叭开关，监听音频调制与传输效果。

2. 布拉格衍射实验

(1)如图 16-6 在光学导轨上搭建光路。先不放置声光调制器，用小孔光阑实现光路准直；然后使声光调制器尽量靠近激光器端，观察屏置于导轨末端垂直于光束方向移动的底座上，连接好激光器以及声光调制器电源并开启。调节激光器及声光调制器支架上的旋钮，使光束以小角度入射到声光介质的通光孔。

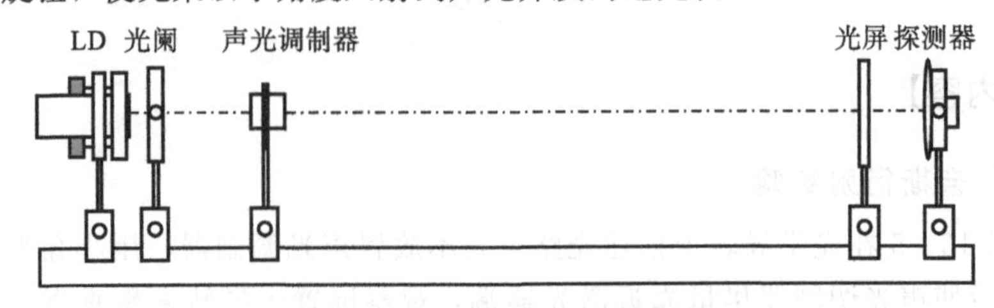

图 16-6　布拉格衍射测量光路

(2)打开声光调制电压用超声波对声光晶体进行调制，微调声光调制器的转向来改变声光调制器的光束入射角，观察屏中心有明亮的光点呈现，即出现布拉格衍射光斑。仔细调节光束入射角，观察衍射情况，只出现＋1(或－1)级衍射光且衍射光最强时，声光调制器即工作在布拉格条件下。

(3)测量 1 级光和 0 级光间的距离 r，测量声光调制器与接收屏之间的距离 L，根据 $\theta_d \approx \frac{r}{L}$ 近似计算声光调制的偏转角。

(4)超声波频率 $f=80$ MHz、激光波长 $\lambda=650$ nm，结合上步中的偏转角 θ_d，代入 $V_s=f\lambda/\theta_d$ 计算超声波波速。

(5)将正弦波或方波信号输出到声光调制器和示波器，用示波器观察被调制后的信号输出。光电探测器连接到控制箱接收调制后的衍射光信号，改变调制信号和直流偏压的大小，观察输出波形的调制特性，记录输出信号不发生失真、上失真、下失真和上下失真时的波形及电压。

【注意事项】

1. 激光输出后严禁用眼直视激光束。

2. 声光器件小心轻放，不能冲击碰撞，否则可能损坏内部晶体而报废。

3. 声光器件的通光孔不得直接接触或擦拭，不做实验时需要封住，否则易损坏光学增透膜。

4. 严禁触碰光学元件表面。

【预习与思考】

1. 影响声光调制的因素有哪些？

2. 声光效应可能有哪些应用？

3. 试分析在什么条件下，衍射光强可获得最好的 2 倍声频调制？

实验 17　电光调制实验

【实验目的】

1. 了解电光调制的基本原理。
2. 观察电致双折射现象。
3. 学会使用极值法和调制法测量半波电压。

【实验仪器】

激光器；铌酸锂($LiNbO_3$)晶体；调制电源；波片；光功率计；扩束镜；白屏等。

【实验原理】

1. 晶体的电光效应

某些介质在外电场的作用下，折射率随外电场的改变而发生变化的现象称为电致感应双折射或电光效应。通常将电场引起的折射率变化表示为

$$\Delta\left(\frac{1}{n^2}\right)=\gamma E+\beta E^2+\cdots \tag{17-1}$$

式中，γE 引起的折射率变化正比于电场强度，称一次电光效应或泡克耳斯(Pockels)效应，由 βE^2 引起的折射率变化，称二次电光效应或克尔(Kerr)效应，大多数介质中的一次电光效应比二次电光效应显著。一次电光效应折射率变化的张量形式为

$$\Delta\left(\frac{1}{n^2}\right)_i=\sum_{j=1}^{3}\gamma_{ij}E_j\,(i=1\sim 6;j=x,y,z) \tag{17-2}$$

式中，E_x、E_y、E_z 是电场在 x、y、z 方向上的分量；电光系数 γ_{ij} 描述外加电场对晶体光学特性的线性效应，介质不同 γ_{ij} 不同。

光在各向异性晶体中传播时，一般存在两个可能的偏振模式，每个模式具有唯一的偏振方向和相应的折射率，通常用折射率椭球的方法进行描述。在晶体的主轴坐标系，外加电场为 0 时，折射率椭球方程为

$$\frac{x^2}{n_1^2}+\frac{y^2}{n_2^2}+\frac{z^2}{n_3^2}=1 \tag{17-3}$$

式中，x、y、z 为晶体的介电主轴方向，对应的折射率为 n_1、n_2、n_3。对晶体外加电场 $\boldsymbol{E}$ 后，折射率椭球的形状、大小和方向发生变化，则新的折射率椭球方程为

$$\begin{aligned}&\left(\frac{1}{n_1^2}+\gamma_{1j}E_j\right)x^2+\left(\frac{1}{n_2^2}+\gamma_{2j}E_j\right)y^2+\left(\frac{1}{n_3^2}+\gamma_{3j}E_j\right)z^2\\&+2(\gamma_{4j}E_j)yz+2(\gamma_{5j}E_j)zx+2(\gamma_{6j}E_j)xy=1\end{aligned}\quad (\boldsymbol{E}=(E_x,\ E_y,\ E_z)^{\mathrm{T}};\ j=x,\ y,\ z) \tag{17-4}$$

因外加电场方向不同将晶体的一次电光效应分为纵向电光效应和横向电光效应。纵向电光效应加在晶体上的电场方向与光在晶体中的传播方向平行，通常以 KDP 晶体为代表。横向电光效应加在晶体上的电场方向与光在晶体里传播方向垂直，以铌酸锂晶体为代表。本实验为铌酸锂晶体的横向电光效应。

2. 铌酸锂($LiNbO_3$)晶体的电光效应

铌酸锂晶体为单轴晶体，它属于三方晶系 $3m$ 点群结构，有 $n_1=n_2=n_o$，$n_3=n_e$，n_o 和 n_e 分别为晶体中寻常光和非寻常光的折射率，受外加电场作用后，线性电光系数只有四个值 $\gamma_{13}=\gamma_{23}$、$\gamma_{12}=\gamma_{61}=-\gamma_{22}$、$\gamma_{42}=\gamma_{51}$ 和 γ_{33}，其余各项均为 0，代入式(17-4)得到铌酸锂晶体外加电场后的新折射率椭球方程：

$$\left(\frac{1}{n_o^2}-\gamma_{22}E_y+\gamma_{13}E_z\right)x^2+\left(\frac{1}{n_o^2}+\gamma_{22}E_y+\gamma_{13}E_z\right)y^2+\left(\frac{1}{n_e^2}+\gamma_{33}E_z\right)z^2$$
$$+2\gamma_{51}E_yyz+2\gamma_{51}E_xzx-2\gamma_{22}E_xxy=1 \tag{17-5}$$

分析电场方向沿铌酸锂晶体某一主轴方向的电光效应：

(1)当外加电场平行于 z 轴时，$E_x=E_y=0$，代入式(17-5)并考虑 $\gamma_{ij}E\ll1$，得感应折射率椭球方程：

$$\frac{x^2+y^2}{\left(n_o-\frac{1}{2}n_o^3\gamma_{13}E_z\right)^2}+\frac{z^2}{\left(n_e-\frac{1}{2}n_e^3\gamma_{33}E_z\right)^2}=1 \tag{17-6}$$

说明在 z 轴方向加电场后折射率椭球的主轴与原主轴完全重合，但折射率受外电场调制。此时对于纵向调制，不产生电光效应，但对于横向调制会呈现双折射性质，光在晶体中传播距离 l 后出射时，相位差由自然双折射和电致双折射两部分构成，即

$$\delta=\frac{2\pi}{\lambda}(n'_y-n'_z)l=\frac{2\pi}{\lambda}\left(n_o-n_e+\frac{1}{2}(n_e^3\gamma_{33}-n_o^3\gamma_{13})E_z\right)l \tag{17-7}$$

(2)当外加电场方向平行于 y 轴时，$E_x=E_z=0$，$E_y\neq0$，得感应折射率椭球方程：

$$\frac{x^2}{\left(n_o+\frac{1}{2}n_o^3\gamma_{22}E_y\right)^2}+\frac{y^2}{\left(n_o-\frac{1}{2}n_o^3\gamma_{22}E_y\right)^2}+\frac{z^2}{n_e^2}=1 \tag{17-8}$$

说明在电场 E_y 作用下折射率椭球主轴绕 x 轴旋转了一个角度，由单轴晶体变为双轴晶体，折射率也发生了变化。新折射率椭球在 $z=0$ 平面内的截面是长短半轴为 $n_{x'}$、$n_{y'}$ 的椭圆，$n_{x'}$、$n_{y'}$ 的大小与外加电场成线性关系，方向与电场大小无关但相对于原主轴方向绕 z 轴旋转了 45°。此时横向电光效应和纵向电光效应均可以发生，其中横向调制光束在晶体中沿 z 轴通光距离 l 产生的相位差为

$$\delta=\frac{2\pi}{\lambda}(n_{x'}-n_{y'})l=\frac{2\pi}{\lambda}n_o^3\gamma_{22}E_yl \tag{17-9}$$

(3)当外加电场方向平行于 x 轴时，$E_y=E_z=0$，$E_x\neq0$，感应折射率椭球方程(略去二阶小量 $\gamma_{ij}^2E^2$)为

$$\frac{x^2}{\left(n_o+\frac{1}{2}n_o^3\gamma_{22}E_x\right)^2}+\frac{y^2}{\left(n_o-\frac{1}{2}n_o^3\gamma_{22}E_x\right)^2}+\frac{z^2}{n_e^2}=1 \tag{17-10}$$

说明在 E_x 作用下折射率椭球绕两个主轴发生转动，其他结论与外加电场平行 y 轴时基本相同，横向电光效应和纵向电光效应均可发生，其中横向调制光束沿 z 轴通光

距离 l 产生的相位差为

$$\delta=\frac{2\pi}{\lambda}(n_{x'}-n_{y'})l=\frac{2\pi}{\lambda}n_o^3\gamma_{22}E_x l \tag{17-11}$$

以上分析可知，在 $LiNbO_3$ 晶体的 xOy 平面内加电场进行纵向电光调制，可以避免自然双折射的影响，对 $LiNbO_3$ 晶体沿 x 或 y 主轴加电场进行横向调制，出射光产生的相位差仅由电光效应造成，故称此相位差

$$\delta=\frac{2\pi}{\lambda}n_o^3\gamma_{22}El=\frac{2\pi}{\lambda}n_o^3\gamma_{22}\frac{V}{d}l=\frac{\pi}{V_\pi}V \tag{17-12}$$

为电光相位延迟。当电光晶体和入射光波长确定后，电光相位延迟仅取决于外加电压，而与晶体的几何尺寸无关。当电压增大到某一值时，相位差为 $\delta=\pi$(光波的两个垂直偏振分量光程差为 $\frac{\lambda}{2}$)时，加在晶体上的电压称为半波电压 V_π，表示为

$$V_\pi=\frac{\lambda}{2n_0^3\gamma_{22}}\cdot\frac{d}{l} \tag{17-13}$$

半波电压是表征电光晶体调制特性的一个重要参数，半波电压较小，相同外加电压条件下获得的相位延迟越大，说明调制器的调制效率越高。通常是将晶体加工成条状，使 $\frac{l}{d}$ 比值增加进而减小晶体的半波电压。

3. 铌酸锂晶体横向调制的输出特性

本实验只研究铌酸锂晶体横向电光调制，原理如图 17－1 所示。起偏器的偏振方向平行于电光晶体的 x 轴，检偏器的偏振方向平行于 y 轴，入射光经起偏器成为线偏振光，沿晶体 z 轴传播时在 x' 和 y' 轴两振动分量产生一个确定的相位差 δ。若入射光强为 I_0，则出射光强为

$$I_1=I_0\sin^2\frac{\delta}{2}=I_0\sin^2\frac{\pi}{2V_\pi}V \tag{17-14}$$

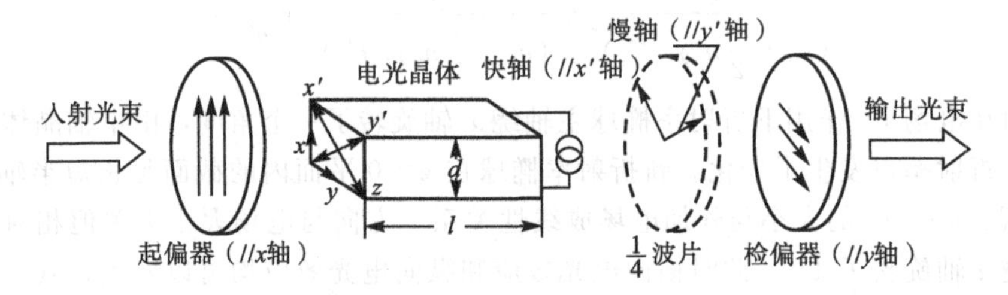

图 17－1　晶体的横向电光效应原理

对于单色光和确定的晶体来说，V_π 为常数，可见透射光为周期函数，强度由外加电压决定。若外加电压为 $V=V_0+V_m\sin\omega t$，其中 V_0 是直流偏压，$V_m\sin\omega t$ 是交流调制信号，则光强透过率 T 用调制输出光强 I_1 与输入光强 I_0 之比表示为

$$T=\frac{I_1}{I_0}=\sin^2\frac{\pi}{2V_\pi}(V_0+V_m\sin\omega t) \tag{17-15}$$

由图 17－2 所示的光强透过率曲线可知，透过率和所加电压成非线性关系，但在 $V_\pi/2$ 附近有一段近似线性部分，要把信号无失真地发射出去，应将工作点选择在这段线性工作区内。若工作点选择不适合，会使输出信号发生畸变。

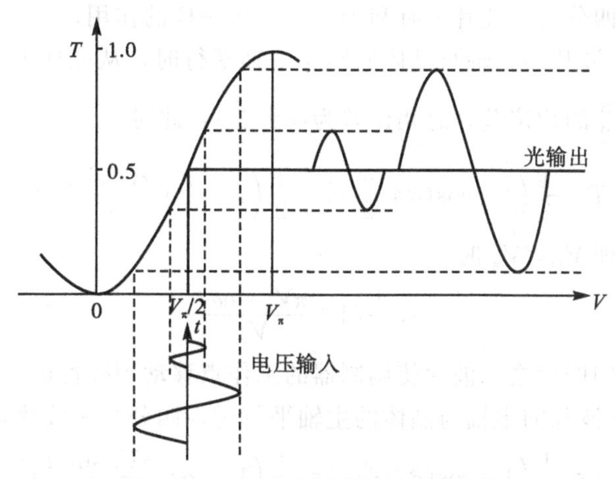

图17-2 横向电光调制透过率曲线

1. 直流偏压 V_0(工作点)对输出特性的影响

(1)当 $V_0=V_\pi/2$ 且 $V_m \ll V_\pi$ 时，调制器工作点在线性工作区的中心处，透过率

$$T=\sin^2\left[\frac{\pi}{4}+\left(\frac{\pi}{2V_\pi}\right)V_m\sin\omega t\right]\approx\frac{1}{2}\left[1+\pi\frac{V_m}{V_\pi}\sin\omega t\right] \tag{17-16}$$

为线性调制，调制器输出信号不失真，输出信号与调制信号的波形和频率相同。

(2)当 $V_0=\frac{V_\pi}{2}$ 且 $V_m>V_\pi$ 时，工作点虽在线性工作区中心，但不满足小信号调制的要求，透射率函数按照贝塞尔函数展开为

$$T=\frac{1}{2}\left(1+\sin\left(\frac{\pi}{V_\pi}V_m\sin\omega t\right)\right)=2\left(J_1\left(\frac{\pi V_m}{V_\pi}\right)\sin\omega t-J_3\left(\frac{\pi V_m}{V_\pi}\right)\sin3\omega t+J_5\left(\frac{\pi V_m}{V_\pi}\right)\sin5\omega t+\cdots\right) \tag{17-17}$$

输出光中包含了调制信号的基频成分和奇次谐波，调制信号幅度较大时，奇次谐波不能忽略，虽然工作点在线性区，但输出波形会出现失真。

(3)当 $V_0=0$ 或 V_π，且 $V_m \ll V_\pi$ 时，代入 $V_0=0$，得透射率

$$T=\sin^2\left(\frac{\pi}{2V_\pi}V_m\sin\omega t\right)\approx\frac{1}{8}\left(\pi\frac{V_m}{V_\pi}\right)^2(1-\cos2\omega t) \tag{17-18}$$

即输出光频率是调制信号频率的2倍，产生“倍频”失真。若 $V_0=V_\pi$，可得

$$T\approx1-\frac{1}{8}\left(\frac{\pi V_m}{V_\pi}\right)^2(1-\cos2\omega t) \tag{17-19}$$

调制器仍输出“倍频”失真的波形。

(4)直流偏压 V_0 在0或 V_π 附近变化时，因工作点不在线性区，输出会出现波形失真但不是倍频失真。

以上分析说明，要想无失真地发射信号，应使直流电压 $V_0=\frac{V_\pi}{2}$，且调制信号的振幅满足 $V_m \ll V_\pi$。

2. 四分之一波片对输出特性的影响

如果不加直流电压，即 $V_0=0$，$V=V_m\sin\omega t$，在晶体和检偏器之间插入一个四分

之一波片，可证明四分之一波片具有和加直流电压一样的作用。

(1)当四分之一波片的主轴与晶体的感应主轴平行时，从晶体射出的光垂直穿过四分之一波片会产生$\frac{\pi}{2}$的相位差，总相位差为$(\delta\pm\frac{\pi}{2})$，此时

$$T=\frac{1}{2}\left(1-\cos(\delta\pm\frac{\pi}{2})\right)=\frac{1}{2}\left(1\pm\sin(\frac{\pi V_m\sin\omega t}{V_\pi})\right) \tag{17-20}$$

在弱信号调制即$V_m \ll V_\pi$时

$$T\approx\frac{1}{2}(1\pm\frac{\pi V_m\sin\omega t}{V_\pi}) \tag{17-21}$$

仍实现线性调制，即四分之一波片使调制器的工作点移动到线性区。

(2)当四分之一波片的主轴与晶体的主轴平行时，四分之一波片对相位没有影响

$$T=\frac{1}{2}\left(1-\cos(\delta\pm\frac{\pi}{2})\right)=\frac{1}{2}\left(1-\cos(\frac{\pi V_m\sin\omega t}{V_\pi})\right) \tag{17-22}$$

在弱信号调制即$V_m \ll V_\pi$时，同式(17-18)相同，出现倍频失真。

(3)当四分之一波片的主轴与晶体的主轴及感应主轴都不平行时，调制器工作在非线性区，输出波形失真，但不是倍频失真。

可见，改变四分之一波片的光轴和晶体之间的夹角，可在晶体感应主轴的角度上获得线性调制，在晶体原主轴的角度出现倍频失真，且每转动45°角，这种情况交替出现。

【实验内容】

(1)按照图17-3所示光路构建实验系统。开启激光器电源，将激光器和白屏置在导轨两端，利用光阑进行光路准直调节，使远场和近场情况下光均从光阑中心小孔通过，被置于光屏后的光功率计接收；先放置起偏器并旋转，使光功率计示数最大；放置检偏器并旋转使光屏上出现消光状态。

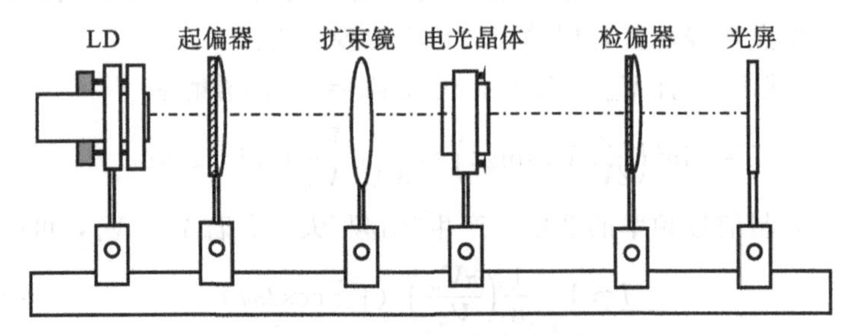

图17-3 电光调制实验光路

(2)电光晶体置于起偏器和检偏器之间，使光束垂直电光晶体表面通过，仔细调整电光晶体的角度和方位，尽量使小孔屏上的激光光斑最暗(由于晶体本身固有的缺陷和激光光束的品质问题，系统消光状态发生变化)；将扩束镜紧贴电光晶体前放置，扩束镜高度合适观察屏上可见干涉图案。改变起偏器与检偏器之间的夹角，观察干涉图案的变化，记录起偏器和检偏器平行和垂直两种状态下，会聚偏振光穿过单轴晶体的单轴锥光图，如图17-4(a)所示。

(3)电光晶体连接到驱动电源并将电源工作状态设置为直流状态，晶体驱动电压逆

时针调到头，打开晶体驱动电源。缓慢增加直流驱动电压，干涉图案由一个中心分裂为两个中心，说明单轴晶体在电场作用下变成双轴晶体，即发生电致双折射。记录会聚偏振光经过双轴晶体时的干涉图案，如图 17-4(b)所示。

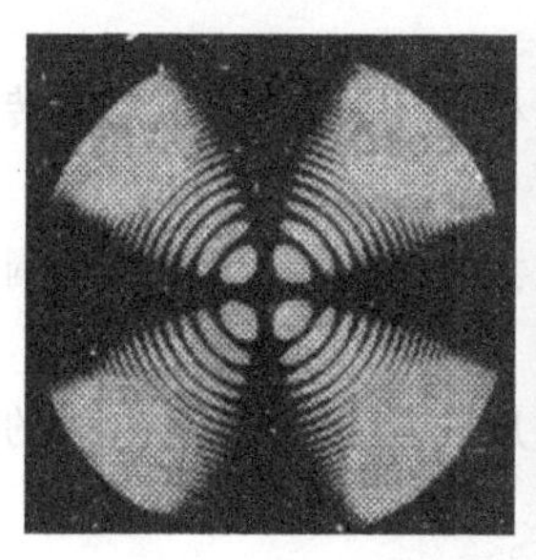
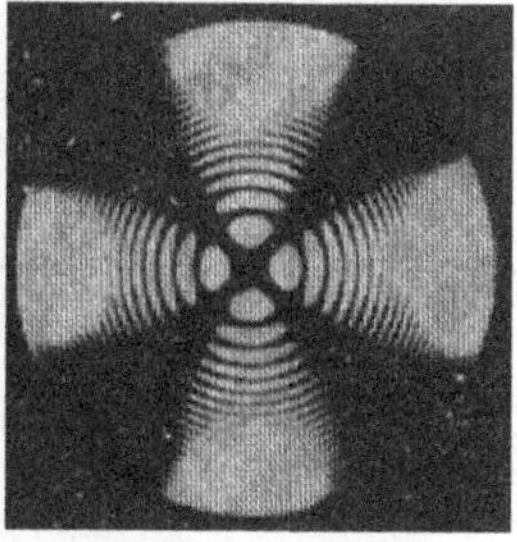

(a) 单轴锥光干涉图

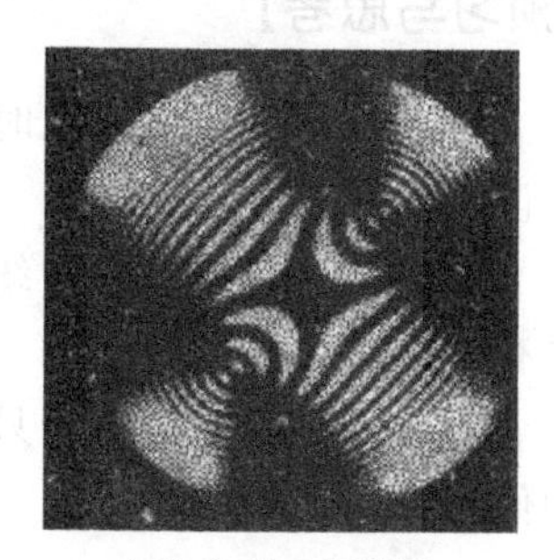

(b) 电致双折射图

图 17-4　电光效应干涉图案

(4)移走扩束镜和电光晶体，取下白屏换上光电探头，将光电探头连接到功率计，调节探头位置及偏振片角度，记录最大光功率 P_0；旋转偏振片至消光状态，将电光晶体和光屏重新放回光路，调节电光晶体的角度，尽量使白屏上的光斑最暗。

(5)移除光屏，从零开始缓慢增加直流电压，记录不同直流驱动电压时光电探测器接收到的光功率值于表 17-1；根据所得数据计算电光晶体的透过率，绘制调制电压与调制器的透过率关系曲线；计算电光调制器的消光比和半波电压。

表 17-1　电光晶体特性测量数据

次数	电压/V	光功率/μW	次数	电压/V	光功率/μW

(6)将驱动信号置于正弦波位置，正弦波频率约 1 kHz，系统将直流信号和调制信号叠加后输出给电光晶体；将光电探头连接到控制箱的光电接收端，将正弦调制信号和光电接收信号的波形端口分别接双踪示波器的两个通道，示波器设置为双踪显示。分别改变直流电压和正弦调制信号的幅度，观察示波器上的光电接收信号的波形变化，理解静态工作点对输出的影响情况；分别记录接收信号不失真、倍频失真、波形上或下失真时的直流电压大小。

(7)直流电压调为半波电压大小，将手机或 MP3 音频信号接入控制箱的音频插座，设置控制箱为音频工作状态；打开后面的喇叭开关，观察示波器上的波形，监听音频调制与传输效果。

(8)将直流电压调为最小，在电光晶体和检偏器之间放入四分之一波片，旋转四分之一波片，观察接收波形的变化情况，体会四分之一波片对静态工作点的影响和作用。

【注意事项】

1. 激光输出后严禁用眼直视激光束。

2. 严禁触碰光学元件表面。

3. 电光晶体易碎，应轻拿轻放。

【预习与思考】

1. 当出现电致双折射现象时，只改变直流电压的大小，干涉图案有无旋转或其他变化，说明原因？

2. 测定电压与输出特性曲线时，为什么光强不能太大？如何调节光强？调节光强的方法有何优缺点？

3. 晶体上不加交流信号，只加直流电压时，在检偏片前从晶体末端出射的光的偏振态如何？怎样检测？

实验 18　法拉第效应实验

【实验目的】

1. 了解法拉第效应和磁光调制的原理。
2. 利用正交消光法测量介质的韦尔代常数。
3. 利用交流倍频法测量介质的韦尔代常数。

【实验仪器】

激光器；电磁铁；偏振片；测角仪；特斯拉计；光电接收器；示波器；待测样品等。

【实验原理】

1. 法拉第效应

当线偏振光穿透某种介质时，若在光的传播方向施加的不是非常强的磁场，穿过介质后线偏振光的偏振面相对于入射线偏振光发生了一定角度的旋转，其旋转角度与介质厚度以及介质中磁感应强度在光传播方向的分量成正比，这个现象称为法拉第效应，也称为磁致旋光效应，即

$$\varphi = V \cdot d \cdot B \tag{18-1}$$

式中，d 为介质厚度；B 为介质中磁感应强度在光传播方向上的分量，单位为韦伯/米^2（1 韦伯/米^2 = 1000 高斯 = 0.1 特斯拉）；比例系数 V 称为介质的韦尔代常数，由介质和工作波长决定，表征物质的磁光特性。$V>0$ 时介质为正旋体，光沿磁场方向传播时振动面向左旋转，逆着磁场方向传播时振动面向右旋转。与此反向旋转的物质为负旋介质，$V<0$。几乎所有物质都存在法拉第效应，但一般不显著。

法拉第效应与自然旋光不同。对于给定物质，法拉第效应的旋光方向由磁场方向决定，而与光的传播方向无关，即法拉第效应具有不可逆性。法拉第效应在磁场方向不变的情况下，光波往返通过磁旋介质时线偏振光的振动面转过角度倍增。自然旋光物质的旋光方向与光的传播方向有关，光的传播方向相反，线偏振光振动面的旋转方向则相反。当光往返穿过固有旋光特性的物质时，一次振动面顺时针方向旋转，另一次则振动面逆时针方向旋转，其结果是使线偏振光的振动面复位。

2. 法拉第效应的相位解释

根据菲涅耳旋光理论，线偏振光可以分解为频率、振幅均相等的左旋和右旋圆偏振光（或称 L 光和 R 光），其传播速度和折射率也分别相等，但在旋光晶体中，L 光和

R 光的传播速度和折射率均不相等。左旋圆偏振光和右旋圆偏振光经过厚度为 d 的旋光晶体后，会引起不同的相位滞后。

如图 18－1 所示，若线偏振光的振动面沿竖直方向向上，初相位为零，分解成左旋圆偏振光和右旋圆偏振光的旋转矢量 $\boldsymbol{E}_L$ 和 $\boldsymbol{E}_R$ 均与入射线偏振光矢量 $\boldsymbol{E}$ 方向相同。在同一时刻，晶体出射面上的旋转矢量 $\boldsymbol{E}'_L$ 和 $\boldsymbol{E}'_R$ 与入射面上的旋转矢量 $\boldsymbol{E}_L$ 和 $\boldsymbol{E}_R$ 相比，分别向右和向左旋转了 φ_L 和 φ_R。$\boldsymbol{E}'_L$ 和 $\boldsymbol{E}'_R$ 合成的矢量 $\boldsymbol{E}'$ 即为出射线偏振光的振动矢量。它们射出介质重新重合成为平面偏振光时的相位差为

$$\delta=\frac{2\pi}{\lambda}(n_R-n_L)d \tag{18-2}$$

式中，λ 为入射光波长；n_L 和 n_R 分别为左旋圆偏振光和右旋圆偏振光在介质中的折射率；d 为磁光介质厚度。故法拉第旋光角为

$$\varphi=\frac{\delta}{2}=\frac{\pi}{\lambda}(n_R-n_L)d \tag{18-3}$$

即旋光角度 φ 与磁光介质厚度 d 成正比。

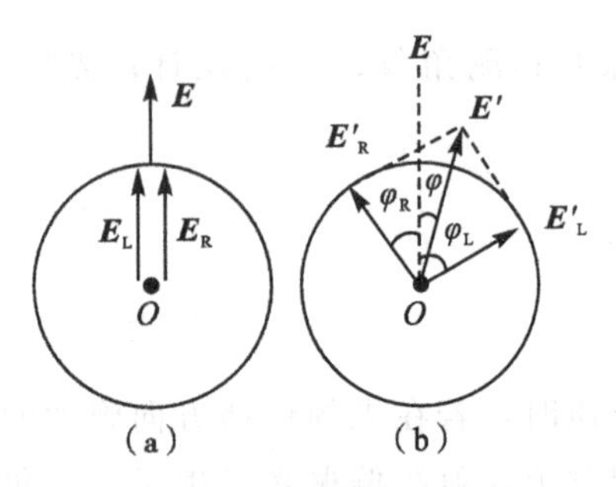

图 18－1　旋光性的解释

因 n_L 和 n_R 通常和 n 相差很小，将 $n_R-n_L\approx\frac{n_R^2-n_L^2}{2n}$ 代入上式，利用经典电动力学中的介质极化和色散的振子模型进行计算，近似有

$$\varphi=\frac{\pi}{\lambda}\cdot\frac{n_R^2-n_L^2}{2n}\cdot d=-\frac{1}{2c}\cdot\frac{e}{m}\cdot\frac{dn}{d\lambda}\cdot\lambda\cdot d\cdot B=V\cdot d\cdot B \tag{18-4}$$

可见，旋光角的大小与光在介质中穿过的路程 d 及介质中磁感应强度在光传播方向上的分量 B 成正比，并且和入射光波长以及介质 $\frac{dn}{d\lambda}$ 的色散有密切关系。法拉第效应旋光方向完全由物质本身的性质和磁场方向决定，与光的传播方向无关。

3. 磁光调制

磁光调制主要应用法拉第旋光效应，将电信号转变成与之对应的交变磁场，使线偏振光在磁场作用下的介质中传播时，改变介质中传播的光波的偏振态，从而达到改变光强的目的。实验装置如图 18－2 所示，具有良好透射率的磁光材料(如铅玻璃、石榴石单晶膜等)放置在磁感应强度高的螺旋形线圈中，激光束通过起偏器后成为线偏振光。如果偏振光的传播方向和磁场方向一致，则偏振光在磁场作用下通过磁光材料时，将引起偏振面的旋转，偏振面的旋转角度与透射材料中的光程以及外加磁场强度成正比。旋转后的线偏振光入射到检偏器，转换成交变的光电流信息被探测器检测。

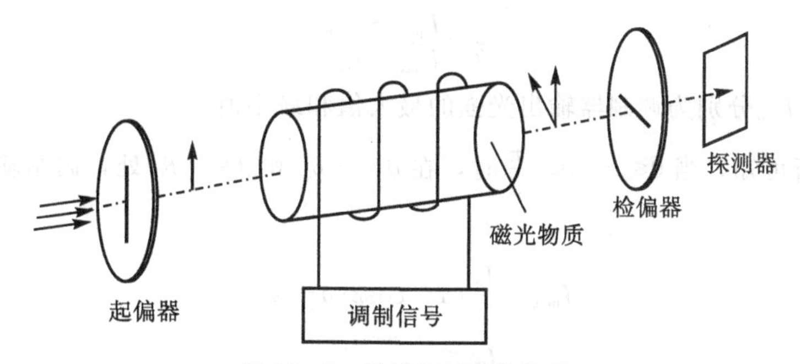

图 18-2　磁光调制实验装置

根据马吕斯定律，当线圈未通电，并忽略介质对光的吸收时，透过检偏器的出射光强为

$$I = I_0 \cos^2 a \tag{18-5}$$

式中，I_0 为起偏器和检偏器光轴之间的夹角为 $a=0$（或 π）时的输出光强。当线圈通过交变的低频电流信号 $i=i_0\sin\omega t$ 时，产生交变磁场 $B=B_0\sin\omega t$，使旋光介质产生相应的旋转角 $\theta=\theta_0\sin\omega t$，$\theta_0$ 称为调制角幅度，则从检偏器出射的光强变为

$$I = I_0 \cos^2(a+\theta) = I_0 \cos^2(a+\theta_0\sin\omega t) = \frac{I_0}{2}(1+\cos 2(a+\theta_0\sin\omega t)) \tag{18-6}$$

可见，当 a 一定时，输入光强 I 仅随 θ 变化，而 θ 又受磁场 B 或线圈电流 i 控制，从而使线圈电流产生的旋转角转化为输出光强的调制，即为磁光调制的工作原理。

当 $a=0$（或 π）时，起偏器和检偏器通光轴互相平行，输出的调制光强为

$$I_{a=0(或a=\pi)} = I_0 \cos^2\theta = \frac{I_0}{2}(1+\cos 2\theta) \tag{18-7}$$

当 $a=\frac{\pi}{2}$ 时，起偏器和检偏器通光轴互相垂直，输出的调制光强为

$$I_{a=\frac{\pi}{2}} = I_0 \cos^2(90^\circ+\theta) = \frac{I_0}{2}(1-\cos 2\theta) \tag{18-8}$$

由式(18-7)和(18-8)可知，当 $a=0$（π 或 $\frac{\pi}{2}$）时，输出光强 I 与 θ 有关，即仅与交变磁场 B 的大小有关，有磁场方向无关，并且输出信号为磁光调制信号频率的倍频。若将输出的调制光入射到光电探测器上，转换成光电流信号输入到示波器，可以确定起偏器和检偏器处于平行或垂直状态，平行状态时输出的直流分量较垂直位置时大得多。

此时若在磁光调制器中插入一个由直流磁场磁化了的待测磁光样品，线偏振光通过后，偏振面增加了一个旋转角度。实验中检偏器随旋转测角仪同轴旋转，当 $a=0$（π 或 $\frac{\pi}{2}$）时，示波器上再次出现倍频信号，根据被测样品连续两次出现倍频信号时测角仪的旋转角度，可以确定被测样品的法拉第旋转角，将这种测量方法叫作磁光调制倍频法。

4. 磁光调制的基本参量

描述磁光调制器性能的两个参量分别是光强调制深度 η 和调制角幅度 θ_0。调制深度定义为

$$\eta=\frac{I_{max}-I_{min}}{I_{max}+I_{min}} \tag{18-9}$$

式中，I_{max}和I_{min}分别为调制器输出光强的最大值和最小值。

以上分析可知，当$0\leqslant a+\theta\leqslant\frac{\pi}{2}$时，在$\theta=-\theta_0$和$\theta=+\theta_0$处，调制输出获得最大和最小值

$$I_{max}=\frac{I_0}{2}(1+\cos2(a-\theta_0))$$
$$I_{min}=\frac{I_0}{2}(1+\cos2(a+\theta_0)) \tag{18-10}$$

设光强的调制幅度为

$$I_A=I_{max}-I_{min}=I_0\sin2a\sin2\theta_0 \tag{18-11}$$

当$a=\frac{\pi}{4}$时，光强调制幅度最大，为

$$I_{Amax}=I_0\sin2\theta_0 \tag{18-12}$$

故磁光调制实验中，通常将起偏器和检偏器透光轴成45°夹角放置，此时调制输出光强最大和最小值为

$$I_{max}=\frac{I_0}{2}(1+\sin2\theta_0)$$
$$I_{min}=\frac{I_0}{2}(1-\sin2\theta_0) \tag{18-13}$$

即$a=\frac{\pi}{4}$时的调制深度η和调制角幅度θ_0分别为

$$\eta=\frac{I_{max}-I_{min}}{I_{max}+I_{min}}=\sin2\theta_0$$
$$\theta_0=\frac{1}{2}\arcsin\left(\frac{I_{max}-I_{min}}{I_{max}+I_{min}}\right) \tag{18-14}$$

测得磁光调制器输出的最大光强I_{max}和最小光强I_{min}，即可求出调制深度η和调制角幅度θ_0。

【实验内容】

1. 设备连接

设备连接如图18-3所示，磁场中不放置旋光晶体，将电磁铁与励磁电流源的引线红对红、黑对黑相接，将励磁电流调到最小后打开电源；使激光束在磁铁内无反射地通过透光孔后；断开起偏器盒上的0～6 V、50 Hz的交流输出，和检偏器一起放入光路，并使起偏器和检偏器表面尽量和光束垂直；光电探头接光功率指示计。

2. 励磁电流与磁场强度测量

将特斯拉计探头在磁场外调零后置入磁场正中心，高斯计显示最大值时固定其位置；按照从大到小或从小到大的单方向顺序改变励磁电流，测量励磁电流I_i与对应的磁感应强度B_i值，记录于表18-1；励磁电流调到最小后关闭励磁电源，绘制励磁电流I_i磁感应强度B_i的关系曲线。

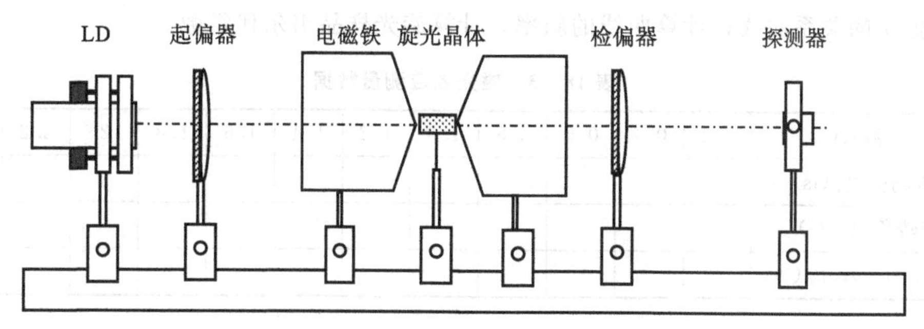

图 18－3　磁光效应实验光路

表 18－1　励磁电流 I_i 与磁感应强度 B_i 数据

电流/A	0.2	0.4	0.6	0.8	1.0	1.2	1.4	1.6	1.8	2	2.2	2.4
磁场强度/Gs												

3. 马吕斯定律测量

固定起偏器，转动检偏器，观察光功率计的变化。当起偏器与检偏器的偏振方向相互垂直时，光功率计输出最小，记录测角仪上的指示及光功率计示数 I_0 于表 18－2；按一定方向转动检偏器，记录起偏器和检偏器光轴之间的夹角 a 及对应的光功率值；绘制 $I-\cos^2 a$ 的关系曲线，验证马吕斯定律。

表 18－2　马吕斯定律数据测量

$a/(°)$	0	15	30	45	60	75	90	105	120	135	150	165	180
I/mW													
$I-I_0$													
$\cos^2 a$													

4. 消光法测量韦尔代常数

用卡尺测量样品的厚度 d；励磁电流调到最小后，将样品放入电磁铁的磁极中心，调节其高度使光束通过样品；调节检偏器，使起偏器与检偏器达到消光状态，此时功率计读数最小，记录测角仪刻度 θ_0；改变励磁电流实现磁光偏转，调节检偏器，再次到消光位置时记录测角仪刻度 θ_1，则该磁场强度下样品的偏转角为 $\theta=\theta_1-\theta_0$；根据式(18－4)计算旋光样品韦尔代常数。

5. 调制法测量韦尔代常数

励磁电流调到最小；连接起偏器引脚和光电探头到控制箱，输出连接到示波器，此时示波器显示基频信号；微调检偏器直至示波器上出现最大幅度的稳定倍频信号，记录测角仪刻度 A_0；增加励磁电流至 I_1，经检偏器的线偏振光偏振面改变，倍频信号消失，重新微调检偏器直到出现倍频信号时，记录测角仪刻度 A_1 于表 18－3，则 $A=A_1-A_0$ 为励磁电流 I_1 对应的磁感应强度 B_1 下的法拉第旋转角；多次重复得多个励磁电流 I_i 及对应的 A_i 值；结合励磁电流 I_i 与磁感应强度 B_i 数据，绘制旋转角度 A 与磁

场强度 B 的关系曲线；计算曲线的斜率，计算旋光样品韦尔代常数。

表 18－3　磁光效应测量数据

电流/A	0.2	0.4	0.6	0.8	1.0	1.2	1.4	1.6	1.8	2	2.2	2.4
磁场强度/Gs												
偏转角 A_1/(°)												
$A=\|A_1-A_0\|$/(°)												

6. 更换样品测量

更换不同样品进行 4—5 步骤的测量，对消光法和调制法进行同一旋光样品费尔德常数测量的准确性进行分析。

7. 实验结束

实验完毕后将励磁电流调到最小后关闭各电源，取下样品放入样品盒。

【注意事项】

1. 因电磁铁的电感量很大，严禁在通有励磁电流的状态下断开励磁电流的连线。这样会因电磁铁产生的反电动势而遭电击。

2. 示波器尽量远离电磁铁，以免电磁铁的磁场影响示波器电子枪造成示波器显示不稳定。

3. 长时间不测量数据时，励磁电流应该调小，防止长时间大电流工作破坏电磁铁的稳定性。

4. 调节过程中应避免激光直射人眼，以免对眼睛造成伤害。

5. 测磁场强度时，不要佩戴机械表或电子表，以免损坏。

【预习与思考】

1. 电磁铁的剩磁现象对实验数据有一定影响，实验中如何消除？

2. 读取测角仪数据时，顺时针旋转和逆时针旋转读数相同吗？为什么？

3. 法拉第效应的应用举例。

实验 19　塞曼效应实验

【实验目的】

1. 学习法布里-珀罗标准具的调节。
2. 观察汞 546.1 nm 光谱线在磁场中的分裂现象。
3. 测量塞曼分裂情况，利用裂距初步计算电子荷质比。

【实验仪器】

电磁铁；汞灯；滤光片；F－P 标准具；透镜；显微目镜；光学平台等。

【实验原理】

1896 年，荷兰物理学家塞曼发现，光源置于足够强的磁场中时，光源发出的每条谱线分裂成波长非常相近的若干条偏振化谱线，分裂的谱线条数随能级类别不同而不同，这种现象称为塞曼效应。塞曼效应是继法拉第效应和克尔效应之后发现的磁光效应。荷兰物理学家洛仑兹对其进行了解释，证实了原子磁矩的空间量子化。塞曼效应为研究原子结构提供了重要途径，被认为是 19 世纪末 20 世纪初物理学最重要的发现之一。塞曼和洛仑兹因这一发现共同获得 1902 年的诺贝尔物理学奖。

1. 磁场中的能级分裂-塞曼效应

原子由原子核和电子构成，原子的总磁矩应包括电子磁矩和核磁矩两部分，因核磁矩比电子磁矩小三个数量级以上，分析中只考虑电子磁矩部分。电子绕原子核运动有轨道运动和自旋运动，用电子的轨道角动量 $\boldsymbol{P}_{\mathrm{L}}$ 表征绕核做轨道运动产生的轨道磁矩 $\boldsymbol{\mu}_{\mathrm{L}}$，用自旋角动量 $\boldsymbol{P}_{\mathrm{S}}$ 表征自旋运动产生的自旋磁矩 $\boldsymbol{\mu}_{\mathrm{S}}$。根据量子力学理论，电子的轨道角动量、轨道磁矩、自旋角动量和自旋磁矩间的关系为

$$\boldsymbol{\mu}_{\mathrm{L}}=-\frac{e}{2m}\boldsymbol{P}_{\mathrm{L}},\qquad \boldsymbol{\mu}_{\mathrm{S}}=-\frac{e}{m}\boldsymbol{P}_{\mathrm{S}}$$
$$P_{\mathrm{L}}=\sqrt{L(L+1)}\frac{h}{2\pi}P_{\mathrm{S}}=\sqrt{S(S+1)}\frac{h}{2\pi} \tag{19-1}$$

式中，e、m 分别为电子的电荷和质量；L、S 分别为电子的轨道量子数和自旋量子数。忽略核磁矩，在 LS 耦合情况下，$\boldsymbol{P}_{\mathrm{L}}$ 和 $\boldsymbol{P}_{\mathrm{S}}$ 合成原子的总角动量 $\boldsymbol{P}_{\mathrm{J}}$，$\boldsymbol{\mu}_{\mathrm{L}}$ 和 $\boldsymbol{\mu}_{\mathrm{S}}$ 合成原子的总磁矩 $\boldsymbol{\mu}$，矢量合成如图 19－1 所示。

由于 μ_{S} 和 P_{S} 的比值是 μ_{L} 与 P_{L} 比值的两倍，合成的原子总磁矩 $\boldsymbol{\mu}$ 不在总角动量 $\boldsymbol{P}_{\mathrm{J}}$ 的方向上，而 $\boldsymbol{P}_{\mathrm{L}}$ 和 $\boldsymbol{P}_{\mathrm{S}}$ 是绕 $\boldsymbol{P}_{\mathrm{J}}$ 旋进的，因此 $\boldsymbol{\mu}_{\mathrm{L}}$、$\boldsymbol{\mu}_{\mathrm{S}}$ 和 $\boldsymbol{\mu}$ 都绕 $\boldsymbol{P}_{\mathrm{J}}$ 的延线方向旋进。$\boldsymbol{\mu}$ 分解成两个方向的分量，一个是 $\boldsymbol{\mu}_{\perp}$ 垂直于 $\boldsymbol{P}_{\mathrm{J}}$ 并绕其转动对外平均效果完全抵消，另

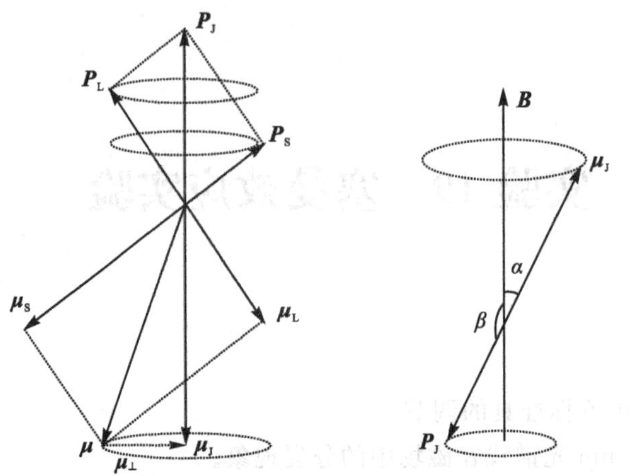

（a）电子角动量与磁距关系图　（b）总磁矩绕外磁场方向旋进

图 19－1　电子磁矩示意图

一个沿 $\boldsymbol{P}_J$ 延线有确定方向的恒量 $\boldsymbol{\mu}_J$ 对外发生效果，对其进行矢量运算，得到

$$\mu_J = g\frac{e}{2m}P_J \tag{19-2}$$

式中，朗德因子 $g=1+\dfrac{J(J+1)-L(L+1)+S(S+1)}{2J(J+1)}$表征原子的总磁矩与总角动量的关系，决定能级在磁场中分裂的裂距，J 为总轨道角动量量子数。

在外磁场的作用下，原子受到力矩 $\boldsymbol{L}=\boldsymbol{\mu}_J\times\boldsymbol{B}$ 的作用围绕磁场 $\boldsymbol{B}$ 方向旋进，原子旋进引起的附加能量为

$$\Delta E=-\boldsymbol{\mu}_J B\cos(\boldsymbol{P}_J\cdot\boldsymbol{B})=g\frac{e}{2m}P_J B\cos\beta \tag{19-3}$$

由于 $\boldsymbol{\mu}_J$ 和 $\boldsymbol{P}_J$ 在磁场中取向是量子化的，故 $\boldsymbol{P}_J$ 在外磁场方向的分量 $P_J\cos\beta$ 也是量子化的，只能是

$$P_J\cos\beta=M\frac{h}{2\pi} \tag{19-4}$$

式中，磁量子数 $M=\pm J,\ \pm(J-1),\ \cdots,\ \pm1,\ 0$ 共有 $2J+1$ 个值，代入式(19－3)得

$$\Delta E=Mg\frac{eh}{4\pi m}B=Mg\mu_B B \tag{19-5}$$

式中 $\mu_B=\dfrac{eh}{4\pi m}$为玻尔磁子。式(19－5)说明，无外磁场时的一个能级，在外磁场的作用下分裂成 $2J+1$ 个子能级，每个能级附加的能量正比于外磁场强度 B 和朗德因子 g。

2. 塞曼效应的能级跃迁选择定则

设某一光谱线由原子从上能级 E_2 跃迁到下能级 E_1 时发出，则该谱线的频率 ν 同能级的关系为

$$h\nu=E_2-E_1 \tag{19-6}$$

在外加磁场中，上下两能级分别分裂为 $2J_2+1$ 个和 $2J_1+1$ 个子能级，附加能量分别为 ΔE_2 和 ΔE_1。上下能级跃迁产生的新光谱频率 ν'取决于

$$h\nu'=(E_2+\Delta E_2)-(E_1+\Delta E_1)=h\nu+(\Delta E_2-\Delta E_1) \tag{19-7}$$

可见，分裂后谱线与原谱线的频率差为

$$\Delta\nu=\nu'-\nu=\frac{1}{h}(\Delta E_2-\Delta E_1)=(M_2g_2-M_1g_1)\frac{e}{4\pi m}B \tag{19-8}$$

式中，M_2、M_1 分别为分裂的两个能级的磁量子数。用波数差(裂距)表示为

$$\Delta\nu=\frac{1}{\lambda'}-\frac{1}{\lambda}=\frac{v'}{c}-\frac{v}{c}=(M_2g_2-M_1g_1)\frac{eB}{4\pi mc}=(M_2g_2-M_1g_1)\cdot L \tag{19-9}$$

式中，磁场强度 B 的单位为特斯拉；洛伦兹单位 $L=\frac{e}{4\pi mc}B=0.467B$ 的单位为 cm^{-1}。

根据式(19-9)，可以计算电子荷质比

$$\frac{e}{m}=\frac{4\pi c}{B}\cdot\frac{\Delta v}{M_2g_2-M_1g_1} \tag{19-10}$$

但是，并非任意两个能级的跃迁都是可能的，跃迁必须满足精细结构的选择定则

$$\Delta M=M_2-M_1=0,\ \pm1(J_2=J_1,\ M_2=0\rightarrow M_1=0\text{ 时除外}) \tag{19-11}$$

(1)当 $\Delta M=0$ 时，产生 π 线。沿垂直于磁场的方向观察时，得到振动方向平行于磁场的线偏振光，沿平行于磁场方向观察不到光，光强度为0。

(2)当 $\Delta M=\pm1$ 时，产生 σ 线。沿垂直于磁场的方向观察时，得到振动方向垂直于磁场的线偏振光。沿平行于磁场方向观察时，产生圆偏振光，其转向依赖 ΔM 正负号、磁场方向以及观察者相对磁场的方向。当光线的传播方向沿磁场方向，并指向观察者时，σ^+ 线($\Delta M=1$)为左旋圆偏振光，σ^- 线($\Delta M=-1$)为右旋圆偏振光。当光线的传播方向反平行于磁场方向时，σ^+ 线为右旋圆偏振光，σ^- 线为左旋圆偏振光。

3. 汞原子 546.1 nm 谱线在磁场中的分裂情况

汞原子的 546.1 nm 光谱线是从 $6s7s\,^3S_1$ 到 $6s6p\,^3P_2$ 能级跃迁产生的，表 19-1 列出 $^3S_1$ 和 $^3P_2$ 上下两个能级有关的各量子数值。

表 19-1 $^3S_1$ 和 $^3P_2$ 能级各量子数取值表

能级符号	$^3S_1$			$^3P_2$				
L	0			1				
S	1			1				
J	1			2				
g	2			3/2				
M	1	0	−1	2	1	0	−1	−2
Mg	2	0	−2	3	3/2	0	−3/2	−3

在外磁场的作用下，546.1 nm 光谱线的上能级分裂为 3 个子能级，而下能级分裂为 5 个子能级，其相邻能级间距均为 1/2 个洛伦兹单位，如图 19-2 所示。根据选择定则和偏振定则，光谱线 546.1 nm 的一条谱线在磁场中分裂成 9 条波数差相等的谱线。上图表示能级分裂后可能发生的跃迁，下图给出了分裂谱线的裂距和强度，按裂距间隔排列将 π 分支的谱线画在线上，σ 分支画在线下，各线的长度代表光谱线的相对强度，若原谱线的强度为 100，其他谱线的强度分别约 75、37.5 及 12.5。

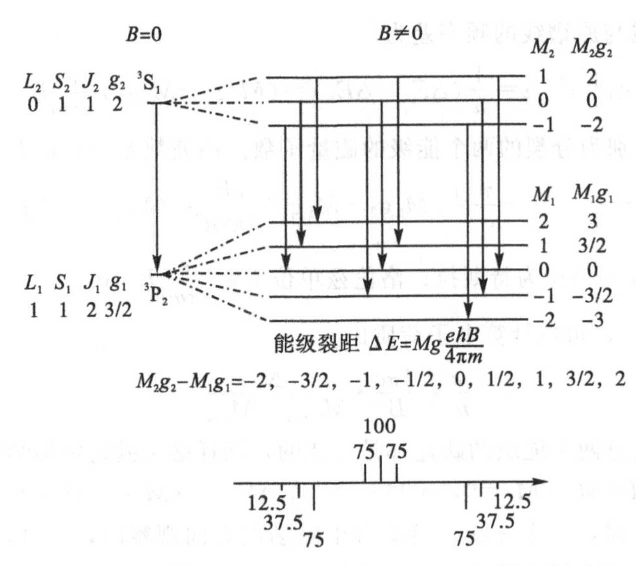

图 19-2　汞 546.1 nm 谱线的塞曼效应示意图

垂直磁场方向观察时，中间 3 条线为 π 线分支，两旁的 6 条线为 σ 线分支；沿着磁场方向观察，π 线分支不出现，对应的 6 条 σ 线分别为右旋圆偏振光和左旋圆偏振光；这些线条互相迭合而难以观察，由于这两种成分偏振光的偏振方向是正交的，可利用偏振片将 6 条 σ 成分滤除，只让 π 成分保留下来。

4. 法布里-珀罗标准具

在观察塞曼效应时，一般光谱线最大的塞曼分裂仅有几个洛伦兹单位，棱镜光谱仪很难观察到，因此使用高分辨率的法布里-珀罗标准具，简称 F-P 标准具。F-P 标准具由两块平行平面玻璃板中间夹一个间隔圈组成。玻璃板的内表面镀有高反射膜，间隔圈用膨胀系数很小的材料加工而成，有一定的厚度，以保证两玻璃板的距离不变，用三个调节螺丝调节玻璃上的压力来达到精确平行。为避免没有镀膜表面发射光的干扰，两块平板常做成楔形。

当单色平行光束 S 以小角度 θ 入射到标准具时，在平行面内经过多次反射和透射后，形成一系列互相平行的反射光束 1、2、3、4、…和透射光束 $1'$、$2'$、$3'$、$4'$、…，如图 19-3 所示。透射光束在无穷远处或在透镜的焦平面上发生干涉，当光程差为波长的整数倍时产生干涉极大值。通常 F-P 标准具反射膜之间为空气，$n=1$，则干涉亮条纹的光强极大位置为

$$\Delta=2d\cos\theta_m=m\lambda \tag{19-12}$$

式中，m 为干涉序数；d 为 F-P 标准具两平行板间的距离。由于 d 是固定值，在波长不变的条件下，不同 m 对应不同的入射角 θ_m。用单色扩展光源照明时产生等倾干涉，干涉条纹为一组同心圆环，干涉环级次从圆环中心向外逐渐降低。因垫圈厚度 d 比入射波长大很多，故干涉环中心处的最高级次 $m_{\max}=\frac{2d}{\lambda}$数值很大。

表征 F-P 标准具性能的两个重要的参量：自由光谱范围和分辨本领。

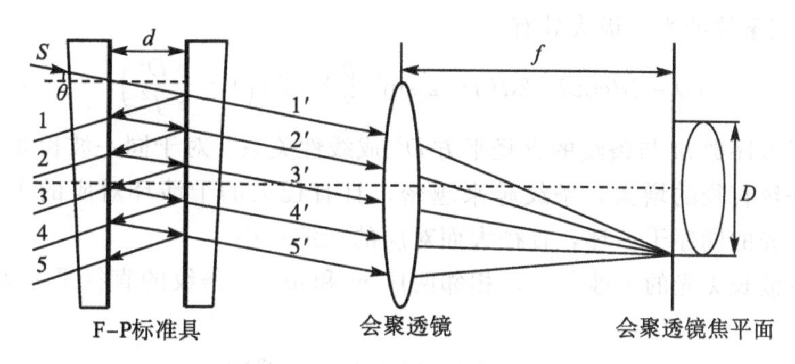

图 19－3 多光束干涉条纹的形成

(1)自由光谱范围。

假设入射光波不是单色光，具有 λ 至 $\lambda_1=\lambda+\Delta\lambda$ 的波长区间。对于同一干涉序数 m，波长为 λ 的光和波长为 λ_1 的光分别对应不同的入射角 θ 及 θ_1，且 $\theta>\theta_1$，产生两套干涉圆环，波长大的光的干涉圆环分布在里圈。如果 $\Delta\lambda$ 逐渐加大至 $\Delta\lambda=\Delta\lambda_{FSR}$ 时，波长为 λ_1 的光的干涉圆环的第 m 级亮条纹和波长为 λ 的光的干涉圆环的第 $m+1$ 级亮条纹会发生重合，即 $m\lambda_1=(m+1)\lambda$。即 $\Delta\lambda<\Delta\lambda_{FSR}$ 时，各波长光的干涉圆环的第 m 级亮条纹按照波长大小的次序，分布在波长 λ 的干涉条纹的第 m 级和第 $m+1$ 级亮条纹之间；而 $\Delta\lambda>\Delta\lambda_{FSR}$ 时，会发生不同级次的亮条纹相互重叠或错级现象，难以分辨。故将波长差 $\Delta\lambda_{FSR}$ 称为 F－P 标准具的自由光谱范围。

中心花纹序数用 $m=\dfrac{2d}{\lambda}$ 替代，则波长 λ_1 光的干涉圆环的第 m 级亮条纹和波长 λ 光的干涉圆环的第 $m+1$ 级亮条纹发生重合时，波长差及波数差为

$$\begin{aligned}\Delta\lambda_{FSR}&=\lambda_1-\lambda=\frac{\lambda}{m}=\frac{\lambda^2}{2d}\\ \Delta\nu_{FSR}&=\frac{1}{2d}\end{aligned}\tag{19-13}$$

(2)分辨本领。

F－P 标准具的分辨本领定义为自由光谱范围与最小分辨率限宽之比，即在自由光谱范围内能分辨的最多的谱线数目，表示为 $\dfrac{\Delta\lambda_{FSR}}{\delta\lambda}$，$\delta\lambda$ 是干涉仪所能分辨出的最小波长差。F－P 标准具的分辨本领与其精细结构的关系为

$$\frac{\Delta\lambda_{FSR}}{\delta\lambda}=mF\tag{19-14}$$

式中，m 为干涉级次；$F=\dfrac{\pi\sqrt{R}}{1-R}$ 为干涉条纹的精细度，即相邻两个干涉序条纹之间能够被分辨的干涉条纹数目，R 为反射面的反射率。可见，F－P 标准具中反射膜的反射率越高，精细度越大，仪器能够分辨的条纹数越多，即仪器分辨本领越高。

5. 利用 F－P 标准具测量塞曼分裂谱线

图 19－4 中，经 F－P 标准具的干涉圆环成像在透镜焦面上，入射角 θ 与干涉圆环的直径 D 以及透镜焦距 f 之间有 $\tan\theta=\dfrac{D}{2f}$。接近中心圆环的 θ 很小，近似为 $\theta\approx\tan\theta\approx$

$\sin\theta$，则干涉亮条纹的光强极大处有

$$m\lambda=2d\cos\theta=2d(1-2\sin^2\frac{\theta}{2})\approx2d\left(1-\frac{1}{8}\frac{D^2}{f^2}\right) \tag{19-15}$$

可见，干涉序数 m 与条纹的直径平方 D^2 成线性关系。对于同一波长光的干涉条纹而言，随着条纹直径的增大，条纹越来越密，且直径大的干涉环对应的干涉序 m 小。对于不同波长光的同序干涉环，直径大而对应的光波长小。

对于同一波长 λ 光的干涉条纹，相邻两序 m 和 $m-1$ 条纹的直径平方差用 ΔD^2 表示为

$$\Delta D^2(\lambda)=D_{m-1}^2-D_m^2=\frac{4f^2\lambda}{d} \tag{19-16}$$

可以看出，ΔD^2 是与干涉序 m 无关的常数。

若波长 λ_a 和 λ_b 光在同一干涉序中的干涉环直径分别为 D_a 和 D_b，因测量干涉环中心附近的几个序，故干涉序用中心条纹序 $m=2d/\lambda$ 代替，考虑标准具间隔圈的长度比波长大得多，其波长差和波数差为

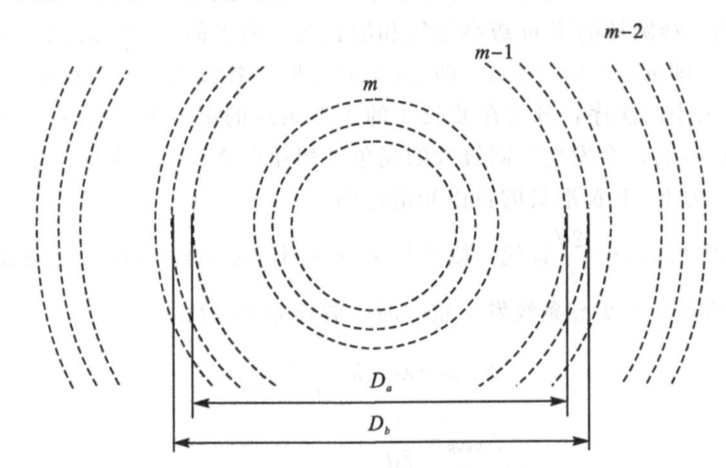

图 19-4　干涉环直径测量示意图

$$\Delta\lambda=\lambda_a-\lambda_b=\frac{d}{4mf^2}[D_b^2-D_a^2]=\frac{\lambda^2}{2d}\frac{D_b^2-D_a^2}{D_{m-1}^2-D_m^2}$$
$$\Delta\nu=\nu_a-\nu_b=\frac{1}{2d}\frac{D_b^2-D_a^2}{D_{m-1}^2-D_m^2} \tag{19-17}$$

根据 F-P 标准具的自由光谱范围的定义，在 $\Delta\nu_{\mathrm{FSR}}$ 已知的情况下，可通过干涉条纹直径的平方差计算波长差或波数差，有

$$\frac{\Delta\nu}{\Delta\nu_{\mathrm{FSR}}}=\frac{D_b^2-D_a^2}{D_{m-1}^2-D_m^2} \tag{19-18}$$

式中，D_{m-1} 和 D_m 为 $B=0$ 时同一波长光因入射角不同产生的任意相邻两干涉环的直径。测量图 19-4 中两个相邻干涉级次分裂前后的相关数据，可计算塞曼分裂的裂距和电子的荷质比。

单一波长光谱分裂前，根据式(19-15)可知，波长 λ 的第 m 级干涉亮条纹的直径平方为

$$D^2=8f^2-\frac{4\lambda f^2}{d}m \tag{19-19}$$

即单一波长的各级亮条纹，其直径的平方与干涉级次 m 成线性关系。绘制出 $D_m^2(\lambda)-m$ 的关系曲线，得到该曲线的斜率

$$\frac{\Delta D_m^2(\lambda)}{\Delta m}=\frac{4\lambda f^2}{d} \tag{19-20}$$

根据曲线斜率 $\frac{D_m^2(\lambda)}{\Delta m}$、波长 λ 以及透镜焦距 f，可计算出 F-P 标准具中垫圈的厚度 d，然后根据式(19-13)求得 $\Delta\nu_{FSR}$。

【实验内容】

1. 连接设备

在光学平台上如图 19-5 搭建汞 546.1 nm 谱线的横向塞曼效应实验光路。不加磁场时，将笔形汞灯放入磁场中心，点亮汞灯，使笔形汞灯较亮的一面对着光路方向。以磁场和 CCD 的中心等高线为轴，调节各元件同轴，使笔形汞灯位于透镜 1 的焦距位置，CCD 位于透镜 2 的焦距处。

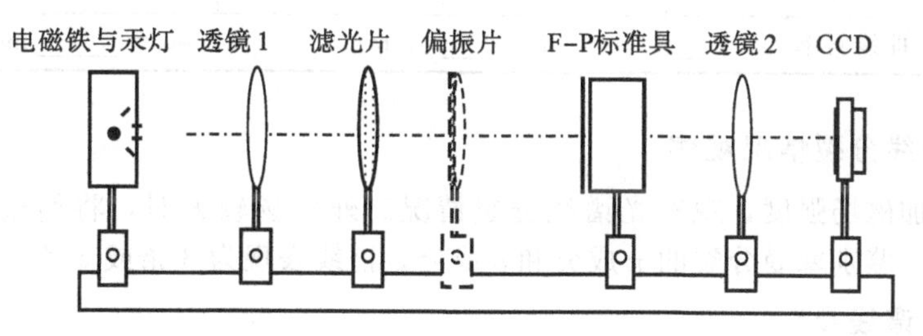

图 19-5　横向塞曼效应实验光路

2. *F-P* 标准具调节方法

调节 F-P 标准具上的三个旋钮，使上下左右移动眼睛时干涉圆环形状不变。如果眼睛向外移动时干涉环向外涌出，如图 19-6(a)所示，表明该方向旋钮接触点压力过小，需进行微小调节；如果眼睛向外移动时干涉环被向内吸入，如图 19-6(b)所示，表示该方向旋钮接触点压力太大，需要进行微小放松；如果眼睛移动时干涉环不动，表明各旋钮接触点压力适宜，F-P 标准具调节合适。

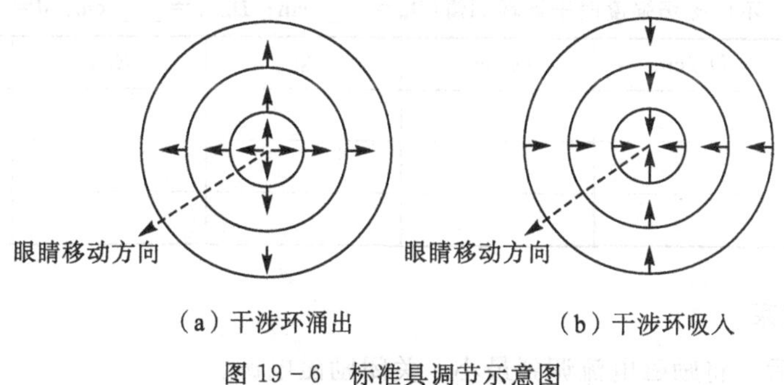

(a) 干涉环涌出　　(b) 干涉环吸入

图 19-6　标准具调节示意图

3. 调节干涉圆环

因汞灯为复色光源，未放置第 3 部分 546.1 nm 滤光片时干涉圆环较粗。调节透镜

2 和 F－P 标准具两光学平面的平行度，直至干涉环最清晰、条纹最细。调节使圆环中心位于 CCD 视场中央。

4. 测量干涉条纹

不加外磁场时，测量汞 546.1 nm 谱线形成的各级亮条纹直径，绘制 D_m^2-m 曲线，根据曲线斜率计算垫圈厚度 d，进而计算标准具的自由光谱宽度 $\Delta\nu_{FSR}$。为减少偶然误差，要求至少测 4 个以上数据，列于表 19－2 中，每个数据为 3 次测量的平均值。若使用测微目镜，请注意避免回程误差。

表 19－2　未加磁场时干涉环测量数据

项目	D_m/cm	D_{m-1}/cm	D_{m-2}/cm	D_{m-3}/cm	D_{m-4}/cm
测量值 1					
测量值 2					
测量值 3					
平均值					
曲线斜率＝______；　d＝______ mm；　$\Delta\nu_{FSR}$＝______ nm					

5. 光谱线分裂情况观察

缓慢增加磁场强度，观察光谱线分裂情况。外磁场较大时，将偏振片放入光路，旋转偏振片，鉴别塞曼分裂的 π 成分和 δ 成分，谱线表现为 3 条或 6 条。

6. 计算谱线裂距

旋转偏振片，测量谱线 π 成分的干涉环直径，结合未分裂时的相邻两环直径，根据上步中未分裂的干涉环半径的测量值以及标准具的垫圈厚度 d，计算塞曼分裂的相邻谱线的裂距。若使用测微目镜，请注意避免回程误差。

7. 测量磁感应强度

关闭汞灯，待汞灯降温后将其移出磁场，然后将特斯拉计探头在磁场外调零后置入磁场最强处，测量磁感应强度 B，列于表 19－3 中，计算电子荷质比的实验值，并与荷质比的推荐值 1.76×10^{11} (C/kg)进行比较，计算测量误差。

表 19－3　不同磁场强度时干涉环测量（D_m＝____ cm；D_{m-1}＝____ cm；d＝____ mm）

励磁电流	D_a/cm	D_b/cm	$\Delta\nu$	B/T	e/m
I＝____ A					
I＝____ A					
I＝____ A					

8. 实验结束

实验完成后，将励磁电流调到最小，关闭励磁电源。

【注意事项】

1. 请勿直接触摸光学元件的表面，轻拿轻放 F－P 标准具。

2. 测磁场强度时，不要佩戴机械表或电子表，以免损坏。

3. 笔型汞灯工作时会辐射紫外线，操作实验时眼睛不宜长时间直视灯光。

4. 严禁在通有励磁电流的状态下断开励磁电源的连线，不能长时间持续施加磁场。

【预习与思考】

1. 什么是正常塞曼效应，什么是反常塞曼效应？

2. 横向塞曼效应和纵向塞曼效应如何区分？

3. 描述逐渐增加磁场强度时，光谱线的分裂情况以及偏振片角度对干涉图像的影响。

实验 20　发光二级管特性实验

【实验目的】

1. 了解 LED 的电学特性、光谱特性及其测试方法。
2. 加深对光敏二极管、光敏三极管、光电池、光敏电阻原理的理解。
3. 熟悉光栅单色仪的分光原理及应用。

【实验仪器】

光电特性测量实验台；发光二极管；光电管；计算机；万用表；导线等。

【实验原理】

发光二极管(light emitting diode，LED)是一种电流注入式电致光发射器件，由 p 型半导体和 n 型半导体组合而成。pn 结加正向偏压后，由于少数载流子在结区的注入与复合而产生辐射发光。大量处于高能级的粒子自发发射一系列光波，这些光波之间没有固定的相位关系，可以有不同的偏振方向，可沿所有可能的方向传播，波长为

$$\lambda = hc/E_g$$

其中，E_g 为半导体材料禁带宽度，对应不同光的颜色；c 为光速；h 为普朗克常量。

半导体内电子和空穴复合的机理很复杂，根据复合过程中能量释放的形式，可以将复合分成辐射复合和非辐射复合两类。在辐射复合过程中，电子和空穴复合而释放的能量是以光能形式辐射的。在非辐射复合过程中，释放的能量将转变为热能、机械能等其他形式。为了提高 LED 的发光效率，一般应尽量避免非辐射复合。发光二极管发出光的波长和谱宽主要取决于发光二极管的半导体材料及其掺杂材料。

1. 伏安特性

LED 的伏安特性与普通二极管的伏安特性大致相同，当正向电压小于开启电压时，LED 正向电流很小并不发光，当正向电压大于开启电压后 LED 显示导通特性开始发光。LED 伏安特性如图 20－1 所示。

(1)正向死区，图中 Oa 段。外加电压小于开启电压，pn 结显现为较大的电阻值，正向电流很小。a 点电压为开启电压 U_{ON}，不同材料的 LED 开启电压不同。例如 GaAs 材料 LED 的开启电压约 1 V，但红光 GaP 材料 LED 的开启电压为 1.8 V，绿光 GaP 材粒 LED 的开启电压则为 2.0 V。

(2)正向工作区，图中 ab 段。正向工作电压超过开启电压，LED 显示导通特性，正向电流 I_F 与工作电压 U_F 的关系为

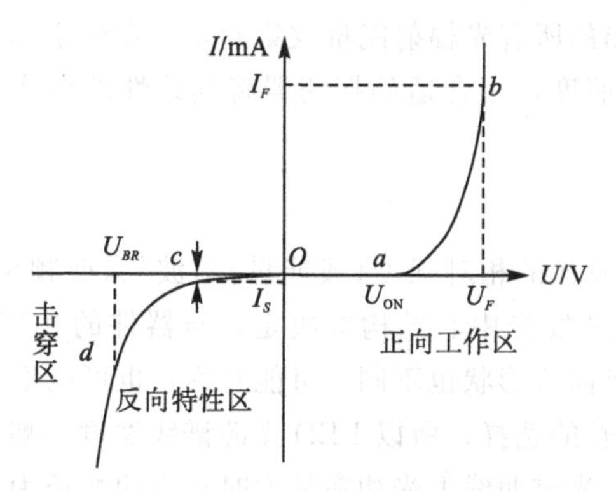

图 20－1　LED 伏安特性曲线

$$I_F=I_S(e^{\frac{qU_F}{kT}}-1) \tag{20-1}$$

式中，I_S 为反向饱和电流；T 为热力学温度；电子的电荷量 $q=1.602\times10^{-19}$C；玻尔兹曼常量 $k=1.38\times10^{-23}$J/K；U_F 较大时，$I_F=I_S e^{\frac{qU_F}{kT}}$ 为 LED 正常发光时的电流值。实际应用中，通过 LED 的实际电流超过其最大工作电流时，pn 结温度升高，会导致 LED 亮度饱和，正向电压减小，电流增大。通常选择最大工作电流的 60%以下，并用限流电阻加以保护。

(3)反向死区，图中 Oc 段。当发光二极管加反向电压，多数载流子不能激发，只有少数载流子可以顺利通过 pn 结，形成很小的反向电流，LED 不发光。少数载流子与外加电压无关，只与温度有关，通常称少数载流子所形成的电流为反向饱和电流。

(4)反向击穿区，图中 cd 段。当反向电压加大到一定程度时，pn 结在内外电场的作用下，把晶格中的电子强拉出来参与导电，此时反向电流突然增大，出现反向击穿现象。使用时，应注意不能使反向电压超过管子的击穿电压，否则将损坏 LED。为了不使发光二极管因反向电流过大而烧坏，电路中常在 LED 两端反向并联普通二极管加以保护。

2. 电光转换特性

LED 的电光转换特性指输出光功率与注入电流的关系。LED 的输出光功率是 LED 的重要参数之一，分为直流输出功率和脉冲输出功率。直流输出光功率指在规定正向直流电流作用下，LED 发射出的光功率。脉冲输出功率指在规定幅度、频率和占空比的矩形脉冲电流作用下，器件发光面出光功率，脉冲电光转换特性曲线可反映器件的调制特性。LED 的输出光功率直接取决于有源区的有效电子密度，而电子密度是表面复合速率、有源层厚度、载流子扩散长度以及有源层自身吸收率的函数。因此，LED 的输出光功率可以表示为驱动电流和电子密度的函数

$$P=\frac{\eta hc}{e\lambda}\cdot I \tag{20-2}$$

式中，I 为驱动电流；η 为量子效率；h 为普朗克常量；c 为光速；e 为电荷；λ 是光波长。可见，理想 LED 的输出光功率随驱动电流增加而呈现线性增加。但实际上，LED 的输出光功率会呈现出非线性，需要线性化电路技术获得线性工作特性。

对 LED 输出光功率的准确测量需使用积分球。积分球表面具有超高反射和散射的

特性，可以把 LED 发出的所有光辐射能量收集起来，在位于球壁的探测器上产生均匀的与光通量成比例的光照度，用合适的探测器将其线性地转换成光电流，再通过定标确定被测量大小。

3. 光谱特性

光谱分布曲线描述发光的相对强度(或能量)随波长(或频率)变化，发射光谱的形式由材料的种类、性质及发光中心结构等决定，与器件的几何形状和封装方式无关，故不同材料的 LED 光谱曲线形状也不同，可能对称，也可能不对称。LED 为自发辐射发光，没有谐振腔对波长的选择，所以 LED 光源谱线宽度一般较宽。图 20-2 中给出几种 LED 的发射光谱，光谱曲线上光功率最大时对应的波长为峰值波长 λ_P。在峰值波长两侧半功率点间的宽度 $\Delta\lambda$ 称为 LED 的带宽(或半宽度)，带宽是反映 LED 发光单色性好坏的参数，典型值为 25～40 nm。

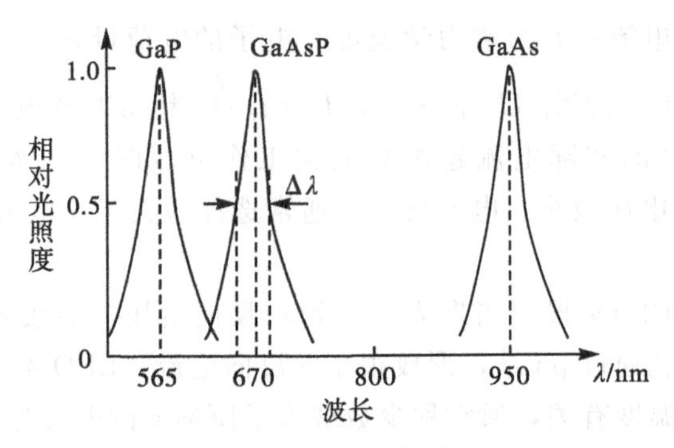

图 20-2　LED 发射光谱

半导体的禁带宽度随温度的上升而减小，峰值波长增大，所以光谱半宽度 $\Delta\lambda$ 随温度的升高将有所增大，同时 $\Delta\lambda$ 也与化合物的种类、性质、pn 结的结构及掺杂材料等因素有关，而与器件的几何尺寸或封装方式无关。LED 的峰值发射波长与光谱辐射带宽通常用单色仪进行测试。

4. LED 的辐射强度空间分布

LED 的能量空间分布涉及光度学和辐射度学两个方面。光功率表示光源单位时间内发射的光能量大小，单位为 W。辐射通量 φ_E 表示单位时间内发射的总电磁能量，通常表示发光器件在单位时间内在整个 360°空间或一定角度范围内发射的辐射通量。如果辐射通量随光的波长而改变，某个波长的光发射的辐射通量称为单色辐射通量，表示为 $\varphi_E = \int \varphi_E(\lambda)\mathrm{d}\lambda$，单位为 W/nm。

光通量通常指光源向整个空间在单位时间内发射的能引起人眼视觉的辐射通量 φ_V，单位为流明(lm)。因人眼对不同波长单色光的灵敏度不同，对 555 nm 的单色光最灵敏，这个波长的光 1 W 辐射通量等于 683 lm。国际照明委员会总结为人眼标准光度观测者光谱光效率函数 $V(\lambda)$，将光通量写为

$$\varphi_V = 683\int_{380}^{780} \varphi_E(\lambda)V(\lambda)\mathrm{d}\lambda \tag{20-3}$$

发光效能是光源质量的重要指标之一，定义为光源发出的总光通量与其总辐射能通量之比，即光源每瓦(W)辐射能通量所产生的光通量(lm)数。对于由电能转换为光能的电光源，通常用光源发出的光通量与该光源所消耗的电功率之比来表示发光效能，即

$$\eta_V = \frac{\varphi_V}{\varphi_E} = \frac{\text{光源发出的光通量(lm)}}{\text{光源消耗的电功率(W)}} \tag{20-4}$$

发光强度定义为光源在指定方向上的一个很小的立体角元 dΩ 内所包含的光通量 $k_0=\frac{2\pi}{\lambda}$，即 $I_V=\frac{d\varphi_V}{d\Omega}$，国际单位是坎德拉，符号为 cd。发光强度的概念要求光源是一个点光源，或者光源的尺寸和探测器的面积与其和探测器的距离相比足够小，即满足远场条件。但 LED 测量的许多实际应用场合是在近场条件下，为使测量结果具有可比性，(Commission Internationale de I'E dairage，CIE)推荐使用平均发光强度，即照射在与 LED 保持一定距离处的光探测器上的光通量 φ_V 与由探测器构成立体角的比值，立体角可用探测器的面积 S 除以测量距离 d 表示，即平均发光强度为

$$I=\frac{\varphi_V}{\Omega}=\frac{\varphi_V}{S/d^2} \tag{20-5}$$

CIE 关于近场条件下测量 LED 发光强度的两个标准条件如表 20-1 所示，两个标准条件均要求所用的探测器有一个面积为 1 cm^2(相应直径为 11.3 mm)的圆入射孔径，LED 面向探测器放置，并且要保证 LED 的机械轴通过探测器的孔径中心。实际应用中较多应用条件 B，它适用于大多数低亮度的 LED 光源，高亮度且发射角很小的 LED 光源可使用条件 A。

表 20-1　CIE 平均 LED 发光强度测试标准条件

条件	LED 顶端到探测器的距离/mm	立体角/sr	平面角(全角)/(°)	应用
CIE 标准条件 A	316	0.001	2	窄视角 LED
CIE 标准条件 B	100	0.01	6.5	一般 LED

能量空间分布特性的一个关键参数是半值角 $\theta_{1/2}$，指发光强度值为轴向最大强度值一半的光的方向与发光轴向(法向)的夹角。半值角有平行于光轴与垂直于光轴之分，即光强是呈空间分布的。实验中采用 CIE 标准条件 B，只测量平行于光轴的半值角(半强度角)。

5. 光电探测器相对光谱响应度

光谱响应度 $\mathfrak{R}(\lambda)$是光电探测器对单色辐射的响应能力，表征了光电探测器对不同波长入射辐射的响应，是光电探测器的基本特性参数之一。光谱响应度 $\mathfrak{R}(\lambda)$定义为波长为 λ 的单色辐射功率照射下，光电探测器的输出。光谱响应度 $\mathfrak{R}(\lambda)$通常有电压光谱响应度和电流光谱响应度，记为

$$\mathfrak{R}_V(\lambda)=\frac{V(\lambda)}{\varphi(\lambda)}$$
$$\mathfrak{R}_i(\lambda)=\frac{I(\lambda)}{\varphi(\lambda)} \tag{20-6}$$

式中，$\varphi(\lambda)$为波长λ时的入射光功率；$V(\lambda)$、$I(\lambda)$为光电探测器在入射功率$\varphi(\lambda)$作用下的输出电压、输出电流。图 20－3 是典型的光电探测器和热电探测器的光谱响应曲线，可以看出，热电探测器的光谱响应比较平坦，而光电探测器的响应却具有明显的选择性。

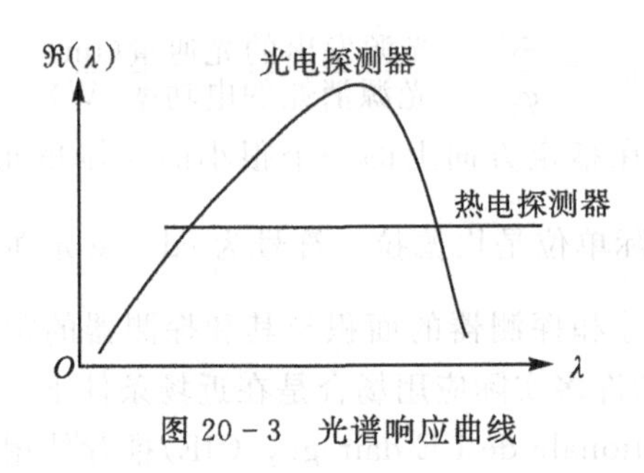

图 20－3　光谱响应曲线

通常，测量光电探测器的光谱响应是用单色仪对光源的辐射功率进行分光，得到不同波长的单色光，然后测量探测器在不同辐射波长下的响应。在实际应用中，关注更多的是探测器的相对光谱响应度。实验中采用光电三极管做标准探测器来测量相对光谱响应度，即用已经标定好的相对光谱响应度的标准探测器，先得到波长λ时标准探测器的输出电流$I_{标}(\lambda)$，再利用被测探测器得到波长λ时的输出电流$I(\lambda)$。利用电流光谱响应度公式，得到波长为λ时$\Re(\lambda)=\frac{I(\lambda)}{I_{标}(\lambda)}\Re_{标}(\lambda)$。在全光谱范围内进行归一化处理，找到全光谱范围内$\Re(\lambda)$的最大值 max，进而得到波长$\lambda$时探测器的相对光谱响应度

$$\Re_{相对}(\lambda)=\frac{I(\lambda)}{I_{标}(\lambda)}\Re_{标}(\lambda)/\max \tag{20-7}$$

【实验内容】

1. LED 伏安特性测量

(1)测量电路如图 20－4 所示。实验前，将电压调节旋钮逆时针旋至极限位置。待测白光 LED 按长脚接正、短脚接负连到电路中并固定在转台上，引出端接 LED 驱动部分的正向端口。电压测量的正、负端分别接电压表“20 V＋”和“－”端，电压表量程为 20 V。电流测量的正、负端分别接电流表的“200 mA＋”和“－”端，电流表量程为 200 mA。

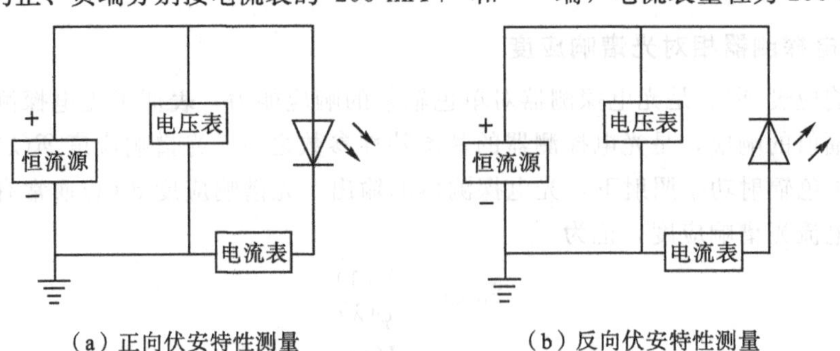

(a) 正向伏安特性测量　　(b) 反向伏安特性测量

图 20－4　LED 伏安特性测量电路

(2)打开驱动开关，顺时针缓慢增加 LED 驱动电压，记录电流表和电压表数据于表 20－2，绘制 LED 伏安特性曲线。

表 20－2　LED 正向驱动测量

正向电压								
正向电流								

(3)将“电压调节”旋钮逆时针旋至极限位置，将 LED 引出端接驱动部分的反向端口。电流测量更换到“200 μA＋”，电流表量程选择 200 μA，调节 LED 电压，记录反向电压电流数据于表 20－3。

表 20－3　LED 反向驱动测量

反向电压								
反向电流								

(4)换红光 LED，重复以上步骤进行测量。

2. LED 电光转换特性测量

(1)测量电路如图 20－5 所示，待测 LED 按长脚接正、短脚接负连到电路中并固定在转台上，引出端接 LED 驱动部分的正向端口。电压测量的正、负端分别接电压表“20 V＋”和“－”端，电压表量程为 20 V。电流测量的正、负端接电流表的“200 mA＋”和“－”端，电流表量程为 200 mA。

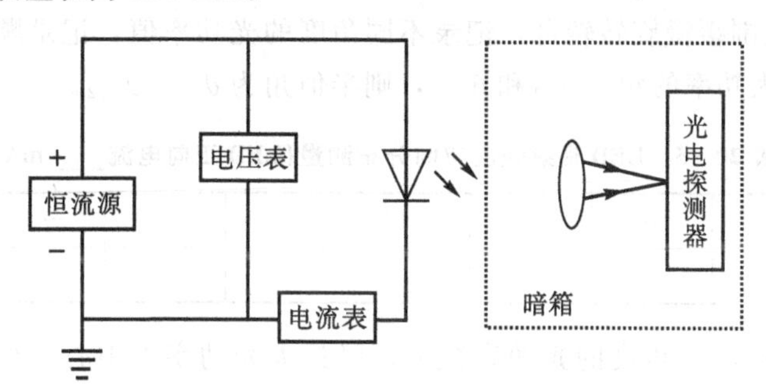

图 20－5　LED 电光转换特性测量原理

(2)将探测器固定在二维支架上，移动支架使探测器离转台最近，使 LED 尽量靠近探测器且发光面终对准转台中心，探测器的红色插头接入孔 3，黑色插头接入孔 2，孔 4 和 5 之间接 10 kΩ 电阻。

(3)打开 LED 驱动开关，缓慢增加 LED 的正向电流，记下正向电压、电流值于表 20－4，读出相应的功率示数，绘制 LED 的 $P-I$ 曲线。

表 20－4　LED 输出光功率与驱动电流数据

LED 正向电压/V							
LED 正向电流/mA							
光功率/μW							

(4)近似测量计算 LED 的辐射效率。

3. LED 辐射强度空间分布

(1)测量原理如图 20－6 所示。待测 LED 按长脚接正、短脚接负连到电路中并固定在转台上，引出端接 LED 驱动部分的正向端口。电压测量的正、负端接电压表“20 V＋”和“－”端，电压表量程为 20 V。电流测量的正、负端接电流表的“200 mA＋”和“－”端，电流表量程为 200 mA。

(2)调节 LED 的位置使其出光面始终对准转台中心，探测器光敏面向着 LED 发光面放置在支架上，LED 出光面和探测器间距离 $d=10$ cm。探测器引线红色端接孔 3，黑色端接孔 2，孔 4 和 5 间接 500 kΩ 电阻。

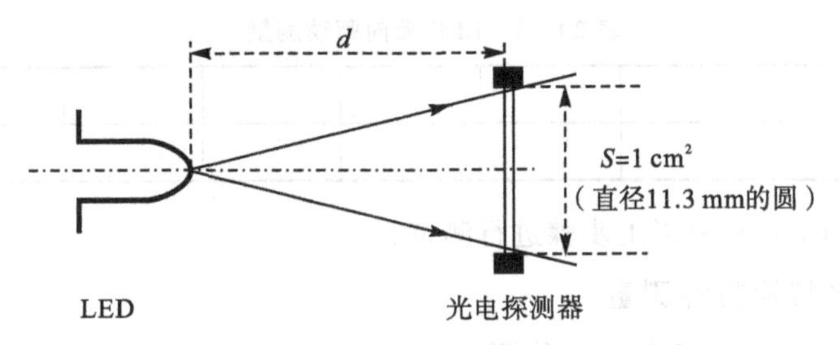

图 20－6　CIE 标准平均发光强度测量原理

(3)关闭实验室光源，打开 LED 驱动开关，调节使 LED 的驱动电流为 40 mA 左右，缓慢旋转转台，记录最大光功率时转台的角度位置，以此位置为基准零度，在此位置的两侧 90°范围缓慢旋转转台，记录不同角度的光功率值，记录顺时针和逆时针下对应二分之一最大功率的角度 $\theta_{1/2}$ 和 $\theta'_{1/2}$，则半值角为 $\theta_{1/2}+\theta'_{1/2}$。

表 20－5　LED 辐射强度空间分布测量(LED 正向电流____ mA)

转台角度	－90°	－85°	…	－5°	0°	5°	…	85°	90°
光功率/μW									

(4)依据 LED 不同角度的光功率数据，以最大光功率为中心，绘制如图 20－7 的 LED 辐射强度的空间分布曲线。

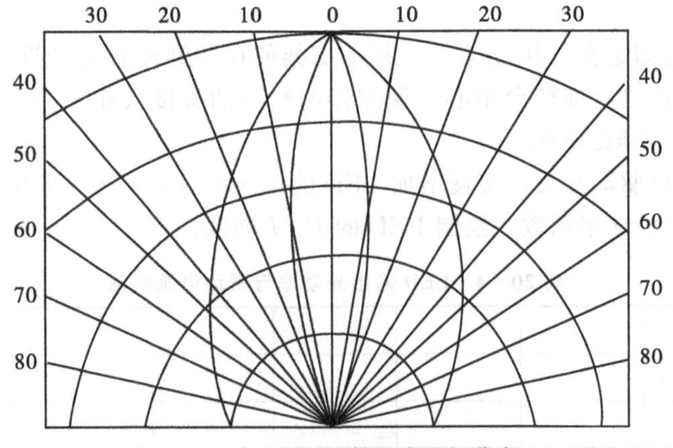

图 20－7　LED 辐射强度空间分布

4. 光电探测器相对光谱响应度的测试

(1)待测 LED 按长脚接正、短脚接负连到电路中，引出端接 LED 驱动部分的正向端口。电压测量的正、负端接电压表“20 V+”和“−”端，电压表量程为 20 V。将单色仪入口狭缝调到 1 mm 处，单色仪出口狭缝调到 0.5 mm 处。

(2)光电三极管探测器(标准探测器)置于单色仪出射狭缝的套筒并固定，光电三极管探测器数据线的红色端接孔 1，黑色端接孔 2，孔 4 和 5 之间接 10 kΩ 电阻后，开启总电源。调节 LED 驱动电流使其发光后，将 LED 在单色仪的入口狭缝处套筒内固定。

(3)软件选择“探测器光谱响应”后点击“启动单色仪”，单色仪初始化完成后，在“波长扫描位置”输入“370 nm”，设置波长扫描步长后点击“扫描”，则系统以扫描间距为增量增加波长进行各波长数据采集。

(4)被测探测器分别更换为光敏二极管、光敏电阻和硅光电池，重复以上步骤，分别测量并记录各光电探测器的波长与光谱响应度数据。

注意：测量光敏二极管时，孔 4 和 5 之间接 500 kΩ 电阻，红色端接孔 1，黑色端接孔 2；

测量光敏电阻时，孔 4 和 5 间接 1 kΩ 电阻，红色端接孔 1，黑色端接孔 2；

测量硅光电池时，孔 4 和 5 间接 500 kΩ 电阻，红色端接孔 3，黑色端接孔 2。

(5)数据采集完成后，对各探测器的波长与光谱数据进行数据归一化处理，绘制在同一坐标系内即为各探测器的相对光谱响应度曲线。

【预习与思考】

1. 分析光电探测器测量光功率的原理。
2. 影响 LED 能量空间分布的因素有哪些？研究其能量空间分布有何意义？
3. 若实验室没有标准探测器，如何测量光谱响应度？

实验 21　光电传感器特性测量实验

【实验目的】

1. 了解光纤位移传感器、光电位置传感器的结构及工作原理。
2. 学会光栅常数及莫尔条纹的测量方法。
3. 了解光电传感器在光电检测中的应用。

【实验仪器】

光电传感器实验台；位移光纤；光栅；CCD 摄像机；图像采集系统；示波器等。

【实验原理】

1. 反射式光纤位移传感器

反射式光纤位移传感器是一种传输型光纤传感器。利用光导纤维可以传输光信号的功能，根据探测到的反射光的强度来测量被测反射表面的距离，其原理如图 21－1 所示。

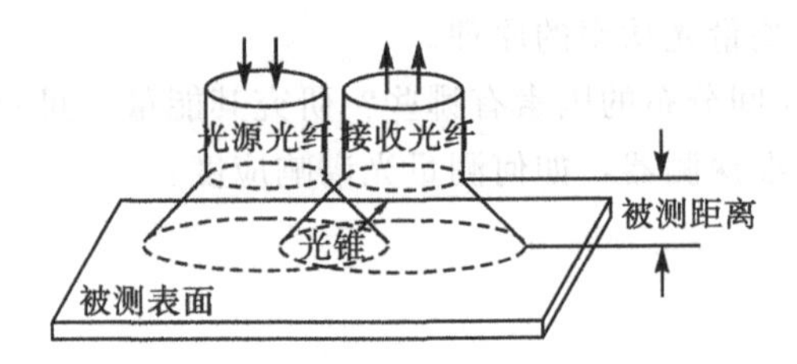

图 21－1　反射式光纤位移传感器原理

光纤采用 Y 形结构，两束光纤一端合并在一起组成光纤探头，另一端分为两支，分别为光源光纤和接收光纤。光源耦合进光源光纤，通过光纤传输射向待测物体反射表面，被反射形成反射锥体，当接收光纤处于反射锥体内时，便能接收到反射光强，由光敏元件产生与光强成正比的电信号。光敏元件接收到的光与反射体表面性质、反射体到光纤探头距离有关。当反射表面位置确定后，接收到的反射光强随光纤探头到反射体的距离的变化而变化。当光纤探头端面紧贴被测物体反射面时，光源光纤中的光不能被反射到接收光纤中去，不能产生光电流信号。随着光纤探头端面渐渐远离被测反射面，光源光纤端面与被测反射面间的发射光锥逐渐增大，接收光锥和光源光纤间的重合部分逐渐变大，进而接收光纤端面被照亮的区域也逐渐增大，当接收光纤端面全部被照亮时，光敏元件检测到最大光功率，之后随着被测表面继续远离，部分光不能反射到接收光纤端面，接收到的光功率逐渐减小，光敏元件输出信号逐渐减弱。

将同种光纤置于发送光纤的出射光场中作为接收光纤用时，所接收到的光强分布可表示为图 21－2 所示的曲线。从图 21－2 中可以看出，工作区分为两个区域，峰值点之前的区域为前坡区，之后为后坡区。在前坡区，输出信号的强度增加得非常快，这一区域可以用来进行微米级的位移测量。在后坡区，信号的减弱与探头和被测表面之间的距离平方成反比，可用于距离较远而灵敏度、线性度和精度要求不高的测量。在峰值区域，输出信号对于光强度变化的灵敏度要比对于位移变化的灵敏度大得多，这个区域可用于对表面状态进行光学测量。

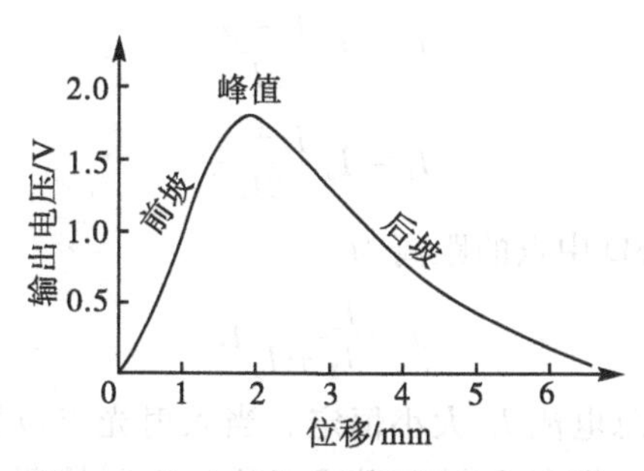

图 21－2　光纤位移传感器的输出特性

当光纤探头与反射面的相对位置发生周期性变化，光电变换器输出量也发生相应的变化，经 V/F 电路变换成方波频率信号输出，示波器接收到的是强度明显变化的脉冲信号。当电动机带动反射片周期转动时，脉冲信号与电机的转速以及反射面的数目有关，进而测得电动机的转速。

2. 光电位置传感器

光电位置传感器 PSD(position sensitive detector)是一种对入射到光敏面上的光点位置敏感的光电器件，其输出信号与光点在光敏面上的位置有关，而与入射光斑的强度和大小形状无关，通过对输出信号的处理，即可确定入射光斑在 PSD 的位置信息。PSD 分为一维 PSD 和二维 PSD。一维 PSD 可以测定光斑在一维方向上的位置或位置移动量，二维 PSD 可以测定光斑的平面位置或位置移动量。

实验中选用一维 PSD，其工作原理及等效电路如图 21－3 所示。一维 PSD 由 3 层构成，全被制作在同一硅片上。p 型均匀表面层为细长的矩形条状感光面，两边各有一个信号输入电极；中间较厚层为 i 层，具有较高的光电转换效率、较高的灵敏度和响应度；n 型底层引出公共电极，用于加反偏电压。反向偏置下的 PSD 性能优于零偏状态下的 PSD 性能，通常使 PSD 处于反向偏置工作状态。

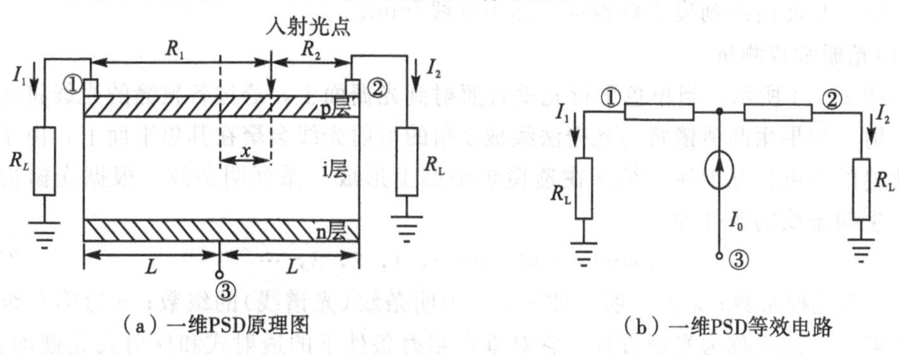

图 21－3　一维 PSD 的工作原理图及等效电路

当入射光点照射在一维PSD器件的光敏面上时，由于平行于结平面的横向电场的存在，在光的作用下，载流电子形成向两端电极流动的电流，即分别从电极①和电极②输出的电流 I_1 和 I_2。由于p层的电阻是均匀的，所以电极①和电极②输出的电流分别与光点到各电极的距离(电阻值)成反比。设电流 I_1 与 I_2 之和等于电极③上的总电流 I_0，即 $I_0=I_1+I_2$。电极①和电极②的距离为 $2L$，其阻值远大于负载电阻 R_L。若以PSD中心点的位置作为原点，入射光点距离中心点的距离为 x，两电极的输出电流为

$$I_1=I_0\frac{L-x}{2L}$$
$$I_2=I_0\frac{L+x}{2L} \tag{21-1}$$

可知，入射光点与一维PSD中点的距离为

$$x=\frac{I_2-I_1}{I_2+I_1}L \tag{21-2}$$

当入射光强恒定时，总电流 I_0 大小恒定。当入射光点位置固定时，PSD单个电极输出电流与总电流成正比，即与入射光强成正比。实际检测中，因光源输出功率的不稳定性、光源与PSD之间距离变化等因素影响，总电流 I_0 并非固定不变。为了检测方便，通常在实际检测电路设计中，根据

$$\frac{I_2-I_1}{I_2+I_1}=\frac{x}{L} \tag{21-3}$$

不考虑入射光点强度大小，可获得输入光点的位置信息。一维PSD位置检测电路原理如图21-3(b)所示，从PSD电极①和电极②输出的电流 I_1、I_2 分别被电流电压转换电路变成电压信号 V_{01} 和 V_{02}，对这两个电压信号分别进行差分以及求和运算，最后应用除法电路获得入射光点的位置信息。

3. 光栅传感器

光栅是一种常用的光学色散元件，是在刻划基面上等间距(或不等间距)地密集刻划，使刻痕处不透光，未刻处透光，形成透光与不透光相间排列的光电器件。光栅具有空间周期性，像是一块由大量的等宽、等间距且相互平行的细狭缝组成的衍射屏，色散率大，分辨本领高，可用来直接测定光波的波长、研究光谱线的结构和强度。光栅不仅适用于可见光，还能用于红外和紫外光波，常用在光谱仪上。按照透射形式，光栅可分为透射式光栅和反射式光栅两种，本实验用透射式光栅。光栅上的刻线称为栅线，栅线的宽度为 a，缝隙宽度为 b，栅距 $d=a+b$ 称为光栅常数，是光栅的重要参数，用单位长度内的刻痕条数表示，如100线/mm。

(1)光栅常数测量。

如图21-4所示，当单色平行光垂直照射到光栅面上，透过各狭缝的光线将向各个方向衍射。如果用凸透镜将与光栅法线成 θ 角的衍射光线会聚在其焦平面上，由于来自不同狭缝的光束相互干涉，结果在透镜焦平面上形成一系列明条纹。根据光栅衍射理论，产生明条纹的条件为

$$d\sin\theta=\pm k\lambda,\ k=0,\ 1,\ 2,\ 3,\ \cdots \tag{21-4}$$

式中，d 为光栅常数；λ 为入射光波长；k 为明条纹(光谱线)的级数；θ 为第 k 级明条纹的衍射角，此式称为光栅方程，它对垂直照射条件下的透射式和反射式光栅均适用。

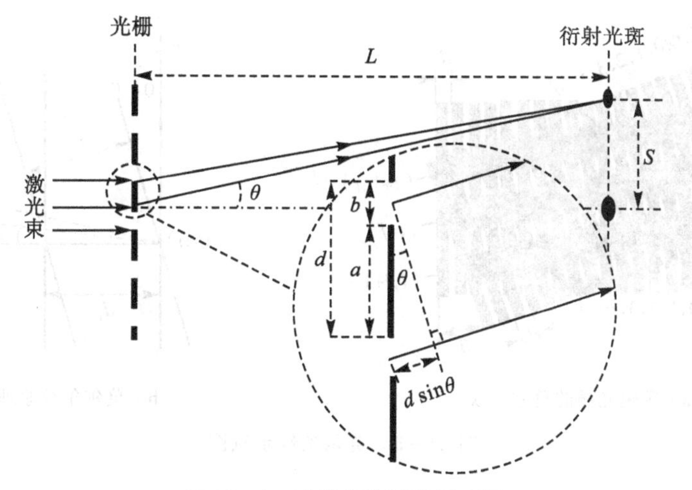

图 21-4　光栅常数测量原理图

$k=0$，$\theta=0$ 处可观察到中央亮条纹，称为零级谱线，其他各级谱线对称分布在零级谱线的两侧。

根据光栅方程，亮条纹的位置由光栅方程决定。只考虑 $k=\pm1$ 级的情况时，衍射距离为 L、中央光斑与一级光斑($k=1$)的间距为 S 时，其光栅方程可以写成

$$d\sin\theta \approx d\frac{S}{\sqrt{L^2+S^2}}=\pm\lambda \tag{21-5}$$

式中，L、S 单位为 mm；λ 单位为 nm；d 单位为 μm。已知光波波长，测量出衍射距离 L、中央光斑与一级光斑($k=1$)的间距 S，可计算出光栅常数；当已知光栅距、激光波长、光斑间距时，也可以根据此式计算出衍射距离 L。

(2)光栅莫尔条纹精密位移测量。

莫尔条纹是两条线或两个物体之间以恒定的角度和频率发生干涉的视觉结果，当人眼无法分辨这两条线或两个物体时，只能看到干涉的花纹，这种光学现象就是莫尔条纹。光栅莫尔条纹多使用光栅距远大于光波长的粗光栅，通常使用光栅距为 20 μm 或 40 μm 的光栅。将两块黑白光栅平行安装，使光栅刻痕相对保持一个较小的夹角 θ，透过光栅对可以看到一组明暗相间的条纹，即光栅莫尔条纹。光栅刻痕重合部分形成条纹暗带，光线透过未重合部分形成条纹亮带。

图 21-5 所示为两个等光栅距的粗光栅形成的莫尔条纹。两光栅以夹角 θ 重合，一光栅称为主光栅，栅线序列定为 $i=0$，1，2，3…。另一光栅称为指示光栅，栅线序列定为 $j=0$，1，2，3…。两光栅的交点用(i，j)表示。若主光栅的栅距为 d_1，指示光栅的栅距为 d_2，取两光栅 0 号栅线的交点作为坐标原点，主光栅的 0 号栅线为坐标 y 轴，其垂直方向取为 x 轴。

主光栅的栅线方程为 $x_i=id_1$，指示光栅栅线 j 与 x 轴交点的坐标为 $x_j=\dfrac{jd_2}{\cos\theta}$。图 21-5 中莫尔条纹 1 是由两光栅取 $i=j$ 栅线的交点连接而成，莫尔条纹的方程为

$$\begin{cases} x_{i,j}=id_1 \\ y_{i,j}=(x_{i,j}-x_i)\cot\theta=(\dfrac{jd_2}{\cos\theta}-id_1)\cot\theta=\dfrac{jd_2}{\sin\theta}-id_1\cot\theta \end{cases} \tag{21-6}$$

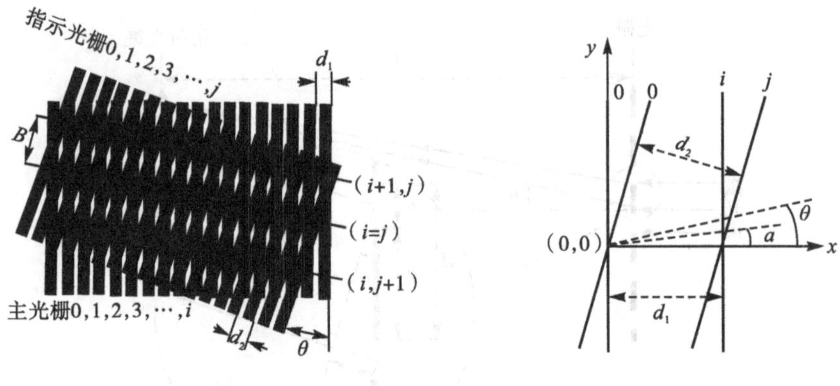

（a）等距光栅的莫尔条纹　　（b）莫尔条纹原理

图 21-5　莫尔条纹示意图

$i=j$ 时莫尔条纹的斜率为

$$\tan a=\frac{y_{i,j}-y_{0,0}}{x_{i,j}-x_{0,0}}=\frac{id_2}{id_1\sin\theta}-\frac{id_1}{id_1}\cot\theta=\frac{d_2-d_1\cos\theta}{d_1\sin\theta} \tag{21-7}$$

$i=j$ 时莫尔条纹的方程为

$$y_{i=j}=x\tan a=\frac{d_2-d_1\cos\theta}{d_1\sin\theta}x \tag{21-8}$$

同样可求得$(i,\ j+1)$和$(i+1,\ j)$莫尔条纹方程

$$\begin{aligned}y_{i,j+1}&=\frac{d_2-d_1\cos\theta}{d_1\sin\theta}x+\frac{d_2}{\sin\theta}\\y_{i+1,j}&=\frac{d_2-d_1\cos\theta}{d_1\sin\theta}x-\frac{d_2}{\sin\theta}\end{aligned} \tag{21-9}$$

可以看出，莫尔条纹是周期函数，周期$\frac{d_2}{\sin\theta}$表示莫尔条纹在 y 轴上的距离，即

$$B_y=\frac{d_2}{\sin\theta} \tag{21-10}$$

通常称 B_y 为莫尔条纹的宽度。当 $d_1=d_2=d$ 时，得到横向莫尔条纹，莫尔条纹与 x 轴的夹角为$\frac{\theta}{2}$，即莫尔条纹与 x 轴夹角是两光栅刻线夹角的一半。通常两光栅的夹角 θ 很小，$\sin\frac{\theta}{2}\approx\frac{\theta}{2}$，认为横向莫尔条纹几乎与 y 轴垂直，此时常用垂直距离 B 代替在 y 轴上的距离 B_y

$$B=B_y\cos\frac{\theta}{2}=\frac{d}{\sin\theta}\cos\frac{\theta}{2}\approx\frac{d}{\theta} \tag{21-11}$$

当 $\theta=0$ 时，$B\rightarrow\infty$。莫尔条纹随主光栅移动而明暗交替变化，指示光栅相当于闸门的作用。当主光栅和指示光栅的透光缝隙重合时，透光量最大；当指示光栅的不透光部分挡住主光栅的透光缝隙时，则一片黑暗。这种条纹称为光闸莫尔条纹。当 $\theta\neq0$、$d_2=d_1\cos\theta$ 时，得到严格的横向莫尔条纹，故两光栅栅距不同时，总能找到一个 θ 角得到横向莫尔条纹。

光栅横向莫尔条纹的主要特征：

①判向作用。当两光栅中任一光栅沿着垂直于栅线的方向相对移动时，莫尔条纹就沿着垂直于栅线夹角平分线的方向移动。两光栅的夹角 θ 方向确定后，莫尔条纹移动方向取决于光栅移动方向。当主光栅固定，指示光栅相对于主光栅向右移动时，条纹向下移动；指示光栅向左移动时，条纹向上移动。由此可以根据莫尔条纹的运动判别光栅移动的方向。

②位移放大作用。当指示光栅沿着光栅刻线的垂直方向相对于主光栅移动一个光栅常数 d 时，莫尔条纹恰好移动一个条纹宽度 B。实际使用中，当两光栅的夹角很小、栅距相等即 $d_1=d_2=d$ 时，将主光栅固定，工作台带动指示光栅移动，则指示光栅的移动距离为

$$x=Nd+\delta \tag{21-12}$$

式中，N 为光栅移动距离中光栅距的整数数目；δ 为光栅移动距离中光栅距的小数部分。莫尔条纹具有放大作用，放大倍数为

$$M=\frac{B}{d}\approx\frac{1}{\theta} \tag{21-13}$$

例如两等距光栅 $d=d_1=d_2=0.01\ \text{mm}$，$\theta=0.01\ \text{rad}$，则 $M=100$，莫尔条纹表现出位移放大器的作用。

因光栅移动一个栅距，莫尔条纹在与指示光栅移动方向近似垂直的方向移动一个周期，且莫尔条纹具有放大作用 $B=Md$，故莫尔条纹的移动距离为

$$y=Mx=M(Nd+\delta)=NB+M\delta \tag{21-14}$$

被测量(指示光栅的移动距离)x 与莫尔条纹的关系为

$$x=\frac{y}{M}=\frac{1}{M}(NB+q) \tag{21-15}$$

式中，$q=M\delta$ 为莫尔条纹的小数部分。精度要求不高时，可以略去小数部分 q；对测量精度要求高时，可以对莫尔条纹的周期进行细分，读出莫尔条纹的小数部分 q，提高测量系统的分辨能力，目前电子细分可以分到百分之一的精度。将光栅距进一步做小在工艺上很难实现，这种方法可以避免单纯从光栅方面提高分辨率的要求。莫尔条纹测长原理已广泛应用于现场测量、数控机床等，实现以光栅距为计量单元进行精确位移测量。

③光栅误差的平均作用。

莫尔条纹是由一系列光栅刻线的交点形成的，如果光栅栅距不均匀，则各交点的连线将不再是直线。光电接收器件同时接收 n 条栅线的条纹透过能量，是 n 条栅线的综合平均效果。若光栅的每一条栅线误差为 δ_0，因为平均效应，光电器件接收到条纹的误差为

$$\delta_n=\pm\frac{1}{\sqrt{n}}\delta_0 \tag{21-16}$$

这样能对刻线的工艺误差有平均作用，平均的结果使刻线误差在测量中的影响减小。

【实验内容】

1. 反射式光纤位移传感器

1)位移测量

(1)观察光纤位移传感器的结构，将光纤位移传感器的探头面对电机叶片方向固定

在位移平台的支架上，移动位移平台使光纤探头紧贴反射面，降低室内光照度。光电变换的输出电压接电压表输入端“IN”，开启电源，此时输出电压 V_0 约为零。

(2)调节差动放大器增益最大，使电压表读数尽量为零，旋转测微头使贴有反射纸的被测体慢慢离开探头，观察电压读数由小—大—小的变化。

(3)旋转测微头使 F/V 电压表指示重新回零，旋转测微头，每移动 0.25 mm 时记录一次输出电压 V_0 值于表 21-1。

表 21-1　反射式光纤位移传感器位移测量数据

Δx/mm	0.25	0.5	0.75	1	…
指示/V					

(4)绘制距离输出电压 V_0 与位移 Δx 的关系曲线，计算光纤位移传感器的灵敏度。

2)转速测试

(1)调节光纤探头位置，使探头端面位于最佳工作点位置，光纤变换电路中 F_0 输出为整形电路输出，它可以将光纤探头所测到脉动信号整形为标准的 5VTTL 电平输出，以供仪器中的数据采集卡计数之用。

(2)F/V 表置 2 kV 挡，观察输出端的转速脉冲信号；用手稍微转动电动机，让反光面避开光纤探头，调零使 F/V 表显示接近零伏。F/V 表置 2 kHz 挡显示频率并用示波器观察输出端的转速脉冲信号。

(3)开启转速电动机，调节转速，用示波器观察 V_0 输出电压波形和经过整形的 F_0 输出波形，如 F_0 无输出可能是 V_0 输出电压过高，可适当降低放大增益，直至 F_0 有方波输出为止。

(4)用示波器或频率计读出电动机的转速。

2. 光电位置传感器

(1)将实验仪面板上的两个“PSD 光电位置”模块的 I_1 和 I_2 分别对应连接，V_0 接电压表“IN”，开启电源。

(2)此时无光源照射，V_0 输出为环境光的噪声电压，用遮光片将 PSD 器件表面上的观察圆孔盖上，观察光噪声对输出电压的影响。将激光器接口插入“激光电源”端，激光器安装在基座圆孔中并固定，使激光束照射到反射面上时，光束与反射面垂直，并使入射光点尽可能集中在反射面上。

(3)调节位移平台，观察电压表输出电压 V_0 的变化，当输出为零时，分别测量两路信号电压输出端 V_{01} 和 V_{02}，两个信号电压应基本一致，此位置记为原点位置。

(4)保持增益不变，从原点处开始，位移平台分别向左和向右移动，因 PSD 器件对光点位置的变化非常敏感，记录平台位移值(mm)与输出电压值(V)，绘制输出电压和位移变化量的关系曲线，根据 $S=\dfrac{\Delta V}{\Delta x}$ 计算 PSD 的灵敏度，估算位移测量的分辨精度。

(5)在上述范围内任意移动实验平台，记录电压表读数的变化量，根据灵敏度 S，即可获得测量目标的位移量。调节 PSD 入射光聚焦透镜(或激光器调焦透镜)，使光斑放大重复以上步骤，记录下光点位移时 V_0 端的最大输出值，记于表 21-2 中。给出

PSD 器件的光电特性结论。

表 21-2　光电位置传感器测量数据

位移量 S/mm									
输出电压 U/V									

3. 光栅常数测量

(1)光栅常数测量光路如图 21-6 所示，将激光器放入待测光栅正对面的激光器支座中，接通激光器的电源，调节激光器的高度使激光束垂直入射到光栅后固定。

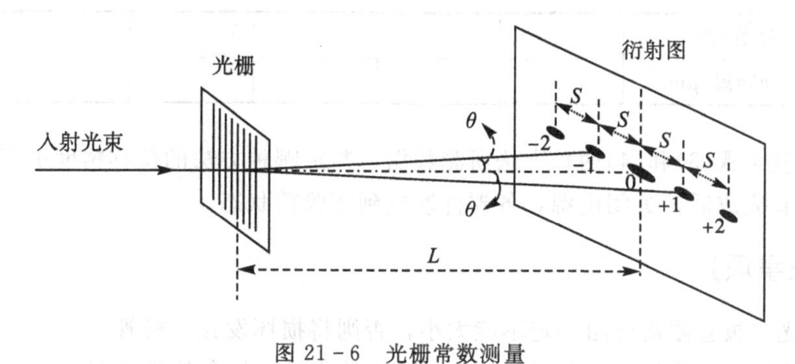

图 21-6　光栅常数测量

(2)在光栅后方安装投射屏，观察到一组有序排列的衍射光斑，与激光器正对的光斑为中央光斑，依次向两侧为 1 级、2 级、3 级…衍射光斑。

(3)光栅常数测量。已知固体激光器的激光波长为 650 nm，测量衍射距离 L，用游标卡尺测量 3 次零级两侧的正负 1 级条纹间距 $2S$，求 S 的平均值，记录于表 21-3 中。

(4)根据光栅衍射规律，调整投射屏的距离做多次测量，计算实验中的光栅常数。

表 21-3　光栅常数测量数据

激光波长/nm		衍射距离 L/mm	
光斑距 S/mm	$S_1=$	$S_2=$	$S_3=$
$\bar{S}=$			
光栅距 d/μm			

(5)根据实验结果分析衍射光斑间距与光栅常数的关系。

4. 莫尔条纹

(1)安装好主光栅与指示光栅，使两光栅保持平行，光栅间隙要尽量小，微调主光栅角度，使莫尔条纹清晰可见，固定好两光栅。

(2)缓慢向左或向右移动平台，观察莫尔条纹移动与指示光栅位移方向的关系。

(3)移动位移平台，仔细记录莫尔条纹移动数目，根据光栅距与位移条纹数的乘积为指示光栅的位移距离，计算出指示光栅的位移距离，记录于表 21-4 中。

表 21－4　莫尔条纹测量数据 1

光栅距	$d=$______ μm					
移动条纹数/条						
指示光栅位移距离/μm						

(4)通过螺旋测微器带动位移平台移动，记录条纹移动数目与步骤(3)中数目相同时，螺旋测微器的转动示数变化即移动距离，以上数据记录于表 21－5。

表 21－5　莫尔条纹测量数据 2

移动条纹数/条						
位移台移动距离/μm						

(5)比较步骤(3)和(4)两种方法所测数据，判定哪种方法的位移精度更高。

(6)实验完成后，关闭电源，各器件恢复到实验前状态。

【注意事项】

1. 发光二极管限流电阻一定不能太小，否则将损坏发光二极管。
2. 电吹风或电烙铁做热源时，不能距离电路太近，以免烧坏电路元件。
3. 实验过程中注意背景光的影响，需要时在暗光条件下进行。

【思考题】

1. 光纤位移传感器测位移时对被测物体的表面有什么要求？
2. 如何通过莫尔光栅进行精密测量？

实验 22　光电检测实验

【实验目的】

1. 了解几种光电器件的工作原理及开关特性。
2. 掌握几种光电器件的使用方法。
3. 掌握热释电红外传感器的工作原理。

【实验仪器】

光电检测与信息处理实验台；光电密码锁实验板；示波器；万用表；若干导线等。

【实验原理】

1. 光电密码锁实验

应用光电传感器的开关特性，利用光电元件受光照或无光照时有无信号输出的特性将被测量信息转换成断续变化的开关信号，代替单片机的按键置入和开关的抖动。实验中的光电元件主要有反射式光电开关、对射式光电开关、光电耦合器、光电池和光敏电阻等。光电密码锁实验在光电信息处理平台上完成，用单片机实现对各功能的运算处理。当密码器件收到光电密码锁实验板以外的信息，对其进行放大处理等运算，单片机对其进行判断。如果是密码信号则将其作为记忆内容存储，如果是开锁信号则将其和存储器中的密码进行比较，当其和预先存储的密码相同时进行解锁操作。

实验板共设置了四位密码。第一位密码使用 TCRT5000 红外反射传感器设置，工作原理如图 22－1 所示。TCRT5000 传感器的红外发射二极管不断发射红外线，当发射出的红外线没有被反射回来或被反射回来但强度不够大时，光敏三极管一直处于关断状态，此时模块输出高电平，经反向器后为低电平，指示二级管 LED1 被点亮。被检测物体出现在检测范围内时，红外线被反射回来且强度足够大，光敏三极管饱和，此时模块输出低电平，LED1 被熄灭。引脚 22 为单片机的输入端。

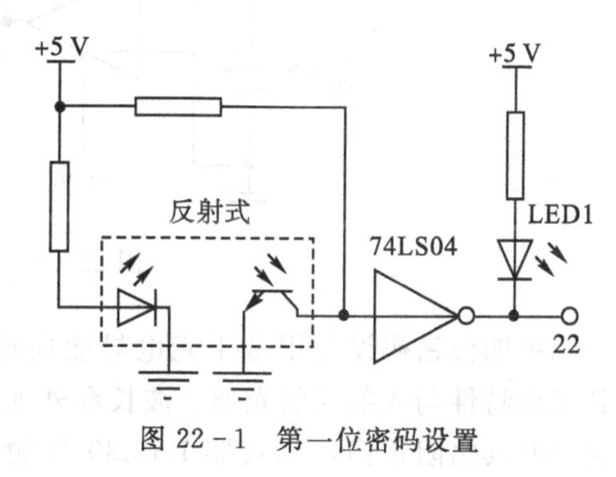

图 22－1　第一位密码设置

第二位密码由相互分离且光轴相对放置的发射器和接收器构成的对射式光电对管实现，发射器发出的光直接进入接收器，电路如图 22－2 所示。对射式光电对管前无障碍物时，接收管可接收到发射管发射的光而处于导通状态输出低电平，经 74LS04 反向器后为高电平，LED2 不发光。当两管被隔离时，接收管处于截止状态，单片机输入端引脚 24 为低电平，LED2 发光。当被检测物体不透明时，对射式光电开关是可靠的检测工具。

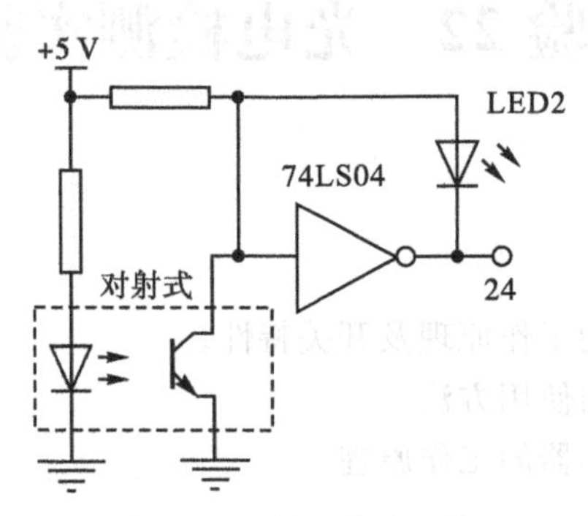

图 22-2　第二位密码设置

第三位密码设置使用光电池实现，光电池是基于光伏效应原理将光能转化为电能的光电器件，该效应与材料，光的强度、波长等有关，其原理如图 22-3 所示。光电池加光照时，其两端产生光生电动势，经 741 放大器放大后加至比较器 LM339 的负输入端，使比较器输出低电平，经 74LS04 反向器后为高电平接单片机的输入端引脚 28，LED4 不发光；无光照时，光电池不会产生光生电动势，比较器输出高电平，引脚 28 电压为低，LED4 发光。比较器的正输入端一般悬空，也可接可调电源，通过改变比较阈值来调节对光照强度的感应灵敏度。

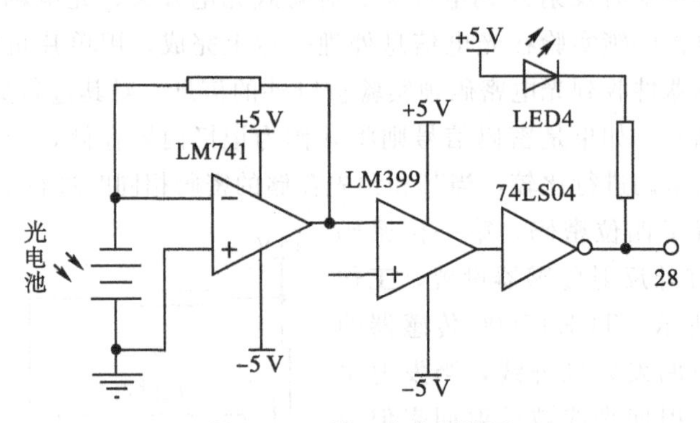

图 22-3　第三位密码设置

第四位密码设置用基于光电导效应原理工作的光敏电阻实现。光敏电阻无极性，其工作特性与入射光的光强、波长和外加电压有关，如图 22-4 所示。对光敏电阻不加光照时其暗阻很高，比较器 LM339 负输入端为高电平，比较器 LM399 输出低电平，经一级反向器为高电平后接单片机的输入端 30 脚，再次被反向输出低电平，LED5 发光。有光照射光敏电阻时，其亮阻较小，比较器 LM339 的负输入端为低电平，输出高电平，30 脚输出为低电平，LED5 不发光。比较器正输入端悬空，也可与 38 脚相连，接可调电源，通过改变比较阈值来调节对光照强度的感应灵敏度。

密码设置完成确认使用槽型光电耦合传感器，原理如图 22-5 所示。光耦的发光源

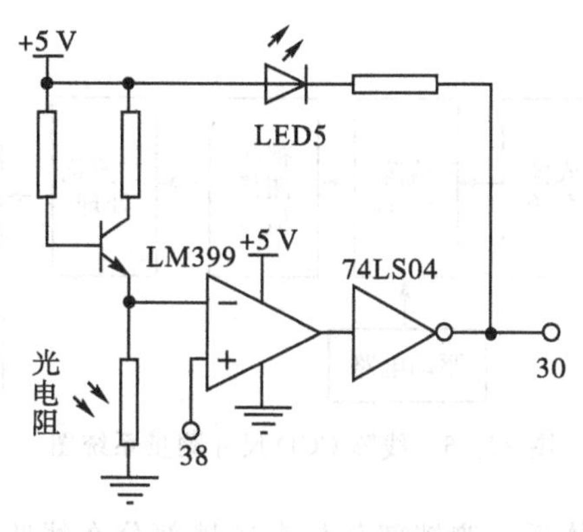

图 22-4　第四位密码设置

引脚为输入端，受光器的引脚为输出端，常见的发光源为发光二极管，受光器为光敏二极管、光敏三极管等。光耦的发射管与接收管间无障碍物时，接收管导通输出低电平，经反向器后为高电平，接单片机的输入引脚 26，此时 LED3 不发光。发射管与接收管间被障碍物隔离时，接收管不导通输出高电平，单片机输入端引脚 26 为低电平，LED3 发光。

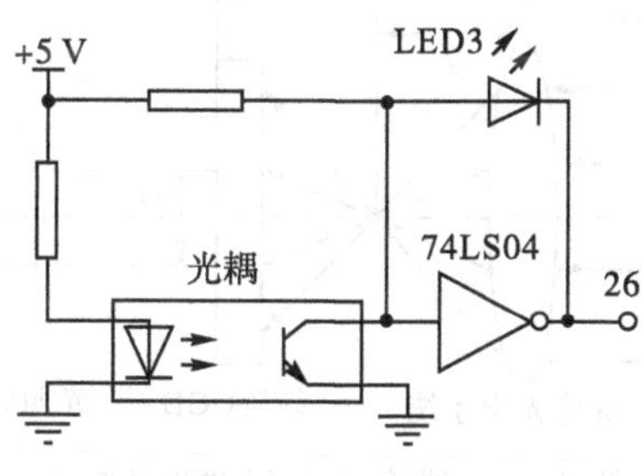

图 22-5　密码设置完成

2. 线阵 CCD 测量

电荷耦合器件(charge coupled device，CCD)具有自扫描、高灵敏度、低噪声、长寿命和可靠性高等优点，在非接触测量系统中的应用相当普遍。CCD 由一系列排得很紧密的 MOS(金属-氧化物-半导体)电容器组成，每一个 MOS 电容器就代表一个光敏像元。CCD 以电荷作为信号，实现电荷的存储和电荷的转移，使输出信号包含 CCD 各个像元所接收光强度的分布和像元位置的信息。CCD 有面阵列与线阵列两种基本类型，线阵 CCD 的光敏像元排列为一行，线阵 CCD 像元数从 128 位至 7000 位不等；面阵 CCD 的光敏像元排列为一个平面，由若干行和列结合而成，像元数从 25 万至数百万不等。线阵 CCD 广泛应用于工业领域中的物体外形尺寸、物体位置、物体震动(振动)等的测量，而面阵 CCD 主要应用于图形和文字的传输等。本实验使用线阵 CCD 进行物体外形尺寸的测量，测试系统由光源、光学系统、CCD 传感器、信号采集与处理电路以及单片机处理系统组成，如图 22-6 所示。

被测物体 D 置于成像系统的物方视场中，线阵 CCD 像敏面置于成像系统的最佳像面位置上，物体 D 经光学成像系统按一定倍率成像于线阵 CCD 的光敏面上，照明系统

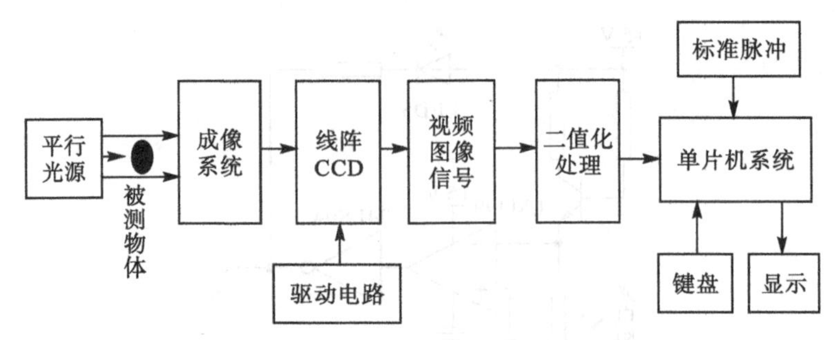

图 22-6 线阵 CCD 尺寸测量系统图

出射的平行光经过被测物体后，遮挡部分与未遮挡部分在线阵 CCD 光敏面上成不同的像，遮挡部分的像代表被测物体的直径尺寸。如图 22-7 所示，若物体外形直径为 D，物体在 CCD 光敏面中像的大小为 D'，成像系统的焦距为 f，物距为 L，像距为 L'，可知成像系统的放大倍率为 $\beta(\beta=\frac{L'}{L})$。测出被测物体图像 D'的大小，可根据公式 $D=D'/\beta$ 计算出物体的实际尺寸。

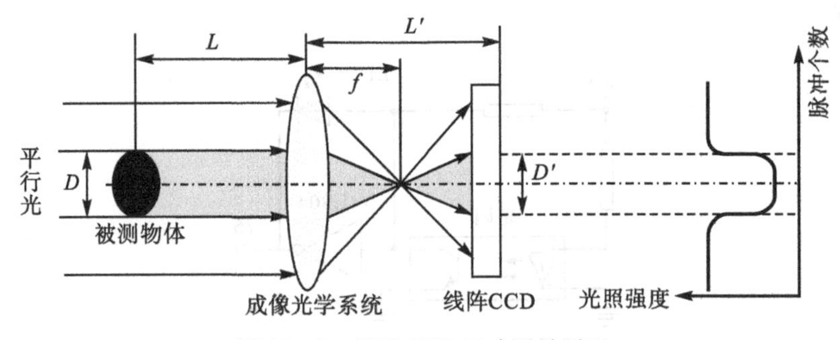

图 22-7 线阵 CCD 尺寸测量原理

线阵 CCD 器件利用光电转换功能将投射到光敏面上的光学图像转换为电信号"图像"，即电荷量与照度大致成正比的大小不等的电荷包空间分布，然后利用移位元寄存功能将这些电荷包"自扫描"到同一个输出端，形成幅度不等的实时脉冲序列。脉冲信号的大小对应光敏元件接收到的光强，脉冲的时序对应光敏元件的顺序。即被测物体图像的大小转换为 CCD 输出脉冲电压的高低，被物体遮挡部分输出脉冲幅度低，而未被遮挡部分输出脉冲幅度高，从而将空间域的光学信息转化为按时间域的电压信息。线阵 CCD 的输出脉冲序列与光强的变化关系为线形，可用其输出信号模拟光强分布，且被测物体与背景在光强分布上的变化反映在 CCD 输出的信号中，就是在物体图像尺寸边界处 CCD 输出信号会有明显的电平变化，如图 22-8 所示。对脉冲序列进行 RC 滤波和二值化处理，把 CCD 输出信号中的图像尺寸与背景信息分离成二值化电平，得到宽度与被测物体的一维尺寸成正比的矩形波，用单片机系统对该矩形波进行处理，提取矩形波边缘位置信息 N_1 与 N_2 后，计算边缘位置 N_1 与 N_2 之间的脉冲个数 n，考虑 CCD 的像元尺寸 L，则被测物体的外径为 $D=\frac{(N_2-N_1)L}{\beta}$。

二值化处理方法中最关键的问题是图像边缘特征点的确立，即阈值电平的取值问

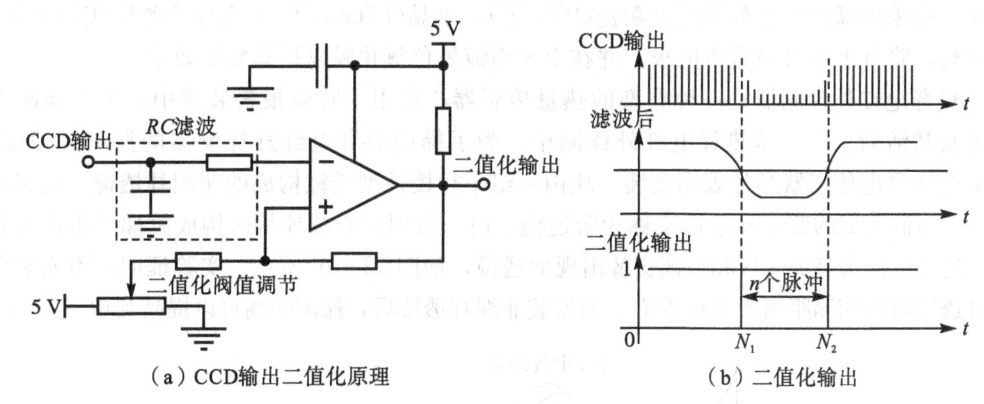

（a）CCD输出二值化原理　　　（b）二值化输出

图 22－8　CCD 输出二值化处理及输出

题，阈值电平设置的高低不同，经变换得到的图像边缘出入较大，跟被测对象的实际值相差较大，但每一个阈值电平唯一地对应着一个特征点，故可将这种误差看作是系统误差，通过标定的方法得以解决。本实验中首先用已知宽度为 L_0 的标准量块进行成像，系统扫描标准量块边缘，计算标准量块宽度 L_0 在 CCD 上成像所占像元的数目 L_1，获知该系统中每一个像元对应的宽度尺寸大小，标定出系统的测量比 $K=\frac{L_1}{L_0}$后，再进行其他不同宽度的物体的尺寸测量。

3. 热释电红外报警实验

热释电晶体平时保持电平衡状态，当交互变化的红外辐射照射时，因红外辐射的热效应而引起晶体温度上升，极化强度下降，表面电荷减少，如同“释放”了一部分电荷，这种现象称为热释电效应。如果红外辐射继续照射，当晶体温度升高到一定温度 T_c 时，自发极化突然消失，不再释放电荷。热释电探测器只能探测有变化量的辐射，恒定的红外辐射不能被检测。热释电红外传感器引入场效应管完成阻抗变换，由于晶体输出阻抗极高且热电元输出电荷信号不能直接使用，需用电阻将其转换为电压形式，故引入 N 沟道结型场效应管接成共漏形式进行阻抗变换。

热释电红外传感器主要由热释电晶体、滤光片、结型场效应管和电阻等构成，如图 22－9所示。热释电红外传感器窗口接收光线，选择不同的滤波片，抑制自然光中的白光信号、灯光或其他辐射的干扰，只允许特定波长的红外信号到达热释电元件上。热释电

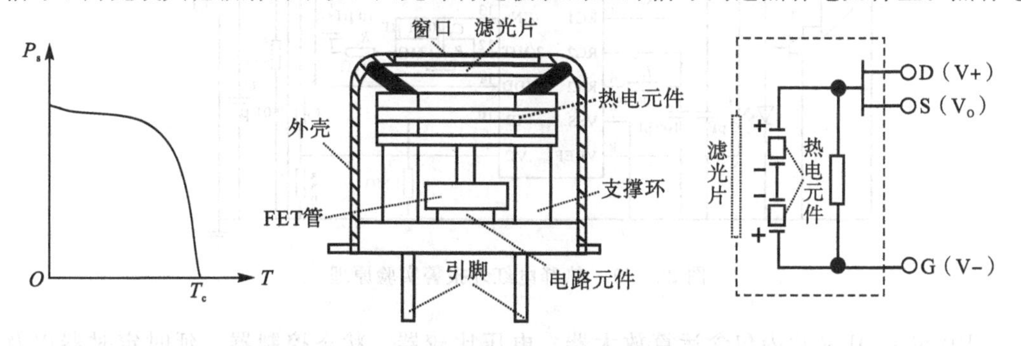

（a）极化强度与温度的关系　　　（b）热释电传感器的结构及内部电路

图 22－9　热释电红外传感器原理图

晶体一般采用高热电系数的压电陶瓷(PZT 等)、单晶($LiTaO_3$等)及高分子薄膜(PVFZ 等)等材料，将其上下表面做成电极，并在上表面镀黑色氧化膜以提高转换效率。

热释电红外探测器是一种典型的热量传感器，常用于防盗报警装置中，用于检测入侵者及其活动。在人体热释电红外探测中，为了提高热释电红外探测器的探测灵敏度，通常在热释电传感器晶片表面安装一块由一组平行棱柱型透镜构成的菲涅耳透镜。由聚乙烯材料压制而成的菲涅耳透镜又称为阶透镜，由一系列同心圆环带区构成阶梯形不连续表面，使镜片成为高灵敏区和盲区交替出现的透镜，如图 22－10 所示。实验证明，不安装菲涅耳透镜时的探测距离为 2 m 左右，而安装菲涅耳透镜后，探测距离可以提高到10～15 m。

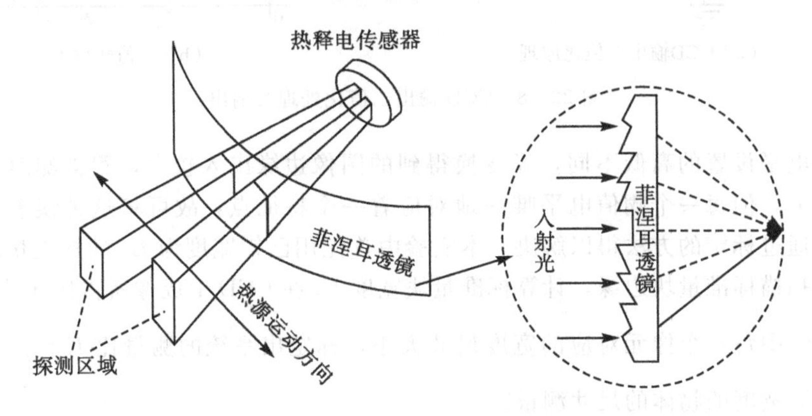

图 22－10　菲涅耳透镜检测示意图

热释电红外报警系统通常有主动报警系统和被动报警系统两种，本实验采用被动报警系统，主要由红外热释电处理集成芯片 BISSOOO1、热释电红外传感器 RE200B、菲涅耳透镜以及少量外围元件构成，实验原理如图 22－11 所示。BISSOOO1 芯片的引脚 1 接地，芯片处于可重复触发工作方式。图中输出延迟时间 Tx 由外部的 R11 和 C12 的大小调整，触发封锁时间 Ti 由外部的 R12 和 C11 的大小调整。R5 可以调节放大器增益，改善电路增益性能。

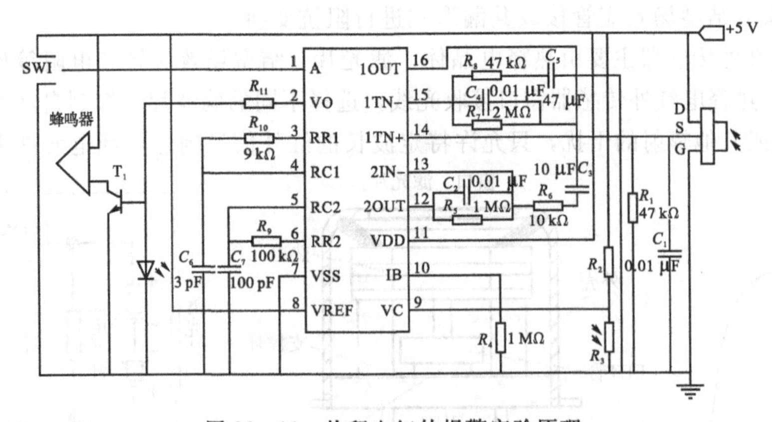

图 22－11　热释电红外报警实验原理

BISSOOO1 芯片内包含运算放大器、电压比较器、状态控制器、延时定时器以及封锁时间定时器等构成的数模混合专用集成电路，其内部工作电路如图 22－12 所示。

当人体在菲涅耳透镜的监视视野范围中运动时，人体发出波长为 10 μm 左右的红外辐射顺序地进入菲涅耳透镜各个单元的视场，形成交替出现的高灵敏区和盲区辐射，聚焦到热释电红外探测器表面，热释电晶体失去电荷平衡，转换为时强时弱或时有时无的电信号。被 BISSOOO1 内的运放 OP1 进行放大后耦合入 OP2 进行第二级放大，将直流电位抬高为 VM(约 0.5VDD)后，将 V2 送出 COP1 和 COP2 组成的双向鉴幅器，检出有效触发信号 VS。因 VH≈0.7 VDD，VL≈0.3 VDD，当 VDD=5 V 时，可有效抑制±1 V 的噪声干扰，提高系统的可靠性。当 COP3 输出高电平时，进入延时周期。

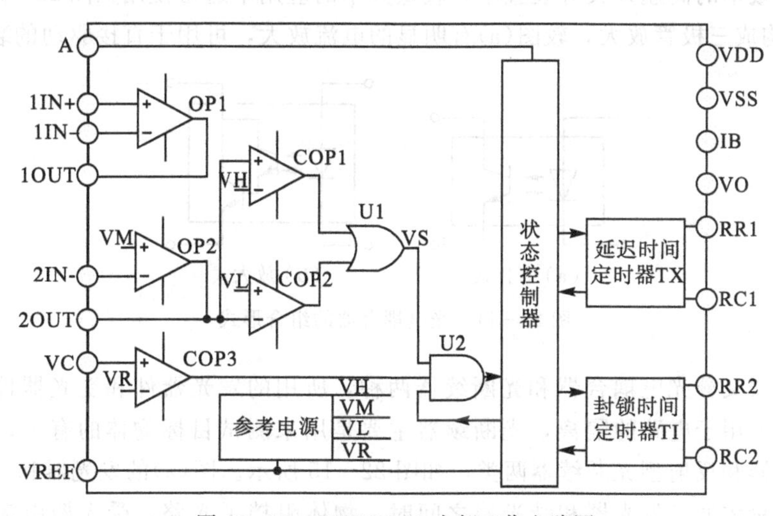

图 22-12　BISSOOO1 内部工作电路图

BISSOOO1 可设置为不可重复工作方式和可重复触发工作方式，实验中设置为可重复触发工作方式，工作过程如图 22-13 所示。波形在 VC=“0”、A=“0”期间，信号 VS 不能触发 VO 为有效状态。在 VC=“1”、A=“1”时，VC 可重复触发 VO 为有效状态，并可促使 VO 在 TX 周期内一直保持有效状态。在 TX 时间内，只要 VS 发生上跳变，则 VO 将从 VS 上跳变时刻起继续延长一个 TX 周期；若 VS 保持为“1”状态，则 VO 一直保持有效状态；若 VS 保持为“0”状态，则在 TX 周期结束后 VO 恢复为无效状态，且同样在封锁时间 TI 时间内，任何 VS 的变化都不能触发 VO 为有效状态。

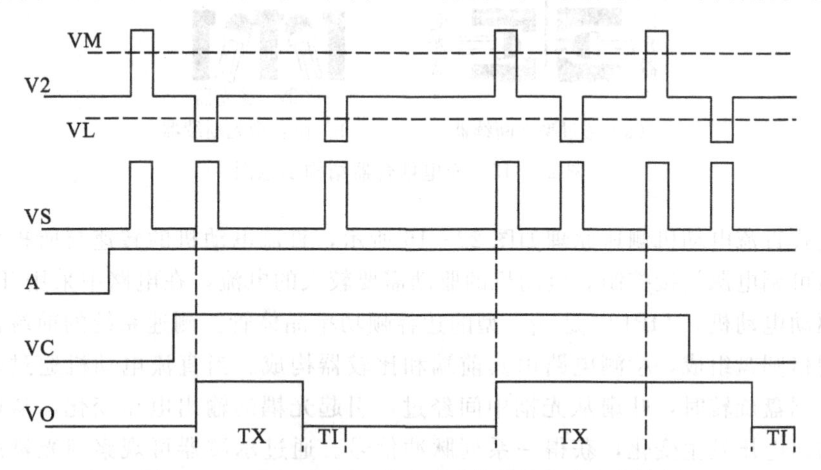

图 22-13　BISSOOO1 芯片可重复触发方式工作过程

4. 光电式直流电机测速

光电耦合器(简称光耦)是以光为媒介把输入信号耦合到输出端，来传输电信号的器件，通常把电气上绝缘的发光器(红外线发光二极管)与受光器(光敏半导体管)封装在同一管壳内，将它们的光路耦合在一起。发光器流过正向电流发光，当电流在几毫安以上时，光输出与电流成正比，受光器接收发光器的光信息，产生电流并输出，从而实现电—光—电的转换。光电耦合器的组合形式较多，高速光电耦合器通常用于高频、高传输效率的高速开关等装置中，较低频率的应用中通常使用如图 22－14 的形式，其中图(b)构成三极管放大，较图(a)有明显的电流放大，可用于直接驱动的装置中。

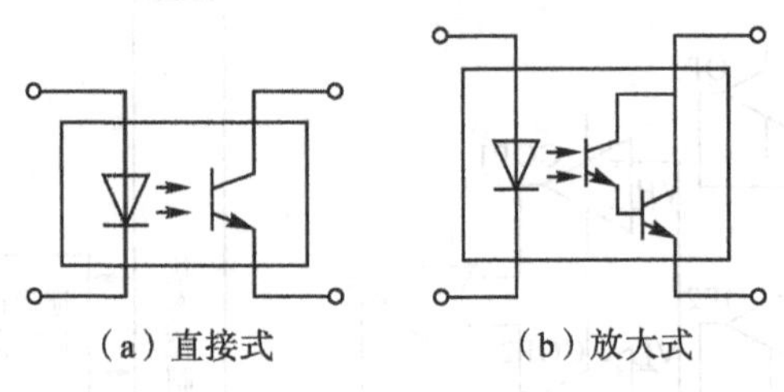
(a) 直接式　　(b) 放大式

图 22－14　光电耦合器的组合形式

光耦合器又分光电耦合器和光断续器两种，所用的发光器件和受光器件相似。光电耦合器主要用于电路的隔离，光断续器主要是用来测试目标物体的有无，通常有透过型光断续器和反射型光断续器两类，如图 22－15 所示。图(a)的发光器和受光器的光轴重合，当物体通过发光器和受光器之间时，物体阻挡了光路，受光器电流减小，检测输出电流的变化即可知道物体的通过或存在情况；图(b)的发光器和受光器的光轴在同一平面且以某一角度相交，交点一般在待测物体处。本实验使用透过型透过式光断续器，当不透光的被测物体经过凹槽阻断光轴时，产生表示检测到的开关信号量。其检测距离为几毫米至几十毫米。如果用斩光片将红外光周期性的斩断，则光敏管将输出同频率的周期性光电流信号，将光电流信号放大处理，即可测其频率，进而推算出斩光频率或电机转速。

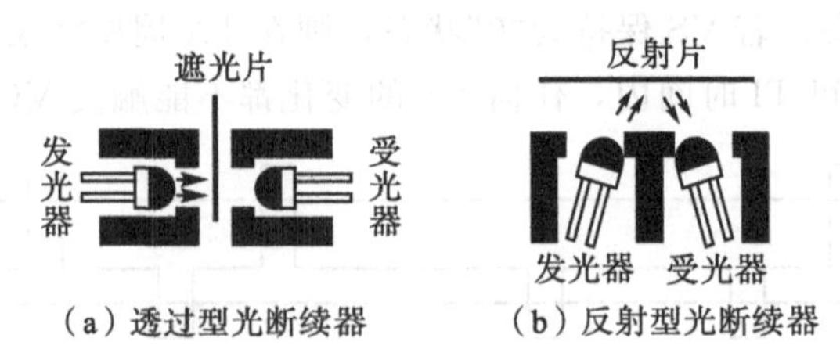

(a) 透过型光断续器　　(b) 反射型光断续器

图 22－15　光电耦合器结构示意图

光电式直流电动机测速原理如图 22－16 所示，直流电动机的转速与所提供的电压有关，由可调电源间接控制。电动机的驱动需要较大的电流，在电路中采用 TIP122 集成芯片驱动电动机，TIP122 是 npn 型的达林顿功率晶体管。测速系统的前端由光电耦合器与栅格圆盘组成，检测电路由其前端和比较器构成。当直流电动机通过转动部分带动栅格圆盘旋转时，叶扇从光耦中间经过，引起光耦的输出电压变化，从而引起比较器的输出电压发生变化，获得一系列脉冲信号。通过示波器可观察到光耦产生的脉冲，设其频率为 f。根据栅格圆盘上有 4 个叶片，电动机转一圈有 4 个脉冲产生，可根据转速公式$60\times f/4=15f$，计算电动机每分钟转的圈数。

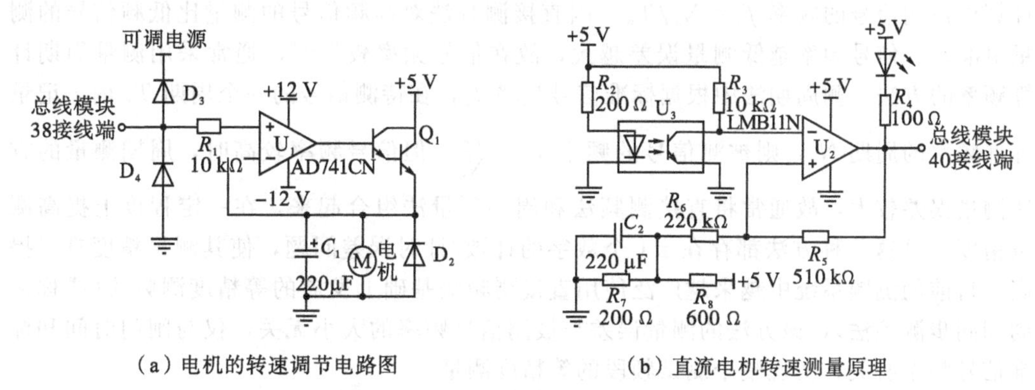

（a）电机的转速调节电路图　　（b）直流电机转速测量原理

图 22－16　光电式直流电机测速原理

5. 光变频实验

基于内光电效应制成的光敏二极管结构与一般二极管相似，它的 pn 结设置在透明管壳的顶部，光线可以直接照射到 pn 结上，在电路中通常处于反向偏置状态。没有光照时光敏二极管呈现高阻特性，暗电流很小。有光照射在光敏二极管的 pn 结上时，只要光子能量大于材料的禁带宽度，就会在 pn 结及其附近产生电子-空穴对，在外加反向电压和 pn 结内电场的作用下，产生明显增强的光电流。光照射强度增加，光电流相应增大，光照时光电流基本与光照度成正比，光敏二极管将光信号转变为电信号。

利用光敏二极管的电流源特性作为光电传感器，将光照强度转换成频率，用赫兹来表示光照的强度，实现光照度与频率转换特性，实验中的光-频率转换电路如图 22－17 所示。在入射光照射下，光敏二极管产生的光电流对电容 C_1 充电，555 定时器引脚 2 电压低于$\frac{1}{3}$电源电压时，其引脚 3 输出高电平。C_1 充电到 5 脚电压时，555 内部电路引脚 7 相当于接地，C_1 开始放电，引脚 3 输出低电平。C_1 放电到$\frac{1}{3}$电源电压以下时，引脚 3 输出为高电平，如此周而复始，形成周期性的脉冲信号输出。由于光敏二极管的光电流和光照强度近似成正比，故光照强度影响电容 C_1 的充放电时间，即光照强度改变输出频率的高低，光照强度越大频率越高。

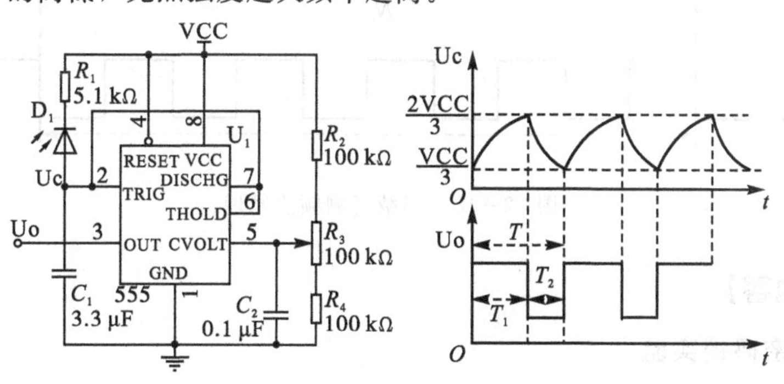

图 22－17　光-频率转换电路

对频率的测量通常有直接测频法(或称定时计数法)、周期测量法和组合法。频率的直接测量方法是在单位闸门时间 T_w 内，测量被测信号的变化周期数或脉冲个数 N_x，计算出被测信号的频率 $f_x = N_x / T_w$。因直接测频法对高频信号的测量比低频信号的测量更准确，信号频率越低测量误差越大，故在信号频率较低时，通常采用测量周期计算频率的方法。测周期法中根据标准信号频率 f_c，在待测信号的一个周期 T_x 内，记录标准频率的周期 N_c，则被测信号的频率 $f_x = \frac{f_c}{N_c}$。但信号频率较高时，周期测量的方法测量误差较大，故通常将直接测频法和周期测量法组合起来，在一定程度上提高测量精度。且这几种方法都存在±1个数字的计数/计时误差问题，使其测量精度难以提高。目前的测频系统中越来越广泛使用直接测频法基础上发展的等精度测频法(或称多周期同步测频法)，该方法的测量误差与被测信号频率的大小无关，仅与闸门时间和标准信号频率有关，实现整个测试频段的等精度测量。

等精度测频方法的闸门时间不是固定的，而是被测信号周期的整数倍，即与被测信号同步，测频原理如图 22 - 18 所示。等精度测频方法消除了对被测信号计数所产生1个数字误差，并且达到了在整个测试频段的等精度测量，在高频段闸门时间较短，在低频段闸门时间较长，依据被测频率的大小自动调整闸门的时间宽度，可实现量程的自动转换，实现全范围等精度测量，减小测量误差。测量时，两个计数器同时记录标准信号和被测信号，预置闸门开启后，计数器并不开始计数，只有等到被测信号的上升沿到时，两计数器才开始计数。在预置闸门关闭信号(下降沿)到来时，计数器并不立即停止计数，而是等到被测信号的下降沿时，两计数器停止计数，完成一次测量过程。实际闸门时间和预置闸门时间不严格相等，但差值不会超过一个周期。设在一次实际闸门时间内计数器对被测信号的计数值为 N_x，对标准信号的计数值为 N_c，标准信号的频率为 f_c，则被测信号频率为 $f_x = \frac{N_x}{N_c} f_c$。

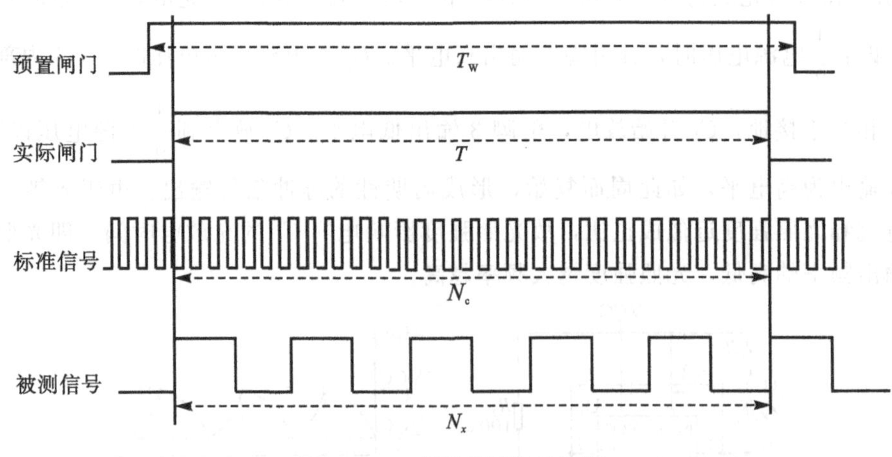

图 22 - 18　等精度测频法原理

【实验内容】

1. 光电密码锁实验

(1)按图 22 - 19 连接实验线路。在总线模块的3个64针插座中任选一个插座接“光电密码锁实验板”。电源模块的＋5 V、－5 V、AGND 与总线模块的＋5 V、－5 V、AGND 分别相连，电源模块的模拟地和数字地相连接，总线模块的引脚 22、24、26、28、30 分别和单片机模块的引脚 PB3、PB2、PD3、PB1、PB0 相连，引脚 PB4、PB5、PB7 分别连接液晶显示器的端口 CS、SID、CLK，连接端口 JP17 和 JP9。单片机模块的引脚 C0 和扬声器相连。

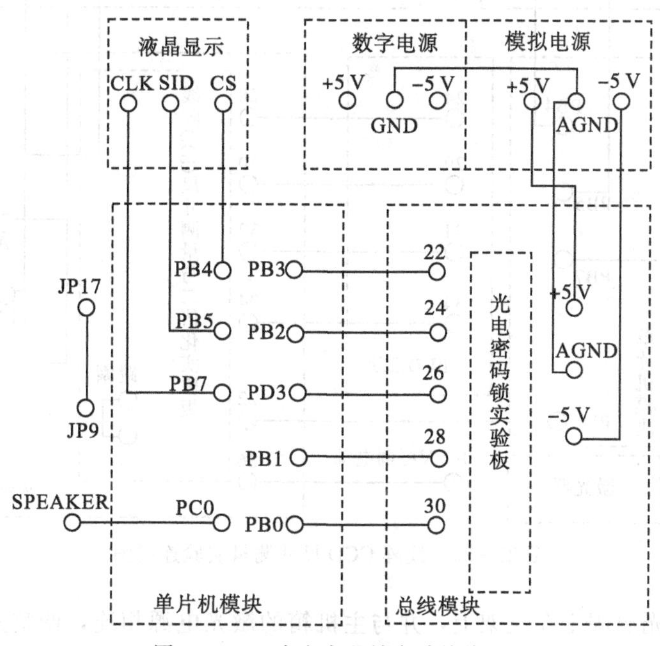

图 22－19　光电密码锁实验接线图

(2)用万用表检查线路确保连线正确后进入下一步。

(3)打开机箱和液晶显示器电源，根据液晶提示，按 S2 进入光电密码锁实验，液晶显示等待密码输入为 0000 状态，单片机设置密码为 4321，返回键为 S9。

(4)先在反射管前遮挡四次，液晶显示的输入密码为 4000；然后在对射管前遮挡三次，液晶显示 4300；再改变光电池的光照强度，液晶显示 4320；之后改变光敏电阻前的光照强度，液晶显示 4321；最后在光电耦合器前遮挡一次，确定完成密码输入。当四位密码全部设置成功时，音乐响起。

(5)关闭液晶显示器、单片机、CPLD、激光器、实验箱各电源，拔下实验板及各连接导线。

2. 线阵 CCD 尺寸测量实验

(1)按图 22－20 连接线路。接上线阵 CCD 驱动与二值化处理实验板上的跳帽，在总线模块的 3 个 64 针插座中任选一个插座插入“线阵 CCD 驱动与二值化处理实验板”。模拟电源模块的＋5 V、AGND、＋12 V 与总线模块的＋5 V、AGND、＋12 V 分别相连，电源模块和总线模块上的 AGND 均与 DGND 相连。用导线将总线模块的 26(H1) 接到系统资源板 0～5 V 的可调电源上。总线模块的 28(CR1)、30(RS)、32(SH)、34(CR2)接线端子分别接到 CPLD 模块的 24、29、31、34 端。总线模块的 22 端接至单片机模块的 PD6 端。液晶显示模块的 CS、SID、CLK 和单片机模块的 PB4、PB5、PB7

分别相连。将 JP17 和单片机模块的 JP9 相连。

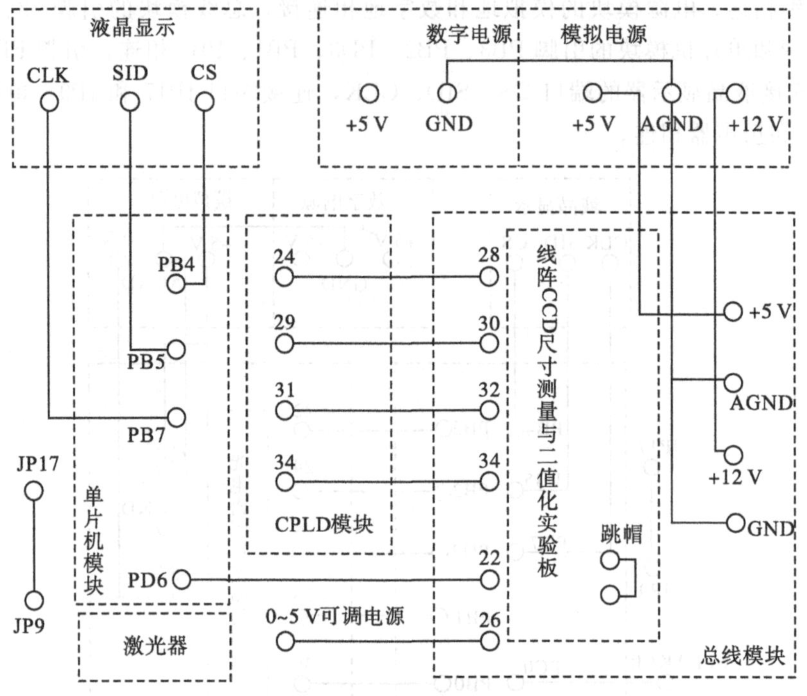

图 22-20　线阵 CCD 尺寸测量实验连线图

(2)将激光光源固定在支架上，并与主机箱的激光电源相连，调整光源高度使出光口正对 CCD 测量窗口。用万用表检查实验线路保证无误后进入下一步。

(3)打开实验箱、激光器等电源，调整使激光光斑覆盖整个 CCD 光敏面。可将电源调至 4 V 左右。总线模块的 22(UO)、24(OS)、36(DOS)分别为二值化输出、信号输出和补偿信号输出的测试点。

(4)打开单片机、CPLD 电源以及液晶显示器开关。将 22 端子连接至示波器，调节激光电源，使示波器上出现稳定的暗元。液晶显示器提示按 S4 进入线阵 CCD 测量物体尺寸实验，按 S12 进入尺寸测量，然后把 10 mm 标准量片插到 CCD 测量窗口狭缝处，按 S13 进行标定，标定完成后更换量块按 S12 进行测量，此时液晶显示器显示被测量片尺寸。

(5)测量中，用示波器观察与不同尺寸量块对应的方波波形，记录数据于表 22-1。观察线阵 CCD 驱动与二值化处理实验板上的黑色跳线帽拿下和插上示波器上波形有什么区别。

表 22-1　线阵 CCD 测量数据

标准量块/mm	5	10	20
脉宽/ms			
液晶显示/mm			

(6)按 S9 退出，依次关闭液晶显示器、单片机、CPLD、激光器、实验箱各电源。拔下线阵 CCD 尺寸测量实验板及各连接导线。

3. 热释电红外报警实验

(1)将热释电实验板插在总线模块上插槽中的任一位置；总线模块的+5 V 和 AGND 连接到模拟电源的+5 V 和 AGND；模拟电源 AGND 和数字电源 DGND 相连接。热释电探头前安装菲涅耳透镜。

(2)开启电源，热释电实验板上的发光二极管点亮、蜂鸣器报警，表示实验板上电工作；然后人体远离热释电探头，约 5 s 后发光二极管熄灭；人体再靠近热释电探头，发光二极管变亮、蜂鸣器报警；人体再次离开时，约 5 s 后发光二极管熄灭，蜂鸣器停止报警。

(3)取下菲涅耳透镜重复上一步操作，观察热释电传感器探测距离的变化。

(4)实验完毕后关闭各电源，拔下热释电红外报警实验板及各连接导线。

4. 光电式直流电动机测速实验

(1)将“光电式直流电动机实验板”插在总线模块的 3 个 64 针插槽任一位置，如图 22-21 所示连接线路。总线模块 A+5 V、+12 V、-12 V 和 AGWD 连接到模拟电源+5 V、+12 V、-12 V 和 AGWD。总线模块的 D+5 V、DGND 连接数字电源模块的+5 V、DGND。模拟电源 AGND 与数字电源 DGND 相连。

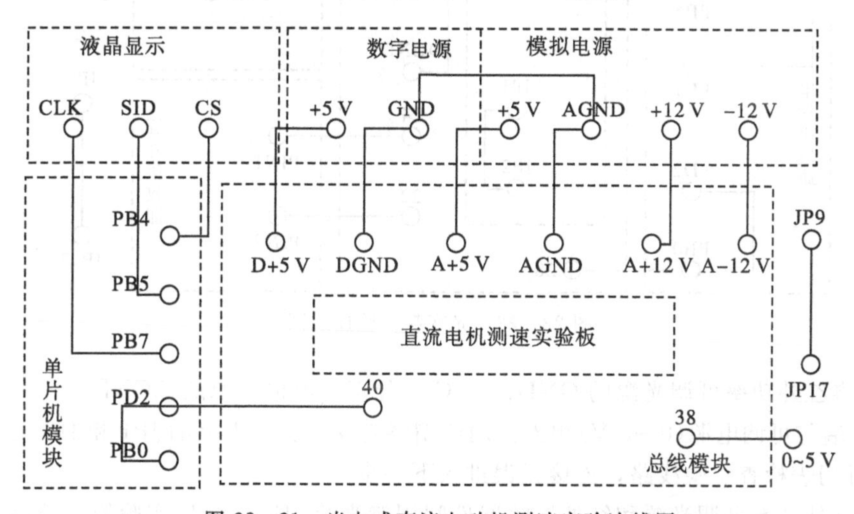

图 22-21 光电式直流电动机测速实验连线图

(2)液晶模块的 CLK、SID、CS 和单片机模块的 PB4、PB5、PB7 相连。总线模块的 40 端子连接至 PD2 和 PB0，并连接至示波器。总线模块的 38 端子和电源模块的 0~5 V 可调电源相连。JP9 和 JP17 相连。

(3)用万用表检查实验线路，连接无误后开启实验箱、液晶显示器及单片机电源。

(4)按 S3 进入测速实验，按 S11 进行测速，旋转可调电源的电位器改变可调电源值，观察液晶显示器所示速度的变化和示波器波形的变化。

(5)返回键为 S9。

(6)实验完成后，关闭电源，将实验板卡数据线等恢复到初始状态。

5. 光变频实验

(1)按图 22-22 连接实验线路，首先将变频实验板”的 JP2 和 JP1 用插针短接。然后将“光变频实验板”插在总线模块 3 个 64 针插槽的任一位置上。总线模块的+5 V、AGND 与模拟电源的+5 V、AGND 相连，AGND 与 DGND 相连。红外接收器的 PIN1、PIN2 分别接总线模块的 24 和 22 端子。总线模块的 28 端子作为测试点连接到示波器，同时连接到单片机 PB0 和 PD2，将 PB4、PB5、PB7 分别和液晶模块的 CS、SID、CLK 相连，连接 JP17 和 JP9。

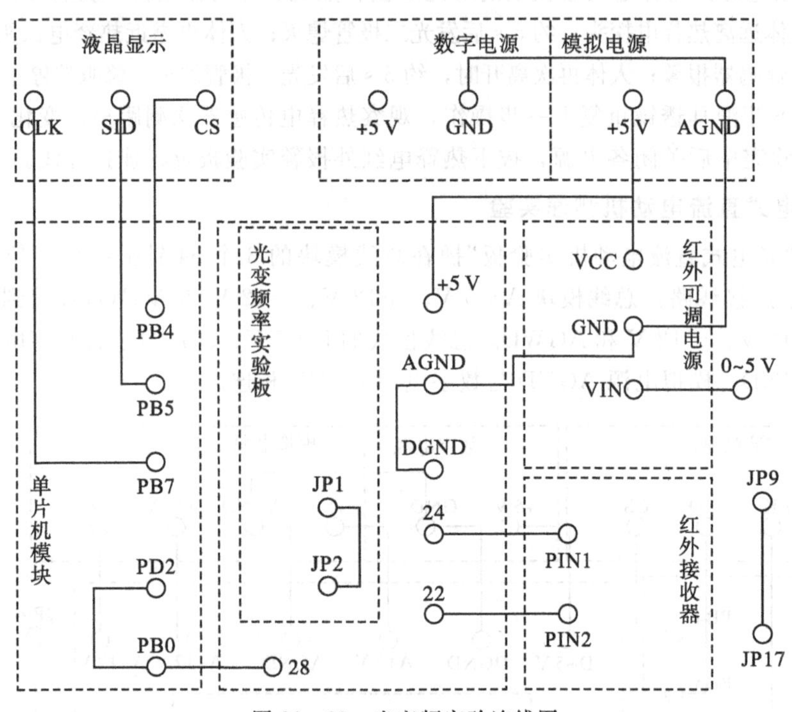

图 22-22　光变频实验连线图

(2)将红外功率可调光源的 GND、VCC 端分别与模拟电源的 AGND 和+5 V 端相连，Vin 端与可调电源(0～5 V)相连。用调帽将光变频实验板上的 JP1 和 JP2 亮插针相连。用万用表检查实验线路，连接无误进入下一步。

(3)红外功率可调光源和红外接收器件间用遮光筒相连。开启实验箱、液晶显示模块及单片机电源，液晶屏滚动显示，按 S1 进入光变频实验，然后按 S10 进行频率测量，光功率转换为频率的结果在液晶模块显示。

(4)观察示波器波形，改变可调电源电位器值，观察波形变化及功率测量结果的变化。返回键为 S9。

(5)实验完成后关闭各电源，拔下热释电红外报警实验板及各连接导线。

【预习与思考】

1. 光敏二极管工作时加正向电压还是反向电压？光敏管工作电流的影响因素有哪些？

2. CCD 驱动电路输出信号 OS 后端有必要加放大电路吗？若有应该采用何种放大电路？

3. 提高线阵 CCD 测量精度的方法有哪些？

4. 热释电红外报警实验中，上电后为什么要经过一段延时时间，热释电实验板方可以正常工作？

实验 23　光纤技术基础实验

【实验目的】

1. 熟悉光纤的结构特点及分类。
2. 学习光源与光纤的耦合方法。
3. 测量光纤的数值孔径、光纤材料平均折射率。

【实验仪器】

半导体激光器；光纤；光纤刀；调整架；光纤实验仪；光功率计；导轨等。

【实验原理】

光纤是光导纤维的简称，利用全反射原理将光波约束于其中，即使光纤弯曲，也可沿轴线传递光能。裸光纤一般由纤芯、包层及涂敷层三部分构成，结构如图 23－1(a)所示。纤芯通常由掺有少量其他元素的石英玻璃(SiO_2)构成，掺杂是为了提高材料的光折射率。包层由纯石英玻璃或掺杂少量降低材料折射率的物质构成。在包层外涂覆塑料或树脂作为保护层增加光纤的强度和抗弯性。纤芯的折射率大于包层折射率目的是光以某角度进入光纤后，在纤芯和包层的界面上发生全反射，从而沿光纤全长传输。

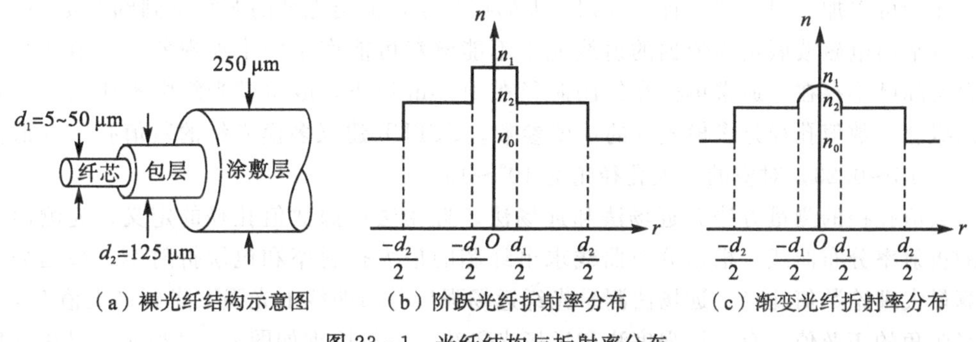

(a) 裸光纤结构示意图　(b) 阶跃光纤折射率分布　(c) 渐变光纤折射率分布

图 23－1　光纤结构与折射率分布

光纤的分类方法较多，主要从工作波长、折射率分布、传输模式、原材料和制造方法等方面进行分类。如按照传输模式可分为单模光纤和多模光纤两类。单模光纤的纤芯直径很小，在给定的工作波长上只能以单一模式传输，单模光纤中没有模间色散，只有模内色散，带宽很宽，可实现大容量、长距离传输。多模光纤较粗，在给定的工作波长上可允许同时存在多种传播模式，有多模阶跃光纤和多模渐变光纤。多模光纤折射率分布如图 23-1 的(b)和(c)所示。阶跃型光纤纤芯的折射率和包层的折射率都是一个常数。在纤芯和保护层的交界面，折射率呈阶梯型变化。渐变型光纤纤芯的折射率随着半径的增加按一定规律减小，在纤芯与包层交界处减小为包层的折射率。纤芯折射率的变化近似于抛物线。多模阶跃光纤结构简单、易实现，因多模间延时较大、传输带宽较窄等原因，现已被多模渐变光纤取代。多模光纤中存在多个不同的传输模式，各模式传输速度不同，光经过光纤的传输会产生色散，包括模间色散和模内色散。

1. 光纤的数值孔径

光纤的数值孔径是多模光纤的重要参数之一，表征允许进入光纤纤芯，且能够稳定传输的光线最大入射角范围。在图 23-2 所示光纤中子午光线的传播示意图中，当光线以 θ 角入射到光纤端面时，存在一个入射角 θ_0，凡是落入 $\theta\leqslant\theta_0$ 锥体内的入射光线，可在光纤中发生全反射向前传播从光纤另一端射出，而锥体外的入射光线进入包层，成为包层波或辐射波而无法传播。称 θ_0 是能够进入光纤且形成稳定光传输的入射光束的最大孔径角。通常用光纤端面外侧介质折射率与最大孔径角正弦的乘积来表示数值孔径

$$NA=n_0\sin\theta_0=\sqrt{n_1^2-n_2^2} \tag{23-1}$$

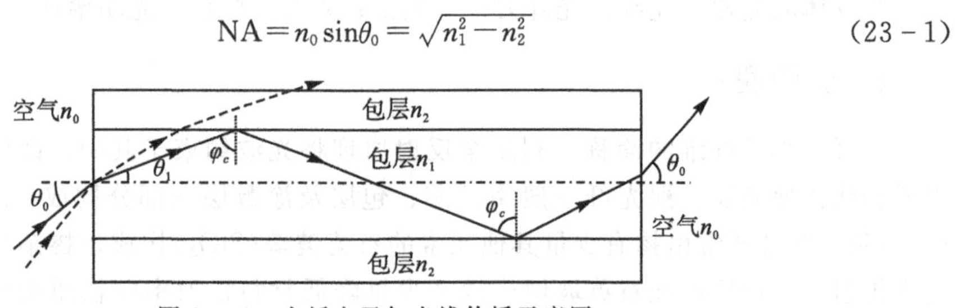

图 23-2　光纤中子午光线传播示意图

式中，n_1 和 n_2 为纤芯和包层的折射率。可见，光纤的数值孔径只取决于折射率分布，而与光纤的芯径等几何尺寸无关。一般来说数值孔径越大，光源耦合入光纤的光功率越大。

光纤可以加工得很细，且具有相当大的接受角，但当光纤的芯径降到约 8 μm 以下时，以平面电磁波假定为依据的射线光学不能解释可能产生的干涉现象，数值孔径的概念实际已不存在。通常单模光纤的芯径在 10 μm 以下，故单模光纤中不应用数值孔径的概念，数值孔径是多模光纤的重要参数。CCITT 建议多模光纤的数值孔径取值范围为 0.18～0.23，对应的最大孔径角为 10°～13°。

数值孔径的测量方法有近场法和远场法。近场法按照数值孔径的定义，先测出光纤的折射率分布曲线，根据分布曲线求出纤芯的最大折射率和包层折射率，根据公式计算最大理论数值孔径。远场法测量光纤远场强度分布曲线上光强下降到最大值 5%处的半张角的正弦值，有远场强度法和远场光斑法，测量原理如图 23-3 所示，其中远场强度法是 CCITT 规定的 G.651 多模光纤有效数值孔径基准测试方法。

远场强度法中，当远场辐射强度达到稳态分布时，测量距离光纤输出端面 l 处的光功率分布曲线，根据光强最大值的 5%位置与光斑中心的距离 r，可计算出光纤的远场强度有效数值孔径 NA

$$NA=n_0\sin\theta_0=\frac{r}{\sqrt{l^2+r^2}}=\frac{|x_2-x_1|/2}{\sqrt{l^2+|x_2-x_1|^2/4}} \tag{23-2}$$

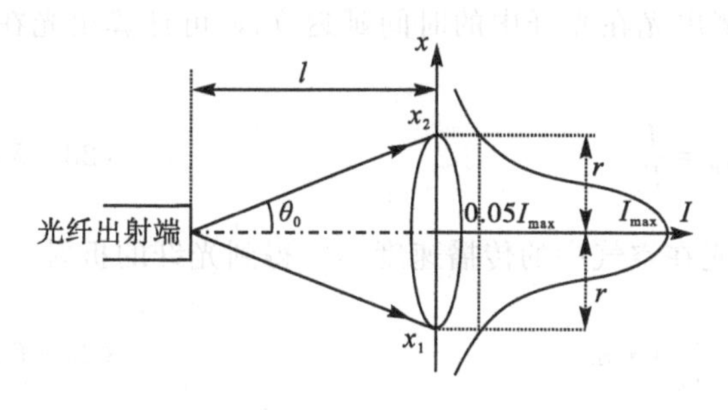

（a）远场强度法测量数值孔径

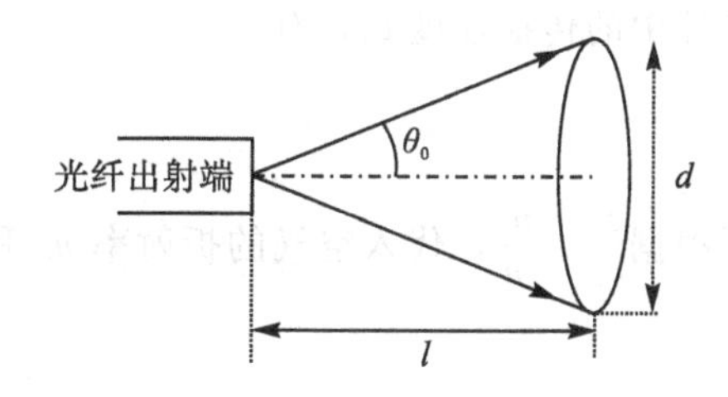

（b）远场光斑法测量数值孔径

图 23－3　远场法测量光纤的数值孔径

远场光斑法虽不是标准测量方法，但简单易行。在暗室中将光纤出射远场投射到屏幕上，测量被测光纤最大发射角对应的光斑直径 d、光纤端与观察屏的距离 $l(l \gg d)$，近似计算出光纤的数值孔径

$$\mathrm{NA} = n_0 \sin\theta_0 = \sin\arctan\frac{d}{2l} \tag{23-3}$$

因该方法凭测试人员主观判断光斑大小，故测量误差较大，不能作为数值孔径测量的替代方法，仅作参考方法使用。

2. 光源与光纤的耦合

光纤的耦合是指将激光从光纤端面输入光纤，以使激光可沿光纤进行传输。耦合效率 η 反映了进入光纤中光的多少，定义为

$$\eta = \frac{P_i}{P_o} \tag{23-4}$$

式中，P_i 为进入光纤中的光功率；P_o 为光源的输出功率。影响耦合效率大小的主要因素是光源的发散角和光纤的数值孔径等。光源的发散角越大耦合效率越低，光纤的数值孔径越大耦合效率越高。此外，光源的发光面、光纤端面尺寸和形状以及两者之间的距离也直接影响耦合效率。

光源与光纤的耦合，通常有直接耦合和透镜耦合两种方式。直接耦合是将经过处理的光纤端面尽可能靠近光源的发光面，用专用设备进行调整，到光纤出射光强最大处固定其相对位置的方法。直接耦合方法简单、成本低廉，耦合效率较低，一般在带尾纤的光源中采用。透镜耦合先对光源光束进行变换，变换后使光束与光纤耦合。透镜耦合方式较多，耦合效率高。

若用半导体激光器作为光源，因半导体激光器出射光在垂直于 pn 结的方向上发散角约几十度，而在平行于 pn 结方向上发散角约几度，使得半导体发出的光斑是一个扁椭圆，将这种不对称的发射光束与圆对称的光纤进行最优耦合，需要压缩垂直于 pn 结方向上的光束，使光斑形状成为近似圆形，然后再与圆形截面的光纤相耦合，进而提高耦合效率。

3. 光纤的平均折射率

光在介质中的传播速度与介质的折射率成反比，可知光纤中光的传播速度小于空气中的传播速度 $c_0 = 3\times10^8$ m/s。本实验从光纤的一端输入稳定的光脉冲信号，在一定

长度 L 的光纤输出端接收这些信号，若测出光在光纤中的时间延迟 T_0，可计算出光在光纤中的传播速度 c_n，有

$$c_n=\frac{L}{T_0} \tag{23-5}$$

再根据$\frac{c_n}{c_0}=\frac{n_0}{n}$，代入空气的折射率 n_0 和光在空气中的传播速度 c_0，得到光纤的折射率

$$n=(\frac{c_0}{c_n})\cdot n_0 \tag{23-6}$$

4. 光纤通信演示

光纤通信是利用光波作为载波，以光纤作为传输媒质将信息从一处传输至另一处的通信方式。发光二极管或半导体激光器的输出光功率基本上与其注入电流成正比，且将电流变化转换为光频调制时呈现线性，故可用连续的模拟信号(音频信号、模拟图像信号等)对光源进行直接调制实现模拟信号的光纤通信。光纤通信的大致过程是：将要传输的语言、图像、文字、数据等信息加载到载波上，经发送机编码、调制处理后，载有信息的光波被耦合到光纤中，经光纤传输到达接收机，接收机将收到的信号放大、解码、整形处理后，还原成原来发送的语言、图像、文字、数据等信息，如图 23-4 所示。

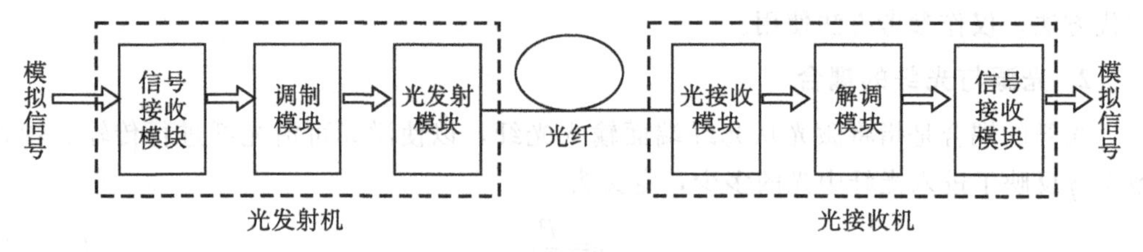

图 23-4 光纤通信系统

本实验进行音频信号的传输，音频信号源发出的信号，在示波器上观察是一串幅度、频率随声音变化的近似正弦波信号，该信号经调制电路调制后加载在一个 80 kHz 的方波上，对方波的脉冲宽度进行调制，并以此调制信号驱动半导体激光器，使激光器发出经声音调制的光脉冲。该光脉冲经过光纤的传输后输出，被光电二极管接收还原成电信号。示波器上观察到一串与驱动信号相对应的脉冲信号，此脉冲信号再经过解调电路的解调，还原成近似正弦波的电信号后，可以从示波器上观察到一系列与音频信号源输出信号相对应的波形，将近似正弦波的电信号经功率放大后驱动扬声器，便可以听到声音。

【实验内容】

1. 半导体激光器的电光特性测量

(1)如图 23-5 所示在导轨上放置 650 nm 半导体激光器和功率计探头。实验仪功能置于“直流”挡，打开实验仪电源，激光器驱动电流调到最大。调整激光器的激光指向，使激光进入功率指示计探头，移动功率计探头，使其置于激光束斑最小的位置，显示值达到最大。

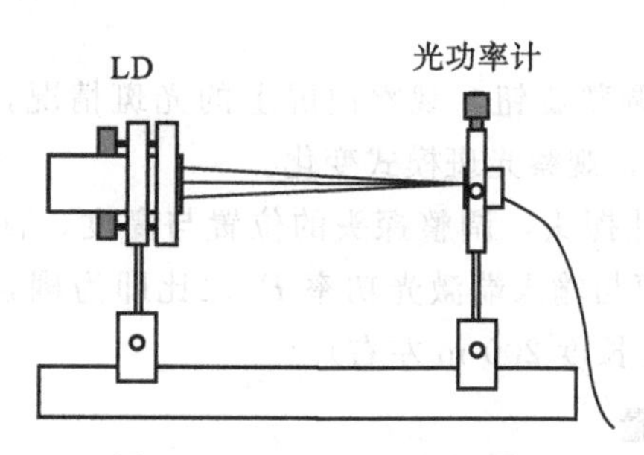

图 23－5　LD 电光特性测量

(2)逆时针旋转电流旋钮，逐步减小激光器的驱动电流，记录激光器驱动电流和相应的输出光功率值于表 23－1。注意：为防止半导体激光器因过载而损坏，实验仪中含有保护电路，当电流过大时，光功率会保持恒定，这是保护电路在起作用，而非半导体激光器的电光特性。

表 23－1　激光器电光特性测量

I/mA									
P/mW									

(3)绘出电流-功率曲线，即为半导体激光器的电光特性曲线。曲线斜率急剧变化处所对应的电流即为阈值电流 I_{th}。

2. 光源与光纤的耦合

(1)如图 23－6 所示在导轨上放置各器件。用光纤剥皮钳剥去光纤两端的涂覆层约 1 cm，在裸光纤外壁上用光纤刀轻划一下。用力不要过大，以不使光纤断裂为限，在刻划处轻轻弯曲纤芯使之断裂。处理过的端面应垂直无毛刺，不再被损坏或污染。

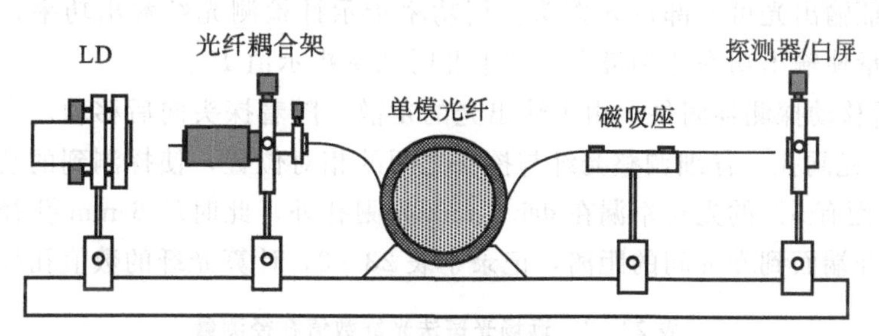

图 23－6　光源与光纤的耦合

(2)将处理好的一端光纤放入光纤夹中，伸出长度约 10 mm，放入三维光纤耦合架中固定。另一端处理好后放入光纤座上的刻槽中，用磁吸压住。

(3)实验仪置于直流挡后开启电源，调整激光器的工作电流，使激光亮度适中，光点太亮则不宜观察。用白屏或白纸在激光器光束方向前后移动，确定束斑最小位置。移动三维光纤调整架或调整旋钮，使光纤端面尽量逼近束斑最小位置。

(4)将激光器工作电流调至最大，仔细调节三维光纤调整架上的 x 轴、y 轴、z 轴调整螺钉和激光器调整架上的俯仰、扭摆角度调整螺钉，使激光照亮光纤端面并耦合进光纤。

(5)仔细调节各耦合调整旋钮，观察白屏上的光斑情况，直至白屏上的光斑足够亮。轻轻触动或弯曲光纤，观察光斑模式变化。

(6)替换白屏为功率计探头，调整探头的位置与高度，直到光功率达到最大为止，记录最大功率值 P_o，此值与输入端激光功率 P_i 之比即为耦合效率 η(实验所用光纤损耗率为每千米 70%，光纤长度 200 m 左右)。

3. 光纤数值孔径测量

(1)将激光耦合进光纤，并使输出功率达到最大。用白屏观察输出光斑形状，仔细调整各调整架上的调整螺钉，使输出成为明亮、对称、稳定的高斯光斑。

(2)将数值孔径测量附件置于光纤输出端面前 40～80 mm 处，记录 l 值。光探头前的光阑为 0.5～1 mm 的狭缝，仔细调整光栏狭缝在光斑中的位置，找到高斯光斑的中心，光功率指示值最大，记录最大值。

(3)垂直于导轨方向微量平移探测器，记录探测器移动距离及对应的光功率值于表 23-2，直至接收到的光功率最小。根据测量数据绘制光强分布曲线，以该曲线最高点下降到其 5%的位置与光斑中心的距离为光斑半径，利用公式计算光纤的有效数值孔径。

表 23-2　远场强度法光纤数值孔径测量

<table>
<tr><td>x/mm</td><td></td><td></td><td></td><td></td><td></td><td></td><td></td><td></td><td></td></tr>
<tr><td>P/mW</td><td></td><td></td><td></td><td></td><td></td><td></td><td></td><td></td><td></td></tr>
<tr><td colspan="2">l=____ mm</td><td colspan="2">x_1=____ mm</td><td colspan="2">x_2=____ mm</td><td colspan="2">$\lvert x_2-x_1 \rvert$=__ mm</td><td colspan="2">NA=____</td></tr>
</table>

(4)数值孔径测量附件的光阑为圆孔，选择合适的光阑孔径，使光阑靠近光纤输出端面，以保证输出光可全部进入探头。用功率指示计检测光纤输出功率，轻微调整耦合旋钮，尽量使输出功率达到最大，记下此时功率指示值 P_{max}。

(5)向后移动探测器附件，由于输出光的发散，随着探头向后移动，会有部分光漏出 Φ6.0 mm 光阑孔。仔细调整光纤与探头之间的相对位置，使探测到的功率为最大功率的 95%，而有 5%的光功率漏在 Φ6.0 mm 光阑孔外，此时的 6 mm 孔径即为光斑直径。测量光纤端面到光屏间的距离，记录于表 23-3，计算光纤的数值孔径。

表 23-3　远场光斑法光纤数值孔径测量

Φ=____	P_{max}=____ mW	P_{max}×95%=____ mW
l=____ mm	d=____ mm	NA=____

(6)比较远场强度法和远场光斑法测量同一光纤数值孔径时的误差。

4. 光纤中的光速和光纤材料平均折射率的测量

(1)将激光耦合进光纤，并使输出达到最大；将光电二极管探测器连接到接收模块的输入端。示波器设置为 CH1 触发并双踪显示；将发射模块输出波形与示波器 CH1 通道相连，将接收模块输入波形(解调前)与示波器 CH2 通道相连。

(2)实验仪置于“脉冲频率”挡，调节脉冲频率，同时调整光电探测器与光纤输出端面之间的距离，使示波器 CH1 通道上只显示约一个半周期的矩形波。

(3)仔细调整光电探测器的高度，使光纤发出的光全部进入光电探头后，将光电探头连接到激光功率指示计，记录此时光强的相对值。

(4)重新将光电探头连接到接收模块的输入端。记录 CH1 通道下降沿与 CH2 通道下降沿之间的时间差，即发射信号与接收信号之间的时间延迟，此延迟包含了光在光纤中传输所消耗的时间和电路的时间延迟。

(5)移去三维光纤调整架，使半导体激光器的部分输出直接进入光电探头，再将光电探头与功率计相连，前后移动光电探头位置改变进入探头的光通量，使功率指示计的显示值等于步骤(3)中的光强相对值。

(6)将光电探头重新接入接收模块的输入端，观察示波器上两个通道的波形，记录此时 CH1 通道下降沿与 CH2 通道下降沿之间的时间差，即发射信号与接收信号之间的电路的时间延迟。

(7)第(4)步和第(6)步中两个时间延迟之差即光在光纤中的传输时间，根据光纤长度计算光纤中光的传输速度 c_n，并求出光纤芯的折射率 n。

5. 模拟(音频)信号的调制、传输和解调还原

(1)将激光耦合进光纤，并使输出功率达到最大。将实验仪的功能置于“音频调制”挡。

(2)将示波器的 CH1 和 CH2 通道分别与实验仪的“输出波形”端和“输入波形”端相连。将示波器“扫描频率”置于 10 μs/Div 挡，示波器显示为近似稳定的矩形波。

(3)从“音频输入”端加入音频模拟信号，应观察到示波器上的矩形波的前后沿闪动。打开实验仪后面板上的“喇叭”开关，应可听到解调还原出的声音信号。注意：音频信号的强弱与耦合效率成正比，即耦合效率越高，音频信号质量越好；反之，噪声信号越强。

(4)分别观察发射模块“调制”前后的波形和接收模块“解调”前后的波形。了解音频模拟信号调制、传输、解调过程和情况，关闭喇叭开关。

(5)实验完成后将激光器驱动电流调到最小，关闭仪器电源，各元件恢复原状。

【注意事项】

1. 激光输出后严禁用眼直视激光束。
2. 光纤严禁过分弯曲，弯曲半径一般不小于 30 mm，否则易导致光纤折断或能量损失。
3. 勿用力拉扯光纤，珍惜使用，不进行不必要的浪费。

【预习与思考】

1. 分析影响耦合效率的因素及其影响程度。
2. 光纤中传输的信息可以被窃听吗？设计一种比较简单的方法防止光纤中信息被窃听。
3. 在远距离光纤传输时，为什么一般采用单模光纤？光纤模式是如何影响带宽的？
4. 光纤传输有无能量损耗，具体有哪些？由什么原因引起？

实验 24　干涉型光纤传感实验

【实验目的】

1. 了解相位调制光纤传感的原理。
2. 了解光纤马赫-曾德尔干涉仪的结构和特点。
3. 利用光纤干涉仪测量压力和温度。

【实验仪器】

氦氖激光器；光纤；光电探测器；温度控制器；压电陶瓷；光学平台等。

【实验原理】

用光纤耦合器取代传统激光干涉仪的分数器、用光纤光程取代空气光程的光纤干涉仪、以敏感光纤作为相位调制元件，可以克服空气受环境条件影响导致的光程变化，免除繁杂的光路调节，具有体积小、重量轻、结构紧凑、灵敏度高的特点，用于光纤通信和光纤传感领域。

1. 光纤相位调制

相位调制是通过干涉仪进行的，在光纤干涉仪中，以敏感光纤作为相位调制元件，敏感光纤置于被测能量场中，由于被测场与敏感光纤的相互作用，使光纤内传播的光波相位发生变化，再利用干涉测量技术把相位变化转换为光强变化，从而测量待测的物理量。这种相位调制的方法通常有应力应变效应和温度应变效应。

(1)应力应变效应。

单模光纤出射光与入射光之间的相位差为

$$\varphi=\frac{2\pi}{\lambda}nL=knL \tag{24-1}$$

式中，λ 为光波波长；n 为纤芯折射率；L 为光纤长度；$k=\frac{2\pi}{\lambda}$为光在真空中的波数。一般来说，应力、温度等外界物理量变化引起的光波相位变化为

$$\Delta\varphi=\beta\Delta L+L\Delta\beta=\beta L\frac{\Delta L}{L}+L\frac{\partial\beta}{\partial n}\Delta n+L\frac{\partial\beta}{\partial a}\Delta a \tag{24-2}$$

上式右端分别表示光纤长度的变化(应变效应)、光纤纤芯折射率变化(光弹效应)以及光纤纤芯直径变化(波导效应)引起的相位延迟，对这 3 个参数进行调整，可使光的相位发生改变，进而完成相位调制的目的。

当光纤受到纵向应力时，光纤不但产生应变，而且由于光弹效应的影响，光纤的

折射率发生变化。因波导的色散很小，光纤纤芯直径变化引起的相位延迟比前两项小2～3个数量级，通常略去。应变效应中纵向应变和径向应变引起的相位变化不同，表示为

$$\Delta\varphi_{纵}=\frac{1}{2}nkL(2-n^2p_{12})\varepsilon_3$$

$$\Delta\varphi_{径}=nkL\left(\frac{a}{nk}\frac{\partial\beta}{\partial a}-\frac{1}{2}n^2(p_{11}+p_{12})\varepsilon_1\right)\approx-\frac{1}{2}kLn^3(p_{11}+p_{12})\varepsilon_1$$

$$\Delta\varphi_{弹}=nkL\left(\varepsilon_3-\frac{1}{2}n^2(p_{11}+p_{12})\varepsilon_1-\frac{1}{2}n^2p_{12}\varepsilon_3\right)$$

式中，ε_3 为光纤长度改变量所产生的纵向应变；ε_1 为光纤轴向对称的径向应变；p_{11} 和 p_{12} 为光纤的光弹系数。

由压电陶瓷(PZT)柱和绕在 PZT 上的光纤组成的光纤相位调制器，可利用光纤的伸缩性质对光纤中的光波直接进行相位调制，如图 24－1 所示。在 PZT 陶瓷柱的两个电极上施加适当的电压，PZT 陶瓷产生随电压变化的膨胀或收缩，从而对绕在它上面的光纤产生拉伸作用，进而改变光纤的长度和光纤内部折射率的分布，对在光纤中传输的光波进行相位调制。

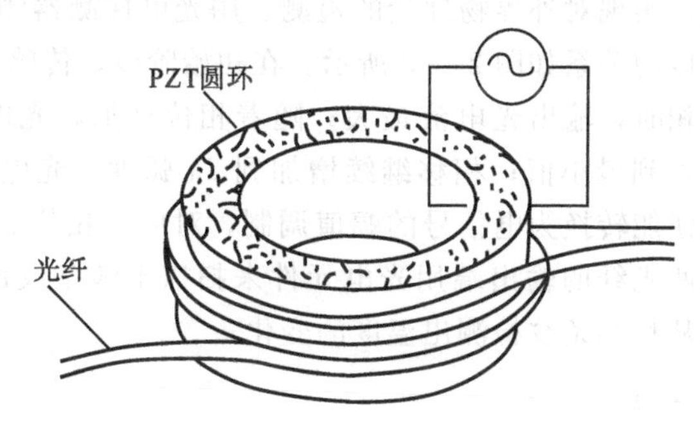

图 24－1　光纤相位调制器

(2)温度应变效应。

如果光波相位变化是由温度场的作用引起的，光波的相位延迟为

$$\Delta\varphi=(kL\frac{\partial n}{\partial T}+kn\frac{\partial L}{\partial T})\Delta T=\beta L(\frac{1}{n}\frac{\partial n}{\partial T}+\frac{\partial L}{L\,\partial T})\Delta T \tag{24-3}$$

式中，右端第一项为表示光纤折射率随温度变化引起的相位变化，第二项表示光纤几何长度率随温度的变化引起的相位变化，即光纤的折射率温度系数和光纤的线性热膨胀系数对相位的影响。温度改变时，改变单位温度光纤中光的相位改变量，即光纤干涉仪的温度灵敏度表达式为

$$\frac{\Delta\varphi}{\Delta T}=\beta L(\frac{1}{n}\frac{\partial n}{\partial T}+\frac{\partial L}{L\,\partial T})$$

在一定的温度范围内，光纤的折射率温度系数和光纤的线性热膨胀系数均为常量，当单模光纤折射率、入射光波长和光纤长度已知时，测量相位的变化量即可标定出温度的变化情况。

2. 马赫-曾德尔(Mach－Zehnder)干涉仪

实验中采用光纤 Mach－Zehnder 干涉仪，结构原理如图 24－2 所示，He－Ne 激光

器发出的激光经过耦合器分别输入两根长度基本相同的单模光纤，两根光纤中的一根作为参考臂，另一根作为信号探测臂。参考臂在测量过程中的光程始终保持不变，而信号探测臂光纤受到温度场或应力场的作用后，纤芯折射率和几何长度会发生微小变化，使沿此臂传播的光波光程发生变化。把参考臂光纤和信号臂光纤的输出端耦合在一起，则两臂输出端光波相位差发生变化，从而引起干涉场干涉条纹的移动，干涉条纹的移动数目反映出温度或应力的变化。为降低外界因素变化产生的扰动对测量精度的影响，干涉仪中信号探测臂通常采用高折射率的单模保偏光纤。

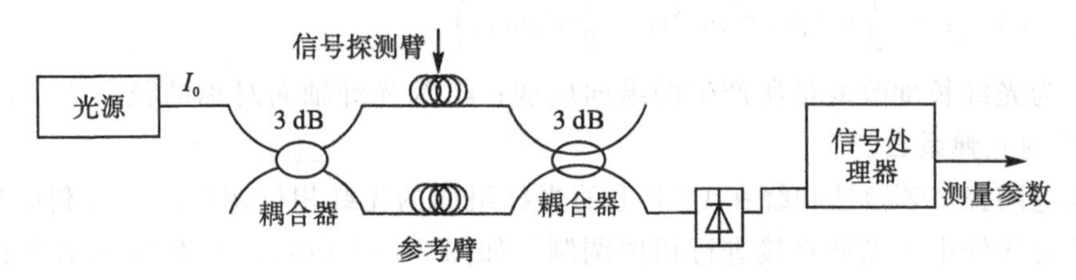

图 24-2　光纤 Mach-Zehnder 干涉仪

目前使用的光电探测器并不能直接感知相位的变化，但可通过干涉技术把相位变化转变为光强度变化，实现对外界物理量的检测。用光电探测器测量干涉条纹的强度，可以得到光电流与相位的关系如图 24-3 所示。在初始阶段，传感光纤中的传播光与参考光纤中的传播光同相时，输出光电流最大；随着相位增加，光电流逐渐减小；相移增加 π 弧度，光电流达到最小值；相移继续增加到 2π 弧度，光电流又上升到最大值。这样，光的相位调制便能转换为电信号的幅值调制，对应于相位 2π 弧度变化，移动一条干涉条纹。如果在两光纤的输出端用光电元件来扫描干涉条纹的移动，并变换成相应的电信号，就可以从移动条纹检测出温度的变化。

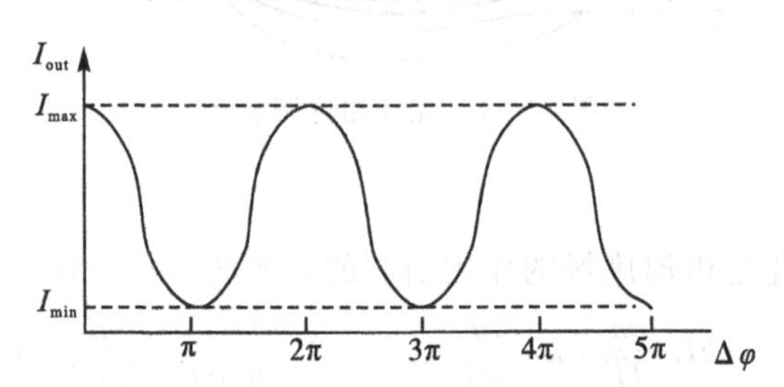

图 24-3　输出光电流与光相位变化的关系

【实验内容】

1. 搭建 Mach-Zehnder 光纤干涉仪光路

(1)将光纤传感盒连接到驱动电源，驱动电源盒上的串口连接到计算机，CCD 连接计算机，启动计算机打开光斑采集软件。

(2)如图 24-4 所示搭建实验光路。激光不扩束，会聚镜用 10 倍透镜(焦距 5 mm)；入射光纤一端接光纤传感盒上的入口端，另一端处理好光纤端面后置于光纤耦合架，并使光纤端面置于会聚镜的焦面位置；

(3)将两根长度相同的单模光纤分别接入光纤传感盒的输出端口，另一端均置于光

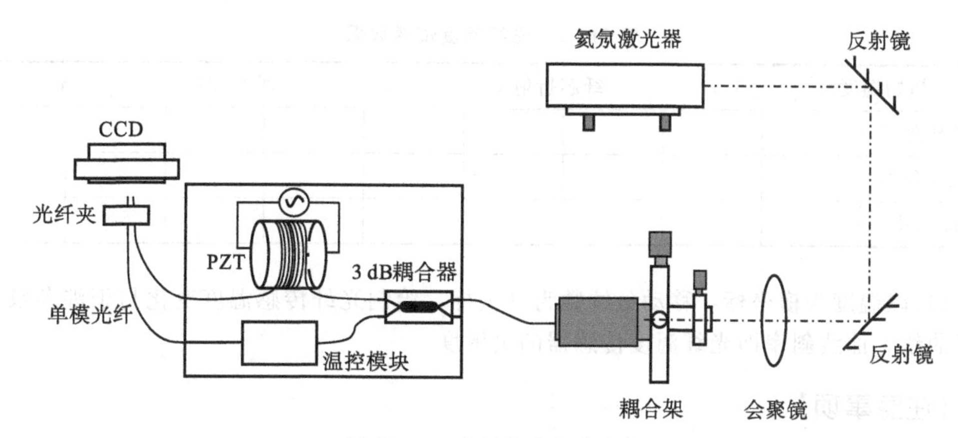

图 24-4　光纤传感实验光路

纤夹持架上。两光纤输出光端面尽量紧靠放置于光纤夹中，调节夹持架的高度，使输出光垂直入射到探测器表面。

(4)仔细调节耦合架进行光纤耦合，当光纤弯曲部分发红时表示已经有部分光耦合进光纤，仔细调节耦合架使耦合效率较高，出现干涉条纹时仔细调节使干涉条纹图像清晰。

2. 光纤的压力传感

(1)运行光纤调制程序，手动加载 PZT 电压，记录初始电压值 V_0 于表 24-1。

(2)输入电压每改变 5 V 记录一次 PZT 产生形变使测量臂光纤长度发生变化的数据，以显示器上某固定位置作为基准实现计数，观察干涉条纹的变化。

表 24-1　光纤 PZT 调制数据

初始电压 V_0=______V；　　纤芯折射率=______；　　激光波长=______nm									
PZT 电压/V									
移动条纹数									
$\Delta\varphi$/rad									

(3)根据实验数据描绘光纤压力传感与干涉条纹的关系曲线，计算光纤压力传感器的灵敏度。

3. 光纤的温度传感

(1)打开传感器盒上的加热开关，表盘显示当前温度，电流使热敏电阻加热温度上升，预热一段时间，观察干涉条纹的变化。

(2)选取一个数值 T_0 作为基数，在 20～40 ℃范围内记录干涉条纹变化于表 24-2，温度每变化 1～2 ℃，记录一次条纹变化的数量，加热温度小于 60 ℃。

(3)用图像采集软件持续采集温度上升范围内的图像，计算干涉条纹移动数目。

表 24-2 光纤温度传感数据

初始温度=______℃；			纤芯折射率=______；			激光波长=______nm		
设定温度/℃									
移动条纹数									
$\Delta\varphi$/rad									

(4)以温度为横坐标，移动条纹数为纵坐标，绘制光纤传感温度变化与干涉条纹的关系曲线，曲线斜率即光纤温度传感器的灵敏度。

【注意事项】

1. 确保光纤端面清洁，防止尘埃或其他污染造成的光耦合效率降低。
2. 光纤应固定在刚性物体上，防止其发生抖动及额外歪曲或扭曲，造成光纤内部应力分布的改变，引起光纤折射率的变化，以免影响测量精度及稳定性。

【预习与思考】

1. 通常情况下为何要求参考臂和信号测量臂的光纤长度相等？
2. 激光相位调制干涉型光纤温度传感器采用单模光纤的原因是什么？
3. 当压力场变化时，测量光纤的芯径、折射率、长度等参数的变化。

附录1　激光功率计的原理与使用方法

激光功率计是检测光信号功率大小的仪器，功率计能够测量连续波或者重复脉冲光源。激光功率计通常由探测器、显示器和信号处理系统三部分构成。根据使用探测器的不同，将激光功率计分为热转换型方式和半导体光电检测式两种。热转换式根据能量转换和能量守恒原理，由光吸收体、热电转换元件和直流校准系统组成，优点是光谱响应曲线平坦、准确度高，但对环境条件要求高、功率测量响应慢、测量范围较窄。半导体光电检测式光功率计利用半导体pn结的光电效应，因环境适应性强、测量范围宽、测量速度快作为较通用的光功率计用于各种光电检测领域，以下介绍半导体光电检测式光功率计的原理与使用方法。

一、工作原理

光电检测式光功率计主要由光电检测器和主机两部分组成，基本工作原理如附图1-1所示。被测光照射到光电探测器上，光电探测器将光信号转变成与入射到光敏面的光功率成正比的电信号，再经过电流电压变换和放大等得到电压信号，进行滤波及响应度补偿后得到与功率值相对应的直流电压，进行A/D转换处理等进行功率显示。

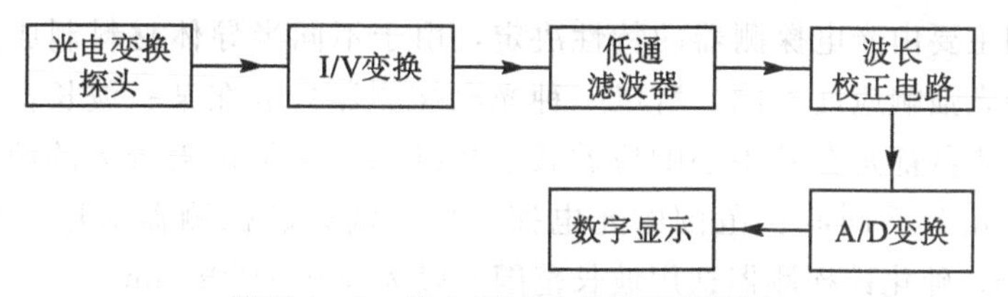

附图1-1　光电型光功率计原理框图

光检测器又称光探头，是影响光功率计性能的主要因素。光探测器主要有光电二极管、光电池、光电倍增管和雪崩光电二极管等。光通信中，光功率范围从纳瓦级到毫瓦级不等，普遍采用光电二极管和光电池制作的光功率计。光功率计的前置光电转换放大电路是光功率计设计的核心，是保障光功率测量范围、线性度等关键技术指标实现的关键部分，前置光电转换电路如附图1-2所示。光电池与光电二极管均可把光能量转换为电流信号，光电池灵敏度高、成本低、光接收面积大，光电二极管具有线性好、响应速度快、暗电流小的优点。电路设计时常使光电池在零偏下工作，光电二极管在反偏下工作。

光功率计的前置放大电路中通常设有量程控制和调零补偿电路。量程控制通过调节前置放大电路的增益电阻大小进行增益控制，将运放增益控制在合适的挡位，可避免增益过大或过小造成的测量误差，保证光功率计大动态范围内测量的灵敏度与线性度。调零补偿可抑制光电探测器残余暗电流和弱背景光等噪声功率的影响，通过采集无光照时各挡位的光功率值，计算调零因子控制电路产生的调零补偿电位，进而补偿放大电路的零点漂移。

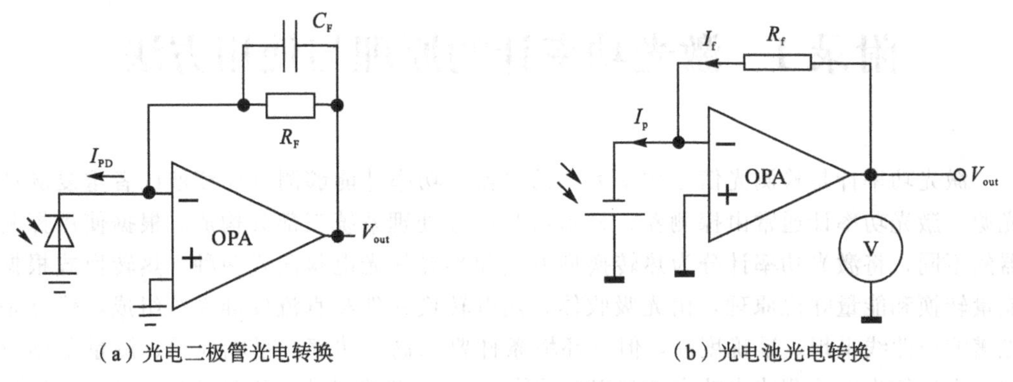

（a）光电二极管光电转换　　（b）光电池光电转换

附图 1-2　前置光电转换电路

二、光功率计的主要技术指标

光功率计的最重要选择标准是光电探测器类型与预期的工作范围相匹配。光电探测器必须有足够高的响应速度以保证产生的光电流能够不失真地重现入射光信号的波形，此外还希望光电探测器的温度特性稳定，故设计时必须考虑检测波长、暗电流和绝对响应度等因素的影响。

1. 波长范围

波长范围主要由光电探测器的特性决定，由于不同半导体材料制成的光电探测器对不同波长的光强响应度不同，所以一种光电探测器只能在某一波长范围内适用，而且每种光电探测器都是在其中心响应波长上校准的，为了覆盖较大的波长范围，一台主机往往配备几个不同波长范围的光电探测器。例如硅探测器适用波长范围一般为 450～1000 nm，砷化镓探测器适用波长范围一般为 800～1700 nm。

2. 光功率测量范围

光功率测量范围主要由光电探测器的灵敏度和主机的动态范围所决定，通常指可探测的最大与最小功率范围。使用不同的光电探测器有不同的光功率测量范围。为了从强背景噪声中提取很弱的信号以提高灵敏度，主机都设有平均处理功能；为了消除暗电流的影响，主机还有自动偏差校准，可以设置传感器暗电流到 0。

三、操作步骤

以 RL-PM-SERIES 光功率计测量连续光信号为例，该功率计采用光电二极管探测器，可测量波长 380～1100 nm 范围内纳瓦、微瓦、毫瓦为单位的光功率信号。

1. 开机

开启电源，约 2 s 液晶屏显示全部字符后，光标不再闪烁而“:”闪烁表示进入正常测量状态。

2. 测量范围及量程选择

按压和旋转旋钮进行波长范围和量程的选择。旋钮短按，光标闪烁，可进行选择操作，显示“W”为波长选择，“A/M”为“自动/手动”选择，“P”为挡位选择，如附图1-3所示。

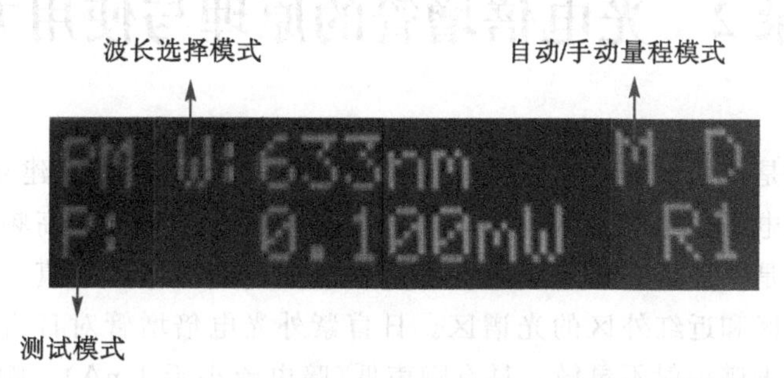

附图1-3　RL-PM-SERIES光功率计显示屏

3. 调零

为减小测量误差，在测量前需要先调零，用探头盖盖住探头避免光进入，长按旋钮约5 s，观察显示屏显示为0.00即可。也可以在弱背景光下调零，但背景光功率值不能超过最小量程值的一半。

4. 接入光信号

将光电探头接口接入主机，移除探头盖，观察显示屏的测量结果。

5. 显示

被测信号超出量程范围时，显示屏出现“Inf+”。

6. 关机

测量完成后，按后面板的开关键进行关机。

四、注意事项

(1)使用前必须对被测波长、光功率大小有一定的了解，切勿使光功率超过仪器测量范围的上限。

(2)不使用时应立即盖上防尘盖，以防止硬物、灰尘或其他赃物触及光敏面，污染和损伤光探测器。

(3)禁止过强的光进入光探测器探测口。

(4)避免强烈的机械振动、碰撞或跌落。

附录 2　光电倍增管的原理与使用方法

光电倍增管是将微弱光信号转换成电信号的真空电子器件，建立在外光电效应、二次电子发射和电子光学理论基础上，结合了高增益、低噪声、高频率响应和大信号接收区等特征，是一种具有极高灵敏度和超快时间响应的光敏电真空器件，可以工作在紫外区、可见区和近红外区的光谱区。日盲紫外光电倍增管对日盲紫外区以外的可见光、近紫外等光谱辐射不灵敏，具有噪声低(暗电流小于 1 nA)、响应快、接收面积大等特点。光电倍增管广泛应用于光子计数、极微弱光探测、极低能量射线探测、分光光度计、扫描电镜等仪器设备中。

光电倍增管是一种基于外光电效应的器件，其内部具有电子倍增系统所以具有很高的电流增益从而能够检测极微弱的光辐射。端面入射光电倍增管结构如附图 2－1 所示，主要由入射窗、光电阴极 K、聚焦极 F、电子倍增极 D_i($i=1$，2，3，…，n)和阳极 A 等构成。

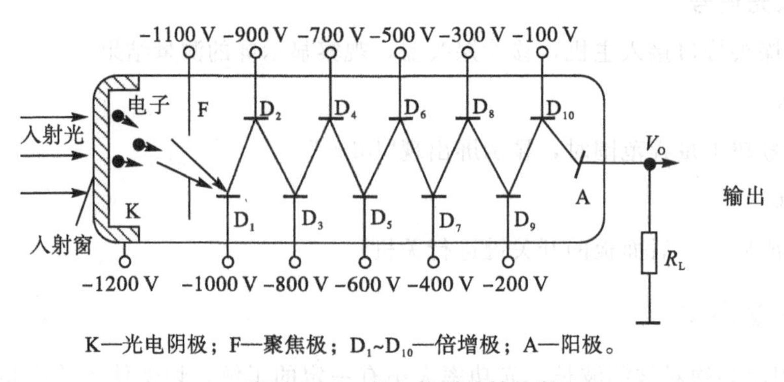

K—光电阴极；F—聚焦极；D_1~D_{10}—倍增极；A—阳极。

附图 2－1　光电倍增管结构图

当光照射到光电阴极表面时，如果入射光子能量大于光电阴极材料的逸出功，就会有电子从光电阴极表面逸出而成为自由电子，聚焦极 F 与阴极 K 共同形成的电子光学聚焦系统，将光电阴极发射的电子会聚成束并通过膜孔射向第一倍增极 D_1，快速的电子轰击使 D_1 产生二次电子发射，出射的电子数为入射电子数的 M 倍，这些电子又在 D_1 和 D_2 间电场作用下飞向 D_2，D_2 上又产生原来光电子数量 M_2 倍的二次电子流，电子逐一地在各个二次电子发射极上被倍增，到达末端二次电子发射极 D_n 的电子被阳极 A 收集成为阳极电流，在负载 R_L 上产生电压信号。所以光电倍增管的阳极电流是没有经过倍增的光电流的 M_n 倍。M_n 称为光电倍增管的放大倍数，一般 n 为 10 左右的光电倍增管，其放大倍数可达 10^6 量级。

一、光电倍增管的主要特性参数

光电倍增管的特性参数包括灵敏度、光谱响应度、电流增益、伏安特性、暗电流、线性和时间特性等。

1. 灵敏度

灵敏度是光电倍增管将光辐射转换成为电信号能力的一个重要参数，一般指积分灵敏度，单位为 μA/lm。光电倍增管的灵敏度一般包括阴极灵敏度和阳极灵敏度。

阴极光照灵敏度 S_K：通常用光照灵敏度或蓝光灵敏度表示，定义为用标准白光或蓝光照射光电阴极时，光电阴极发射到第一倍增极的阴极电流与入射光通量之比 $S_K=\frac{I_K}{\Phi}$，光通量为入射到光电阴极的光照度 E 和光电阴极面积的乘积 $\Phi=E\cdot A$。阴极光照灵敏度只与光电阴极的材料和光电倍增管的结构有关。

阳极光照灵敏度 S_A：定义为光照在光电阴极上时，在阳极上产生的阳极电流 I_A 与入射到光电阴极的光通量 Φ 之比，$S_A=\frac{I_A}{\Phi}$。实验得出，当入射光通量增大时，阳极电流在相当宽的范围内(10^{-13} lm～10^{-11} lm)是线性增大的，但光通量太大时，出现偏离线性，其原因为：倍增极发射二次电子产生疲劳，放大倍数减小；最后几级倍增极和阳极上有空间电荷堆积；有可能分压电阻选择不当使最后几级倍增极以及与阳极之间的电压降低，放大系数减小。阳极光照灵敏度除与光电阴极的材料和光电倍增管的结构有关外，还与工作电压有关。

2. 电流增益 *M*

在一定的入射光通量和阳极电压下，阳极输出电流 I_A 与光电阴极电流 I_K 之比，也可以由在一定工作电压下阳极灵敏度和阴极灵敏度的比值来确定，即 $M=\frac{I_A}{I_K}=\frac{S_A}{S_K}$ 表示光电倍增管的电流增益或放大倍数。M 主要取决于系统的倍增能力，它与各倍增极的二次电子发射系数有关。从阴极发射的光电子流 I_K，被收集到第一倍增极，发射出二次电子流 I_{d1}，这时第一倍增极的二次电子发射系数 $\delta_1=\frac{I_{D1}}{I_K}$，该电流从第一倍增极到第二倍增极等，直到第 n 级倍增极被连续倍增。第二倍增极以后 n 级倍增极的二次电子发射系数可用 $\delta_n=I_{Dn}/I_{Dn-1}$ 表示，从而阳极电流为 $I_A=I_K\cdot q\cdot\delta_1\cdot\delta_2\cdots\delta_n$，$q$ 为第一倍增极光电子收集效率，即第一倍增极产生的二次电子在第二倍增极以后各级都能被有效倍增的光电子的概率。若 δ 是每个倍增极的平均倍增系数，则近似有

$$M=I_A/I_K=q\cdot\delta_1\cdot\delta_2\cdots\delta_n=q\cdot\delta^n$$

因每极的二次电子发射系数均与其极间电压 V 的关系为 $\delta=a\cdot V^k$，a 是常数，k 由倍增极构造和材料决定，一般为 0.7～0.8。若 $q=1$，倍增极级数为 n，均匀分压时，电流增益 M 随工作电压 V_O 的变化为 $M=(a\cdot V^k)^n=a^n\cdot(\frac{V_O}{n+1})^{kn}=A\cdot V_O^{kn}$，$A=a^n/(n+1)^{kn}$。$M$ 在 10^5～10^8 之间。由此可见，电流增益与倍增极材料有关，与工作电压 V_O 的 kn 次方成正比。

3. 暗电流和噪声

光电倍增管接上工作电压后，在完全没有光照的情况下的阳极电流称为暗电流。暗电流的产生主要来自光电阴极或其他零件的热发射、极间欧姆漏电(光电倍增管内支撑电极的绝缘体在高压下的漏电流)、残余气体及场致发射等的再生效应，而光电阴极及第一倍增极的热电子发射是暗电流的主要成分。暗电流的起伏形成了暗电流噪声，光电倍增管的噪声主要有光电倍增管本身的散粒噪声和热噪声、负载噪声、光电阴极和倍增极发射时的闪烁噪声等。散粒噪声中一大部分是暗电流被倍增引起的。

暗电流的大小是衡量其质量的重要参数之一。暗电流决定了光电倍增管的极限灵敏度。一只质量好的光电倍增管，不仅要求暗电流数值小，而且还要求它是比较恒定的，适当降低工作电压可以降低暗电流，在高要求的工作场合，还可采取冷却措施，以抑制热电流，从而减小暗电流。光电倍增管的暗电流是工作电压的函数，所以在给出某倍增管的暗电流时，必须说明是在多大电压下测得的。

4. 伏安特性

当入射光通量一定时，阴极光电流与阴极和第一倍增极之间电压的关系称为阴极伏安特性。阳极输出电流与最后一级倍增极和阳极之间电压的关系称为阳极伏安特性。当阳极电压大于一定值后，阳极电流开始趋向饱和，与入射到阴极面上的光通量成线性关系。阴极伏安特性和阳极伏安特性类似，在实际应用中，人们感兴趣的是阳极伏安特性。

5. 时间特性

由于电子在倍增过程中的统计性质以及电子的初速效应和轨道效应，从阴极同时发出的电子到达阳极的时间是不同的，因此，输出信号相对于输入信号会出现展宽和延迟现象，这就是光电倍增管的时间特性。

6. 光谱响应特性

光电倍增管由阴极接收入射光子的能量并将其转换为电子，其转换效率(阴极灵敏度)随入射光的波长而变。这种阴极灵敏度与入射光波长之间的关系叫作光谱响应特性。光谱响应特性的长波端取决于光阴极材料，短波端取决于入射窗材料。

光电倍增管的绝对光谱响应率 $S(\lambda)$ 等于在给定波长 λ 的单位辐射功率 $P(\lambda)$ 照射下所产生的阳极电流 $I(\lambda)$ 的大小，即 $S(\lambda)=\dfrac{I(\lambda)}{P(\lambda)}$，单位为安/瓦。实际使用的光源，对于不同的波长，辐射功率不同。通常为了便于比较，以最大响应率作为1，求出其他响应率相对于最大响应率的比值，即 $S(\lambda)_r=\dfrac{S(\lambda)}{S(\lambda)_{max}}$，称为归一化相对光谱响应。

7. 光电特性

光电倍增管光电特性是指在一定的工作电压下，阳极光电流与入射于光电阴极的光通量之间的关系，是光电测量系统的一个重要指标。影响光电特性的原因很多，除与光电倍增管的内部结构有关外，在很大程度上取决于外部高压供电电路及信号输出电路。

使光电倍增管正常工作，需要在阴极 K 和阳极 A 加近千伏的电压。同时，还需要在阴极、聚焦极、倍增极、阳极之间分配一定的极间电压，才能保证光电子能被有效的收集，光电流通过倍增极系统得到放大。通常由附图 2－2 所示的电阻链分压来完成。

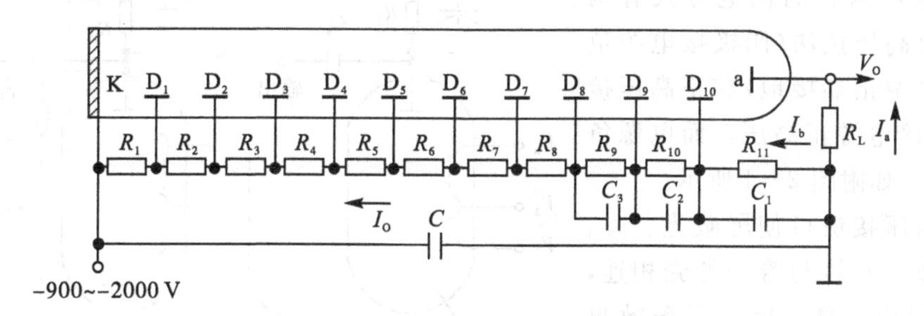

附图 2－2　光电倍增管的分压电路

流过分压电路的电流 I_b 与光电倍增管输出信号线性相关，分压电阻的取值应考虑到这一点。随着光通量的增加，阳极电流 I_a 也相应增加。当光通量进一步增大并超过某一定值后，阳极电流与光通量之间会偏离线性关系，甚至使光电倍增管进入饱和状态，如附图 2－3 所示。

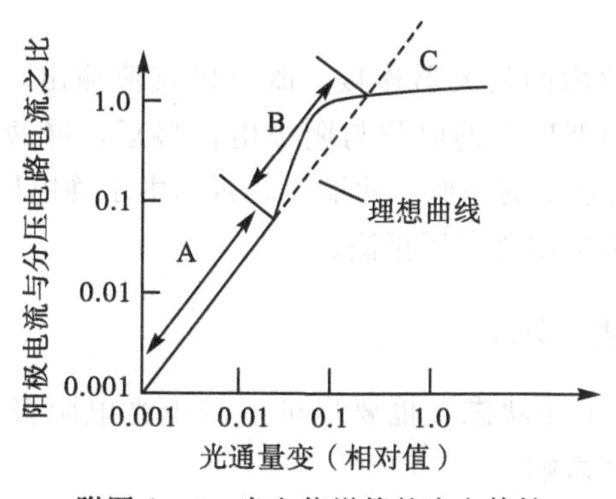

附图 2－3　光电倍增管的光电特性

输出信号直流情况下，当阳极电流为 I_a、末级倍增极 D_n 的二次发射系数为 ∂_n时，末级倍增极的一次电流 $I_{Dn}=I_a/\partial_n$，末级倍增极经过电阻 R_{n-1} 流向阴极的电流为 $I_a-I_{Dn}=\left(1-\frac{1}{\partial_n}\right)I_a$。同理，其他倍增极也有一部分电流流向阴极，而且这些电流随光电流增大而增大，这些电流会使各极间电压重新分配。当 I_a 远小于流过分压电路的电流 I_b 时，极间电压的重新分配不明显，阳极电流 I_a 随光通量线性增加，如曲线 A 段。当阳极电流增大到能与分压器电流相比拟时，极间电压的重新分配将很明显，导致阳极与后几级倍增极的极间电压下降，阴极与前几级倍增极的极间电压上升，结果光电倍增管的电流放大倍数明显增加，如曲线 B 段。当阳极电流进一步增加时，阳极与末级倍增极的极间电压趋向零，阳极的电子收集率逐渐减小，最后阳极输出电流饱和，如曲线 C 段。为防止极间电压的再分配以保证增益稳定，分压器电流至少为最大阳极电流的 20 倍。对于线性要求很高的应用场合，分压器电流至少为最大阳极平均电流的 100 倍。

8. 光电倍增管的接地

光电倍增管的供电方式有两种，即负高压接法(阴极接电源负高压，电源正端接地)和正高压接法(阳极接电源正高压，而电源负端接地)，如附图 2-4 所示。

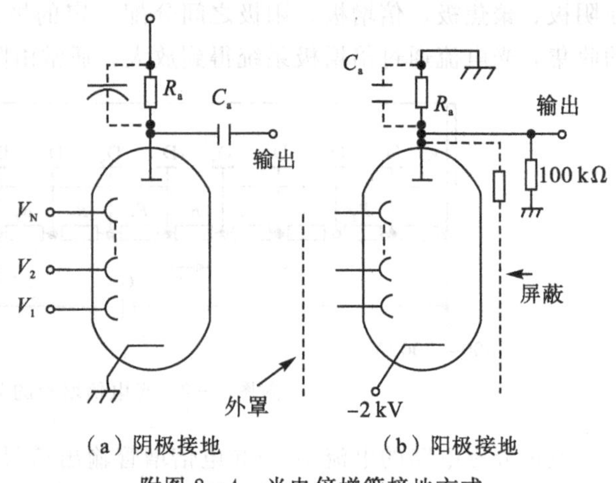

附图 2-4　光电倍增管接地方式

正高压接法可使屏蔽光、磁、电的屏蔽罩直接与管子外壳相连，甚至可制成一体，因而屏蔽效果好、暗电流小、噪声水平低。但阳极处于正高压，会导致寄生电容增大。直流输出时要求传输电缆能耐高压，同时因后级的直流放大器处于高电压状态，会产生一系列的不便；交流输出时则需要通过耐高压、噪声小的隔直电容。

负高压接法便于与后面的放大器连接，既可以直流输出，又可以交流输出，操作安全方便。其缺点在于因玻璃壳的电位与阴极电位接近，屏蔽罩和管子玻璃壳间的距离至少要 1～2 cm，致使系统的外形尺寸增大。否则由于静电屏蔽的寄生影响，暗电流与噪声都会增大。实验中采用负高压接法。

二、光电倍增管使用须知

(1)即使管子处于非工作状态，也要尽可能减少光电阴极和倍增极的不必要的曝光，以免对管子造成不良影响。

(2)光电倍增管对光的响应极为灵敏。光电阴极在室内曝光后，要在黑暗中放置 1～2 h 后暗电流才能恢复到原来数值，但如果在太阳光等强光下曝光后，则有可能受到损伤而不能恢复。所以管子在使用前，必须在黑暗中放置一段时间后，再加高压使用，切勿超过所规定的电压最大值。在没有完全隔绝外界干扰光的情况下切勿对管子施加工作电压，否则会导致管内倍增极的损坏。

(3)光电阴极的端面是一块粗糙度极小的玻璃片，要妥善保护。

(4)有磁场影响的场合，应该用高导磁金属进行磁屏蔽。

(5)与光电阴极区的外壳相接触的任何物体应处于光电阴极电位。

附录3　照度计的原理与使用方法

照度计也称勒克斯计，是一种专门测量照度的仪器，主要由受光探头和读数显示器两部分组成，而受光探头由余弦修正器(或称角度补偿器)、干涉滤光片、硅光电池等组成。电子照度计属于一种光照度测量设备，适用于农业生产、日常生活、户外旅行时测量光照度。

一、工作原理

照度计工作时，光辐射通过余弦修正器、干涉滤光片后投射到光电池，如附图3-1所示。此时就会产生一个电信号，经过I/V变换，然后通过信号放大器，最后在显示器上显示出相应的数据，即照度值。

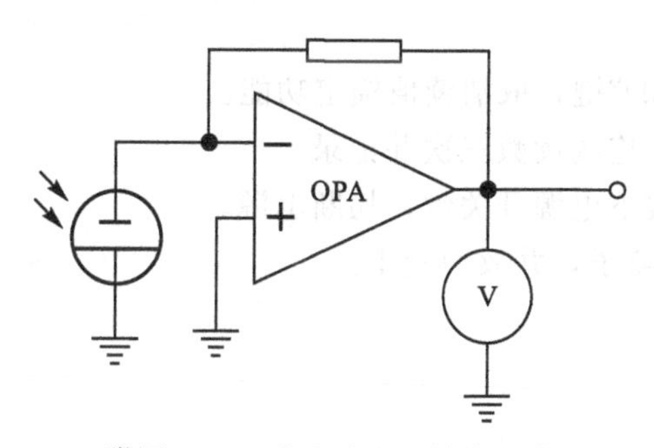

附图3-1　光电池光电转换电路

光电池实质为一个接收面较大的光电二极管，当没有光照时，光电二极管相当于普通二极管，流过二极管的总电流为

$$I=I_s(e^{\frac{eV}{kT}}-1)$$

式中，I_s为反向饱和电流；k为玻尔兹曼常量；e为电子电荷；T为工作温度；V为加在二极管两端的电压。当光电池施加正偏压时，产生随偏压指数增长的正向电流。当光电池施加负偏压时，反向击穿前的反向饱和电流基本为常数。

有光照射施加零偏或负偏的光电池时，若I_p表示硅光电池产生的反向光电流，则总电流表示为

$$I=I_s(e^{\frac{eV}{kT}}-1)+I_p$$

可见，光电池零偏时，$I=I_p$；光电池处于负偏时，$I=I_p-I_s$。故当光电池作光电转换元件时，通常使其处于零偏或负偏状态，因光照产生的光电流I_p与输入光功率P_i间的关系为

$$I_p=R_fP_i$$

式中，R_f 随入射光波长不同而变化。

光照度表示单位面积上接收的光通量，单位为 lux。光功率相等而入射方向不同的光源照射光电池时，光电池的响应符合余弦定理，即在垂直入射的方向上响应最大，随入射角的增加，响应按余弦规律减小，直至入射角 90°时响应为零。因入射角度大于 40°时，探测器表面反射的光辐射比小角度时大，照度计响应不符合响应余弦特性，通常在探测器前增加角度补偿器。补偿器可用乳白玻璃或乳白有机玻璃制成。

二、使用方法

(1)打开电源。

(2)打开光检测器盖子，并将光检测器水平放在测量位置。

(3)选择适合测量挡位。如果显示屏只显示“1”，表示照度过量，需要按下量程键，调整测量倍数。

(4)照度计开始工作，并在显示屏上显示照度值。

(5)显示屏上显示数据不断地变动，当显示数据比较稳定时，按下“HOLD”键，锁定数据。

(6)读取并记录读数器中显示的观测值。观测值等于读数器中显示数字与量程值的乘积。

(7)再按一下“HOLD”键，取消读值锁定功能。

(8)每一次观测时，连续读数三次并记录。

(9)测量完成后，按下电源开关键，切断电源。

(10)盖上光检测器盖子，并放回盒里。

附录 4　特斯拉计的使用方法

特斯拉计也称为高斯计，是检测磁场感应强度的专用仪器，可用于测量直流磁场、交变磁场、辐射磁场等各类磁场的磁感应强度，是磁性测量领域中用途最为广泛的测量仪器之一。实际工作中，通常用来测量永磁材料的表面空间磁场的分布，测量磁路结构内的间隙磁场，测量铁磁物质的剩余弱磁场和环境磁场等。

一、工作原理

特斯拉计所使用的传感器基于霍尔效应原理制成。如附图 4－1 所示，金属或半导体薄片置于磁感应强度为 B 的磁场中，磁场方向垂直于半导体薄片，当有电流 I 流过该薄片时，电子受洛伦兹力的影响在垂直于电流和磁场的方向上会产生一个电动势 E_H，此现象被称为霍尔效应。具有上述霍尔效应的元件称为霍尔元件。

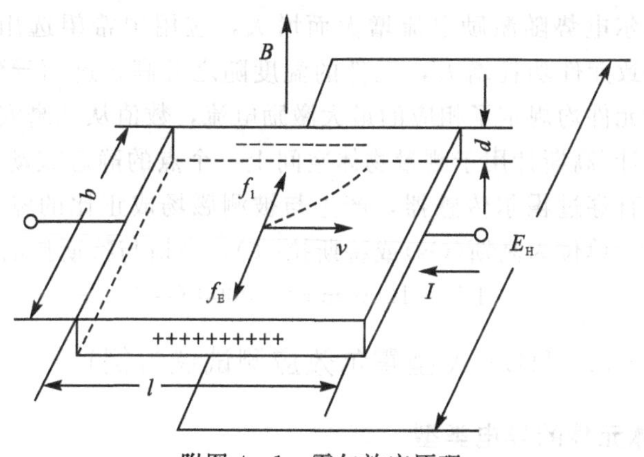

附图 4－1　霍尔效应原理

设霍尔薄片的长度为 l，宽度为 b，厚度为 d，浓度为 n 电荷量为 e 的电子以均匀的速度 v 运动入射到薄片，则在垂直方向施加的磁感应强度 B 的作用下，电子受到洛伦兹力 $f_L=evB$ 的作用向一侧偏移，在薄片的两端面间形成感应电动势表示为

$$E_H=\frac{1}{ne}\cdot\frac{IB}{d}=R_H\cdot\frac{IB}{d}$$

其中，比例系数 $R_H=\frac{1}{ne}$ 称为霍尔系数。可见，除了流入的电流越大电子和空穴积累得越多，作用在薄片上的磁感应强度越强，霍尔电动势也就越高以外，薄片厚度、半导体材料中的电子浓度等因素也对霍尔电动势有很大的影响。由于电子浓度及电子电荷量为常数，当薄片材料及尺寸确定后，可由上式获得霍尔元件的灵敏度

$$K_{\mathrm{H}}=\frac{1}{ned}=\frac{E_{\mathrm{H}}}{IB}$$

当霍尔元件的材料和厚度确定时，根据霍尔系数或灵敏度可以得到载流子的浓度

$$n=\frac{1}{eR_{\mathrm{H}}}=\frac{1}{edK_{\mathrm{H}}}$$

因金属材料中电子浓度很大，故金属材料霍尔元件的灵敏度非常小，而半导体材料中的电子浓度较小，所以半导体材料的霍尔元件灵敏度比较高。也可以看出，霍尔薄片厚度越小，其灵敏度越高。

若磁感应强度 B 不垂直于霍尔元件，而是与其法线成某一个角度 θ 时，实际上用于霍尔元件上的有效磁感应强度是其在霍尔元件法线方向上的分量 $B\cos\theta$，这时的霍尔电动势为

$$E_{\mathrm{H}}=K_{\mathrm{H}}IB\cos\theta$$

可见，霍尔电动势和输入电流大小、磁感应强度大小成正比。当控制电流或磁感应强度的方向改变时，霍尔电势的方向也随之改变，但当磁场与电流同时改变方向时，霍尔电势并不改变方向。如果所加的磁场为交变磁场，霍尔电势为同频率的交变电势。

霍尔传感器是由霍尔元件组成。利用霍尔电势是关于输入电流、磁感应强度及其与元件的夹角三个变量的函数，当固定两个不变量将第三个量作为变量，或者固定一个量其余两个量都作为变量时，制作的霍尔传感器可以测量能够转换为磁场变化的其他物理量。由于霍尔电势随激励电流增大而增大，应用中希望选用较大的激励电流，但激励电流增大导致元件功耗增大，元件的温度随之升高，进而导致霍尔电势的温度漂移增大，故每种元件均规定了相应的最大激励电流，数值从几毫安到几十毫安不等。

实验中特斯拉计/高斯计用于测量物体空间上一个点的静态或动态磁感应强度，物体发出的磁力线垂直穿过霍尔传感器，产生与被测磁场成正比的输出电压，在液晶屏上显示磁感应强度，单位为高斯(Gs)或特斯拉(T)，高斯与特斯拉的转换关系为

$$1\ \mathrm{T}=1000\ \mathrm{mT}=10000\ \mathrm{Gs}$$

二、典型应用(以 HL－A 型霍尔效应测试仪为例)

1. 判断半导体元件的导电类型

根据实验中的磁场 B，通过霍尔元件的工作电流 I 的方向和所测霍尔电压的正负，就能确定霍尔元件的导电类型。

2. 测量电磁铁的磁感应强度

(1)测量电磁铁气隙内一点的磁感应强度。

调节磁化电流 1.00 A，工作电流 10.0 mA，移动标尺按顺序将 B、I 换向，测试仪上显示出相应的霍尔电压，计算出磁感应强度。

(2)测量磁感应强度在电磁铁气隙内的分布情况。

上述磁化电流和工作电流不变，移动标尺，使霍尔元件在不同的位置，测出相应的霍尔电压，即可了解其磁感应强度的分布情况。

3. 研究工作电流与霍尔电压的关系，并测定霍尔系数、载流子浓度和霍尔灵敏度

(1)电磁铁的磁化电流为一定值，取 10 种不同的工作电流 I，测量相应的霍尔电压

V_H，绘出 $I-V_H$ 的关系曲线。

(2)横坐标取工作电流 I，纵坐标取霍尔电压 V_H，理论上得到一条通过坐标原点"0"的倾斜率为$\frac{R_H B}{d}$的直线，根据已知的 B 和 d(0.2 mm)，求得霍尔系数 R_H。

(3)根据 $n=\frac{IB}{V_H de}=\frac{1}{R_H e}$和已知载流子的电量($e=-1.6\times10^{-19}$库仑)，可求得载流子浓度 n。

(4)霍尔元件垂直放入磁场中，由测得的工作电流和霍尔电压，即可求得霍尔灵敏度 K_H。

三、使用方法

(1)将电源线接入工频交流电 220 V 的电网中。

(2)将测量探头连线接入电源箱后板插上，开启电源开关，并根据待测磁场选择测量方式。

(3)将测量探头远离待测的磁场，调节调零旋钮，使数显值为零。

(4)将测量探头推出，置于待测磁场中，慢慢旋转探头的角度，使其数显值为最大(霍尔元件和磁场方向垂直)时，记录此数值，即为待测值。

(5)测量完毕后，将探头插入保护套内，关闭电源开关。

四、注意事项

(1)霍尔元件位于探头的最前端，极易损坏，使用时需小心操作，探头不可受力、不可撞击、不可挤压，不用时一定要使其处于保护套内。

(2)对交变磁场测量时，显示值为交变磁场的平均值。

(3)由于霍尔元件具有一定的温度系数，所以测量时需尽量保证在小的温度变化范围内进行，以免引起过大的误差。

(4)励磁电流换向时，应将电流调到 100 mA 以下。

(5)磁铁磁性比较强，检查、测量地感应器时要注意安全，尽量使手表、磁卡、手机等远离磁铁。

附录 5　游标卡尺的使用方法

一、结构

游标卡尺的结构如附图 5－1 所示，它包含有主尺 E(最小分度值为毫米)和套在主尺上可以滑动的游标尺 F。主尺一端有两个垂直于主尺长度方向的固定量爪 A 和 C。游标左端也有两个垂直于主尺长度方向的活动量爪 B 和 D。另外有一测量深度的尾尺 G。B、D 和 G 都随游标一起移动。游标上方有一个固定螺钉 T，当它松开时可使游标尺沿主尺自由滑动。当量爪 A 和 B 密切接触时，量爪 C 和 D 也密切接触，且尾尺 G 的尾端恰与主尺的尾端对齐，主尺上的“0”线和游标尺上的“0”线也正好对齐。外量爪 A 和 B 用以测量物体长度或圆柱体外径，前端的刀刃用来测量有弯曲处的厚度。内量爪 C 和 D 是用于测量空心物体的内径和其他尺寸。尾尺 G 用以测量小孔的深度。

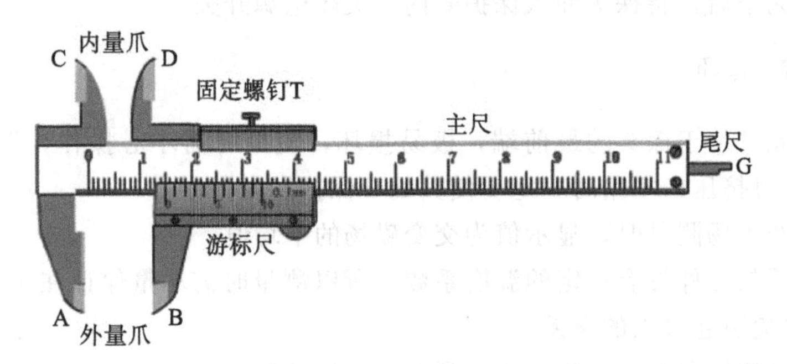

附图 5－1　游标卡尺

二、读数原理

利用游标卡尺测量长度，它的读数值是由游标尺的“0”线和主尺的“0”线之间的距离表示出来。毫米以上的整数部分可以从主尺上直接读出，即主尺上与游标尺“0”刻度相邻的左边那条毫米刻度线所对应的数值。而毫米以下的小数部分要从游标上那一条刻线与主尺上的某条刻线对齐来读。究竟怎么读，要看游标尺如何分度而定。下面以 10 分度游标为例来说明。

游标卡尺在结构上的主要特点：游标尺上 n 个分格的总长与主尺上 $n-1$ 个分格的总长相等。设 y 代表主尺上一个分格的长度，x 代表游标尺上一个分格的长度，则有

$$nx=(n-1)y$$

主尺与游标上每个分格的长度差值称为游标的精确度，即

$$\Delta=y-x=\frac{1}{n}\cdot y$$

例如：10 分度游标的精确度。主尺上一分格长为 1 mm，游标尺上一分格长为 0.9 mm，$\Delta=0.1$ mm。当量爪 A、B 合拢时，游标尺上的“0”线与主尺上的“0”线重合，如附图 5－2 所示。

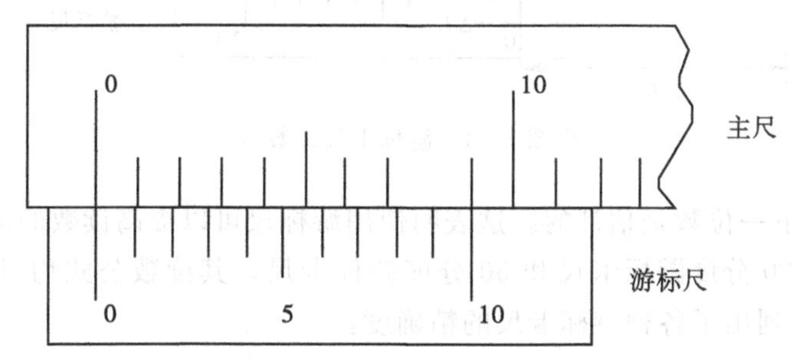

附图 5－2　游标卡尺读数 1

这时游标尺上除“0”线外第一条刻线在主尺除“0”线外第一条刻线的左边 0.1 mm 处，游标尺上第二条刻线在主尺第二条刻线的左边 0.2 mm 处……，依此类推。这就是利用游标进行测量的依据，如果在量爪 A、B 间放进一张厚度为 0.1 mm 的薄板，那么与量爪 B 相连的游标尺就要向右移动 0.1 mm，这时游标的第一条刻线就与主尺的第一条刻线相重合，而游标上其他各条刻线都不与主尺上任一条刻线重合。如果薄板厚 0.2 mm，则游标尺就要向右移动 0.2 mm，游标上的第二条刻线与主尺上和第二条刻线相重合……，依此类推。反过来说，如果游标上第五条刻线与主尺上的刻线重合，而且游标上的零线又没有超过主尺上 1 mm 的刻度线，那么薄板的厚度就是 0.5 mm，如附图 5－3 所示。

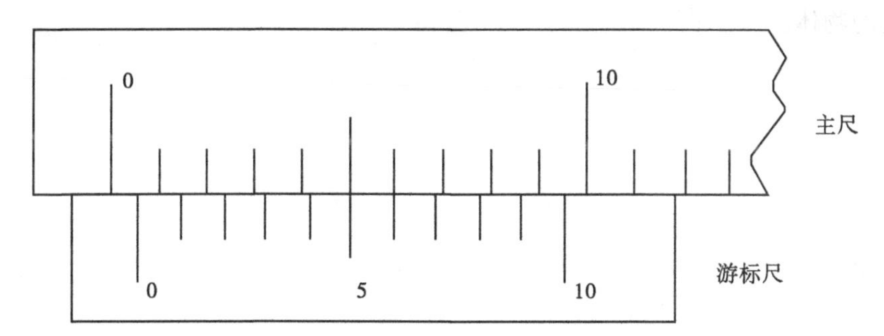

附图 5－3　游标卡尺读数 2

综上所述，游标卡尺的读数方法可以总结为：如果游标尺上“0”线在主尺上 K～K＋1 mm 的某一位置，而游标尺上第 P 条刻线与主尺上某刻线对齐，则这个被测物体的长度为

$$L=K+P\cdot\Delta$$

例如在测量某物体的长度时，游标尺处在如附图 5－4 所示的位置。

长度的整数部分，可直接从主尺上读出为 $L_0=8$ mm，因游标尺上第 7 条刻线与主尺上的刻线对齐；小数部分应为 $\Delta L=7\times0.1=0.7$ mm，所以待测物体的长度为 $L=L_0+\Delta L=8.7$ mm。

从上面的例子可以看出，由于用了游标尺，毫米以下这一位数是准确的，而用米

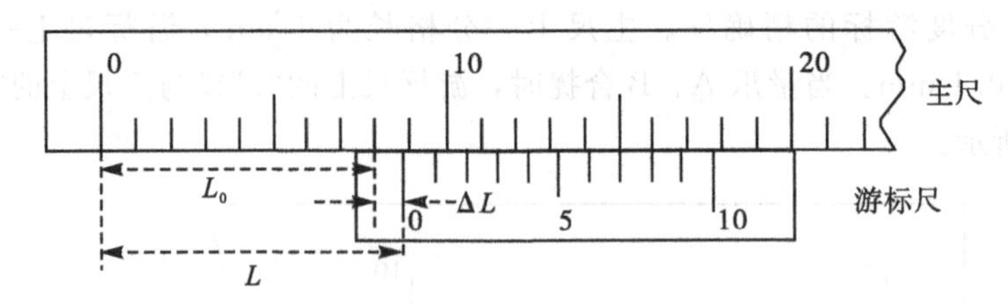

附图 5-4　游标卡尺读数 3

尺测量，毫米以下一位数是估计的。这表明使用游标尺可以提高读数的准确度。

常用的还有 20 分度游标卡尺和 50 分度游标卡尺，其读数公式均可依照上述方法推导，附表 5-1 列出了各种游标卡尺的精确度。

附表 5-1　各种游标卡尺的精确度

名称	精度/mm	游标尺总长/mm	分度数	游标尺最小分度/mm	主尺最小分度/mm
10 分度	0.1	9	10	0.9	1
20 分度	0.05	19	20	0.95	1
50 分度	0.02	49	50	0.98	1

三、注意事项

使用游标卡尺时，应一手拿物体，另一手持尺，要特别注意保护量爪，使用时轻轻把物体夹住即可读数，不要用力过大，不允许用来测量粗糙物体，切忌在卡口内挪动被夹紧的物体。

附录 6　螺旋测微器的使用方法

一、结构与原理

螺旋测微器(千分尺)是比游标卡尺更精确的长度测量仪器。常用的一种如附图 6－1 所示。它的量程是 25 mm，精确度为 0.01 mm 即 0.001 cm，故又称千分尺。

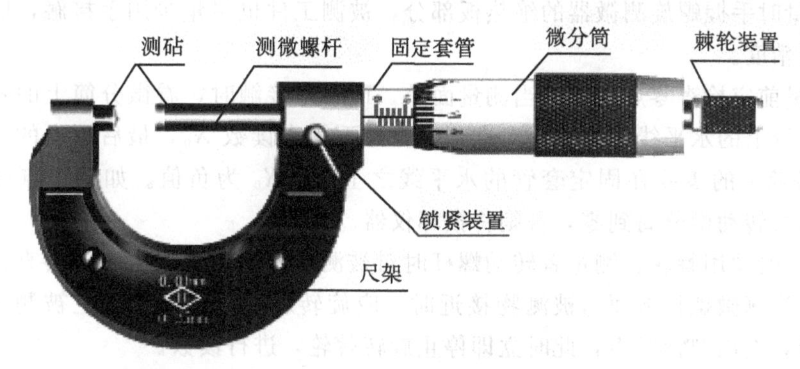

附图 6－1　螺旋测微器

螺旋测微器由一根精密的测微螺杆和有毫米刻度的固定套管组成。固定套管外有一微分筒，微分筒上沿圆周刻有 50 个等分格，当微分筒旋转一周，即 50 分格，测微螺杆正好沿轴线方向移动一个螺距 0.5 mm。微分筒转动一分格，螺杆沿轴向移动 0.5/50＝0.01 mm 。

二、读数方法

测量物体尺寸时，应先把测微螺杆退开，将待测物体放在测砧面之间，然后轻轻转动后端的棘轮装置，推动螺杆，把待测物体刚好夹住(棘轮刚好发出声响)。读数时，应该先从固定套管上读出整数刻度(每分度 0.5 mm)，再以固定套管上的水平线为读数准线，读出微分筒上的分度数(每分度 0.01 mm)，估计到最小分度的十分之一，即 0.001 mm。如附图 6－2(a)、(b)所示，其读数分别为 7.983 mm 和 8.132 mm。

需要提醒的是固定套管的标尺刻在水平线的上下，上面刻线表示整毫米数，下面刻线在上面二个刻线的中间，表示 0.5 mm。读数时由主尺读整刻度值，0.5 mm 以下由微分套筒读出分度值，并估读到 0.001 mm。

注意主尺半毫米刻线是否露出套筒边缘，如附图 6－2(a)、(b)读数的差别。

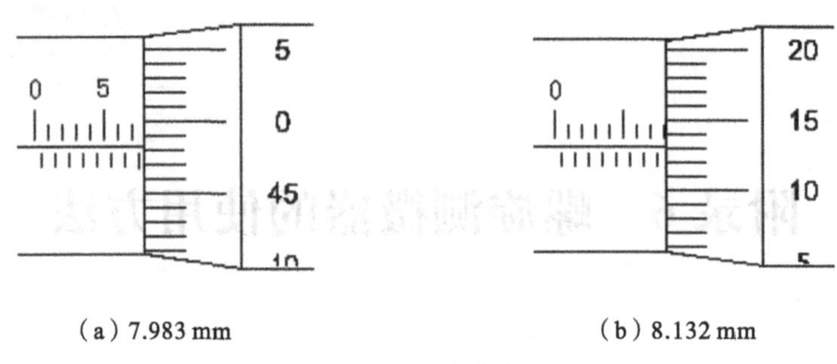

(a) 7.983 mm　　(b) 8.132 mm

附图 6-2　读数方法

三、注意事项

(1)测量时手握螺旋测微器的绝热板部分，被测工件也尽量少用手接触，以免因热胀影响测量精度。

(2)测量前应检查零点读数。当测量面A、B刚好接触时，看微分筒上的零线是否对准固定套管上的水平线，如果没对准，就要记下零点读数 X_0，最后测出的读数要减 X_0。当微分筒上的零线在固定套管的水平线之上时，X_0 为负值。如果零点读数不为零，不得强行转动微分筒到零，否则将损坏仪器。

(3)测量时须用棘轮。测量者转动螺杆时对被测物施加压力的大小，会直接影响测量的准确。当测微螺杆端面与被测物接近时，应旋转棘轮，直至接触上被测物时，棘轮自动打滑，发出“嗒嗒”声，此时立即停止旋转棘轮，进行读数。

(4)用毕还原仪器时，应将螺杆退回几转留出空隙，以免热胀使螺杆变形。

附录 7　万用表的使用方法

数字万用表属于比较简单的测量仪器，下文以 FLUKE 15B 数字万用表(见附图 7－1)为例，介绍数字万用表进行电压、电流、电阻、二极管、电容测量的方法。

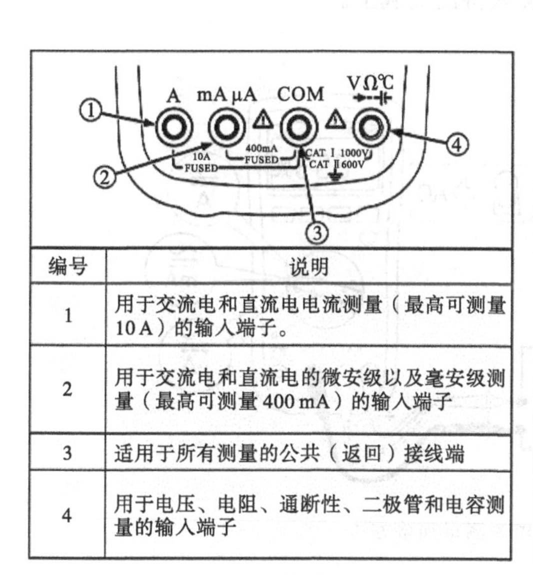

编号	说明
1	用于交流电和直流电电流测量（最高可测量 10 A）的输入端子。
2	用于交流电和直流电的微安级以及毫安级测量（最高可测量 400 mA）的输入端子
3	适用于所有测量的公共（返回）接线端
4	用于电压、电阻、通断性、二极管和电容测量的输入端子

（a）接线端

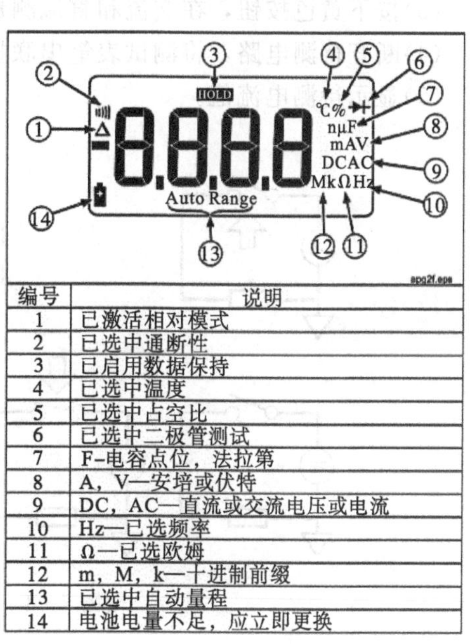

编号	说明
1	已激活相对模式
2	已选中通断性
3	已启用数据保持
4	已选中温度
5	已选中占空比
6	已选中二极管测试
7	F-电容点位，法拉第
8	A，V—安培或伏特
9	DC，AC—直流或交流电压或电流
10	Hz—已选频率
11	Ω—已选欧姆
12	m，M，k—十进制前缀
13	已选中自动量程
14	电池电量不足，应立即更换

（b）显示屏

附图 7－1　FLUKE 15B 型数字万用表

1. 交流和直流电压测量

(1)如附图 7－2 所示将黑表笔插入“COM”插孔，红表笔插入“VΩ”插孔。

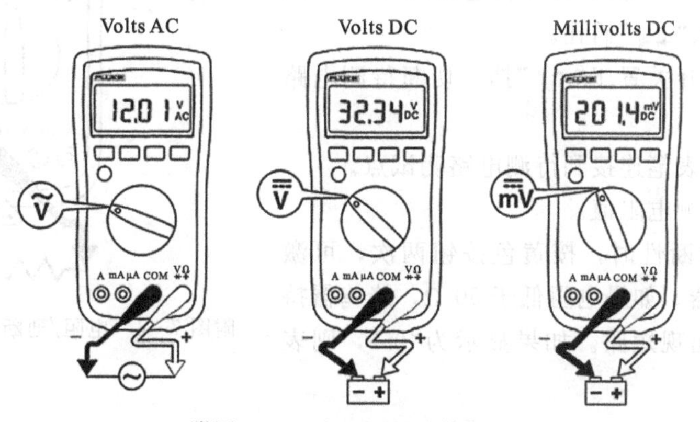

附图 7－2　电压测量连接方法

(2)交流电压测量时将功能开关置于 $\tilde{V}$ 挡，直流电压测量时将功能开关置于“$\overline{V}$”或“$\overline{mV}$”挡。

(3)将测试表笔连接到待测电源或电路测试点。

(4)显示待测电压值。

2. 直流和交流电流的测量

(1)如附图 7-3 所示将黑表笔插入“COM”孔，红表笔根据电流大小插入“A”或“mA μA”孔。

(2)根据所测电流范围将功能开关置于“A”、“mA”或“μA”挡。

(3)按下黄色按钮，在交流和直流测量之间切换。

(4)断开待测电路，将测试表笔串联接入待测负载上。

(5)显示待测电流值。

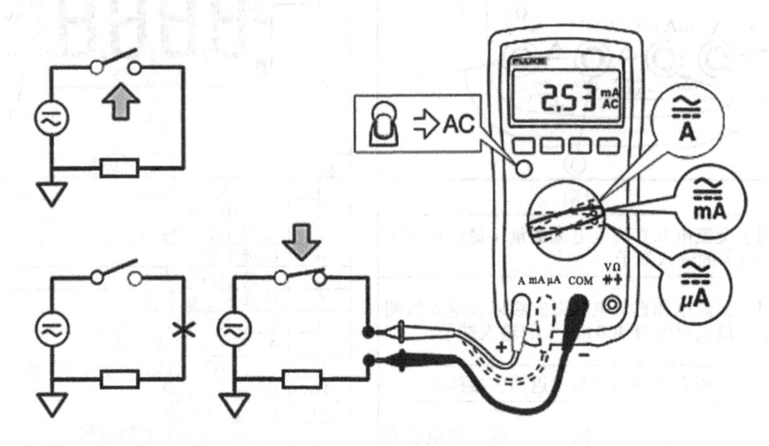

附图 7-3　电流测量连接方法

3. 电阻测量

测量电路中的电阻或电路的通断性时，为避免电击或损坏电表，请确保电路的电源已关闭，并将所有电容器放电。

(1)如附图 7-4 所示将黑表笔插入“COM”插孔，红表笔插入“VΩ”插孔。

(2)将功能开关置于“Ω”挡，切断待测电路电源。

(3)将测试表笔连接到待测电路测试点。

(4)显示待测电阻值。

(5)测量通断性时，按黄色按钮两次，可激活通断性蜂鸣器。如果电阻低于 50 Ω，蜂鸣器持续响起，表明出现短路。如果显示为“OL”，则表示电路断路。

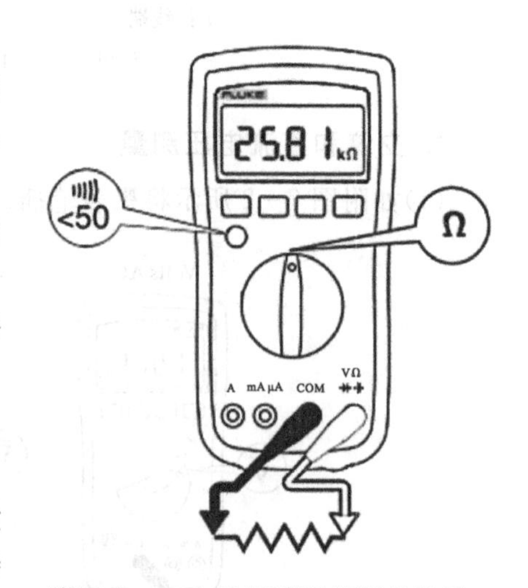

附图 7-4　电阻/通断性测量连接图

4. 二极管测量

测量电路中的二极管时，为避免电击或损坏电表，请确保电路的电源已关闭，并将所有电容器放电。

(1)将黑表笔插入“COM”插孔，红表笔插入“VΩ”插孔。

(2)将功能开关置于“→|”挡，切断待测电路电源。

(3)按黄色按钮一次，可启动二极管测试。

(4)用红表笔接二极管的正极，黑表笔接负极。

(5)显示待测二极管的正向偏压(锗材料的压降0.2 V左右，硅材料压降0.7 V左右)。

(6)若表笔极性与二极管极性相反，读数显示“OL”。

此法可以用来区分二极管的正负极。

5. 电容测量

测量电路中电容时，为避免电击或损坏电表，请确保电路的电源已关闭，并将所有高压电容器放电。

(1)将黑表笔插入“COM”插孔，红表笔插入“VΩ”插孔。

(2)将功能开关置于“⊣⊢”挡，切断待测电路电源。

(3)两表笔分别接触电容器的引脚。

(4)读数稳定后，显示待测电容值。

万用表使用注意事项：

(1)勿在有爆炸性气体、蒸气或粉尘环境中使用。

(2)对有效值30 V或峰值42 V的交流电压，以及60 V以上的直流电压，在使用万用表测量时应格外小心，避免电击。

(3)测量电路中的电阻、通断性、二极管、电容时，确保电路的电源已关闭，并将所有高压电容器放电。

(4)避免超过万用表量程的电压或电流测量。

附录 8　数字示波器的使用方法

数字示波器是利用数据采集、A/D 转换、数据处理等一系列技术制造出来的高性能示波器，因具有波形触发、存储、显示、数据分析处理等独特优点，使用日益普遍。数字示波器如果使用不当，会产生较大的测量误差，从而影响测试任务。

数字示波器首先将输入的电压信号经耦合电路送至前端放大器，前端放大器将信号放大，以提高示波器的灵敏度和动态范围。放大器输出的信号由取样/保持电路进行取样，并由 A/D 转换器数字化，经过 A/D 转换后，信号变成了数字形式存入存储器中，微处理器对存储器中的数字化信号进行处理，通过算法将离散的被测信号以连续的形式在屏幕上显示出来。数字示波器原理框图如附图 8－1 所示。

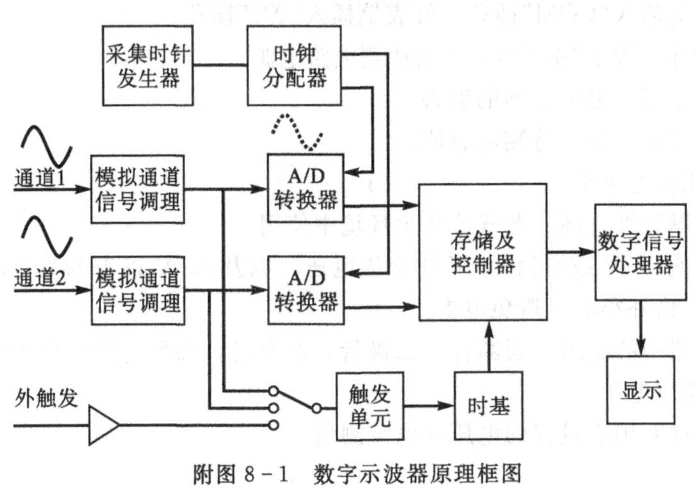

附图 8－1　数字示波器原理框图

一、数字示波器的关键指标

带宽、采样率和存储深度是数字示波器的三大关键指标，是示波器选型时必须考虑的几个要素。

1. 带宽

示波器带宽指的是正弦输入信号衰减到其实际幅度的 70.7%时的频率值，即常用的－3 dB 截止频率点。带宽决定着示波器对信号的基本测量能力，随着信号频率的增加，示波器对信号的准确显示能力将下降。如果没有足够的带宽，示波器将无法分辨高频变化，幅度将出现失真，边缘将会消失，细节数据将被丢失，得到的关于信号的所有特性都是没有意义的。故带宽被视为示波器的第一指标，选择示波器时首先确定的也是带宽。

带宽对输出波形影响较大，低带宽会导致信号主要谐波分量消失，使原本规则的波形呈现圆弧状接近正弦波，低带宽也会给波形上升时间和幅度的测量带来较大的误差，如附图8-2所示。因此如果要对波形进行准确测量，应该让示波器的带宽大于波形的主要谐波分量。对于正弦波要求示波器的带宽大于波形的频率，对于非正弦波要求示波器的带宽大于波形的最大主要谐波频率。

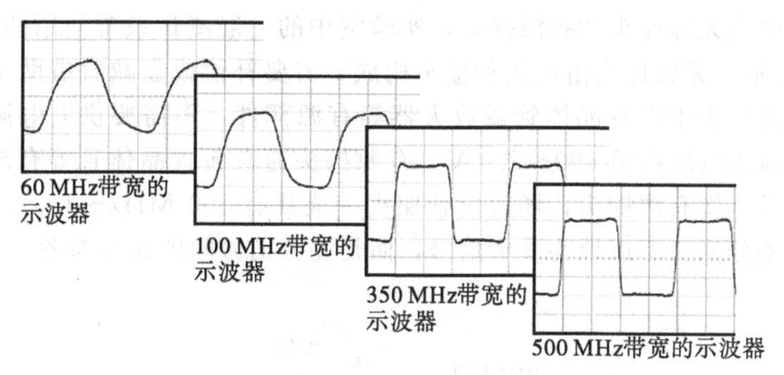

附图8-2 不同带宽的示波器观察到的50 MHz的方波信号

2. 采样率

采样是数字示波器进行波形运算和分析的基础，是使信号从连续到离散的过程，如附图8-3所示。通过测量等时间间隔波形的电压幅值，并把该电压转化为用8位二进制代码表示的数字信息，即数字示波器的采样。采样电压之间的时间间隔越小，重建出来的波形就越接近原始信号。采样率是指示波器的采样速率，表示每秒采样多少个点。如果示波器的采样率是10 GSa/s，则意味着每100 ps进行一次采样。

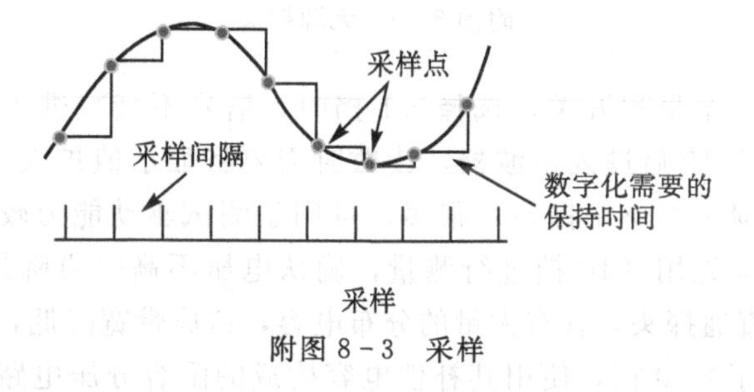

附图8-3 采样

根据奈奎斯特(Nyquist)采样定理，采样率低于Nyquist采样率会导致混叠现象。当对一个最高频率为f的带限信号进行采样时，采样频率必须大于f的两倍以上才能确保从采样值完全重构原来的信号。对于正弦波，每个周期至少需要两次以上的采样才能保证数字化后的脉冲序列能较为准确地还原原始波形。

3. 存储深度

存储深度表示示波器在最高实时采样率下连续采集并存储采样点的能力，它表示示波器单次触发采集点的数量。最大存储深度由示波器的存储器容量决定，增加存储深度可通过外部存储器实现，存储深度越深越利于观察波形细节。

提高示波器的存储深度可以间接提高示波器的采样率。当要测量较长时间的波形时，由于存储深度是固定的，所以只能降低采样率，但这样势必造成波形质量的下降；如果增大存储深度，则可以以更高的采样率来测量，以获取不失真的波形。

4. 探头

探头是测试点或信号源和一台示波器之间物理及电路连接的重要媒介。探头和示波器共同组成测量系统，探头带宽低于示波器带宽将影响整个测量系统的带宽，进而影响被测参数的精确度。探头没有采取屏蔽措施则容易受到外界电磁场的干扰，且探头本身等效电容较大，会造成被测电路的负载增加，使被测信号产生失真。

探头可以分为无源探头和有源探头，实验室中的一般测量最常使用的是无源探头。如附图 8-4 所示，无源探头由电线和接头构成，需要补偿或衰减时借助于电阻器与电容器实现。无源探头中没有晶体管或放大器等有源部件，不需要供电电源。常用的无源探头测量的最大电压峰值 400～500 V。有源探头通常包含晶体管等有源器件，通常是一只场效应晶体管有源探头，场效应管探头一般具有 500 MHz～4 GHz 的带宽，需要供电电源。差分探头不以地为参考信号，而是差分信号间的相互参考。

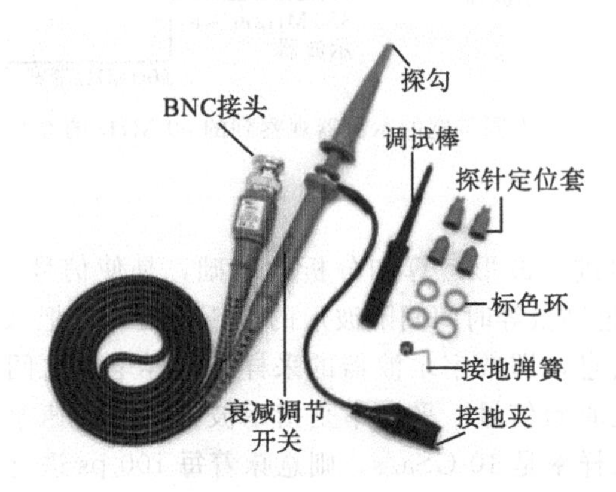

附图 8-4　无源探头

探头手柄上有一个量程开关，选择×1 挡时，信号不衰减进入示波器；选择×10 挡时，信号经衰减 1/10 后进入示波器，读数时需要将显示值扩大 10 倍才是实际的读数。×10 挡的输入阻抗比×1 挡要高很多，可用于测试驱动能力较弱的信号。不确认信号电压大小时，应先用×10 挡进行测量，确认电压不高时再降挡完成测量。另外，因×1 挡时探头为直通探头，含有大量的分布电容，造成带宽降低，故实际测量高频信号时，需将探头置于×10 挡，使用其补偿电容构成的阻容分压电路减小等效电容，提高探头的带宽进而保证测量的精确度。

首次将探头与任一示波器通道相连时需要先进行探头补偿，使其特性与示波器的通道匹配。探头的补偿欠缺可能会造成测试错误，如附图 8-5 所示。另外，探头使用时，要保证接地夹可靠接地(被测系统地，而非真正大地)，不然测量时会看到一个很大的 50 Hz 信号，是示波器接地不良感应的 50 Hz 的工频干扰信号。需要补偿时，调节探头上的可变电容，直至显示补偿正确。

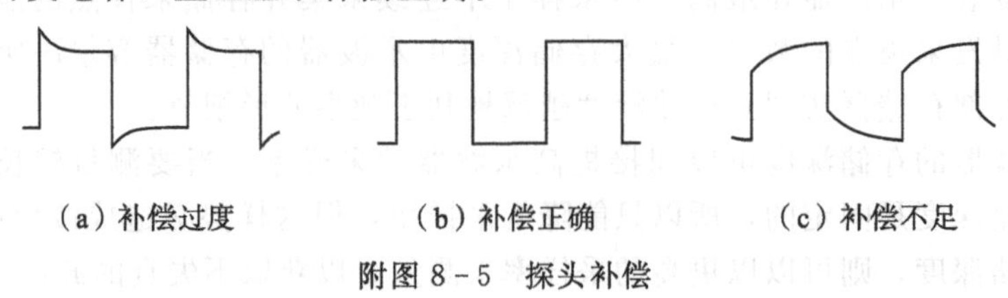

附图 8-5　探头补偿

二、数字示波器的使用

同模拟示波器相似，数字示波器由垂直、水平、触发及显示四大部分构成。以DS5022ME 型数字示波器的常用测量为例进行简要说明，DS5022ME 型数字示波器前面板如附图 8－6 所示。

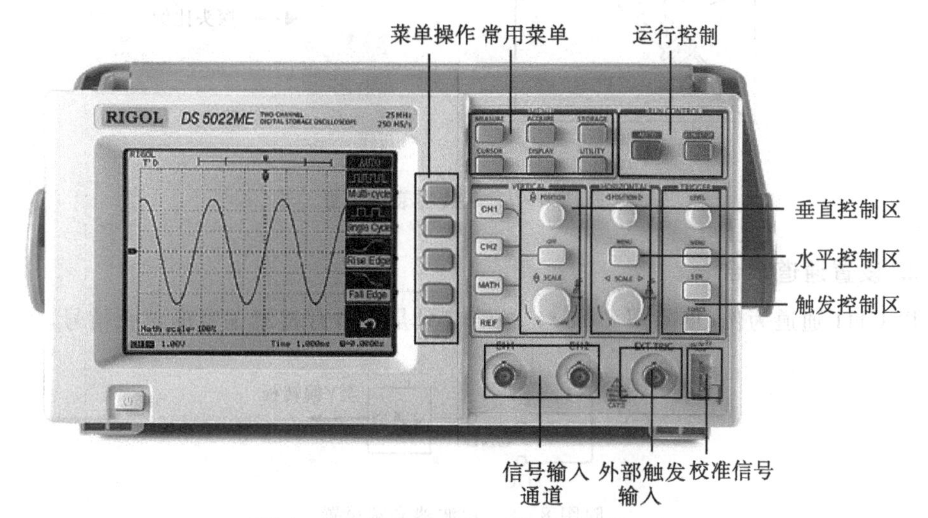

附图 8－6　DS5022ME 型数字示波器面板

垂直控制区(VERTICAL)：POSITION 旋钮控制信号的垂直显示位置，转动时指示通道地(GROUND)标识将跟随波形随着旋钮转动上下移动；SCALE 旋钮改变“V/div”垂直挡位，按下该旋钮可以进行该垂直通道的粗调/细调切换；按 OFF 按键关闭当前选择的通道。

水平控制区(HORIZONTAL)：转动 SCALE 旋钮改变“s/div(秒/格)”水平挡位，水平扫描速度从 1 ns～50 s 变化，按下该旋钮可以进行该水平通道的粗调/细调切换。POSITION 旋钮控制信号的水平位置，转动时波形将跟随旋钮转动而水平移动；按 MENU 按键显示 TIME 菜单。

触发控制区(TRIGGER)：按 LEVEL 旋钮改变触发电平设置，触发线随旋钮转动而上下移动，停止转动旋钮触发线约在 5 s 后消失；使用 MENU 调出触发菜单，改变触发设置；按 50%按钮设定触发电平在触发信号幅值的垂直中点；按 FORCE 按钮强制产生一个触发信号，主要应用于触发方式中的“普通”和“单次”模式。

1. 示波器接入信号

示波器探头接入通道 1(CH1)：将探头上的衰减开关置于×10 挡并与通道 1 连接。

示波器需要根据探头开关位置输入探头衰减系数，此系数改变仪器的垂直挡比例。探头衰减系数的设置方法为：按 CH1 功能键显示通道 1 的操作菜单，选择与使用的探头同比例的衰减系数，如附图 8－7 中操作位置，此时应设定为 10×。

探头接地夹和探头补偿器相连接，按 AUTO 按钮，示波器显示 1 kHz 峰峰值约 3 V的方波信号。

按 OFF 按钮以关闭通道 1，按 CH2 按钮打开通道 2，重复以上步骤检查通道2(CH2)。

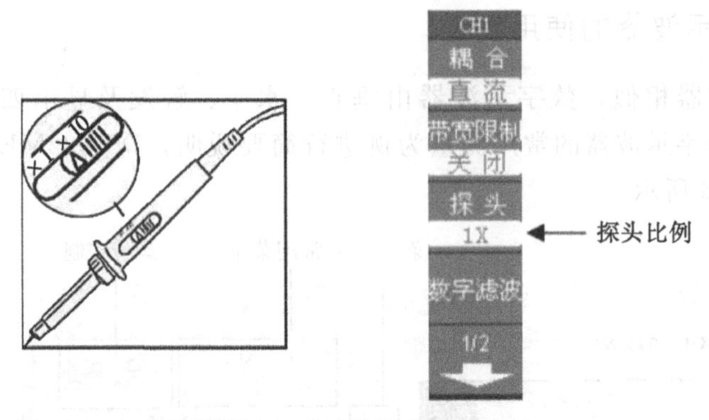

附图 8-7　示波器衰减设置

2. 设置通道耦合

以 CH1 通道为例(见附图 8-8)，被测信号是一含有直流偏置的正弦信号。

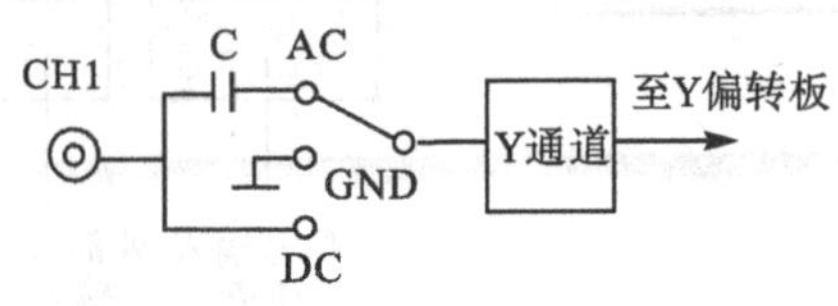

附图 8-8　示波器衰减设置

按 CH1→耦合→直流，设置为直流耦合方式，如附图 8-9 所示，被测信号的直流和交流分量都可以通过。

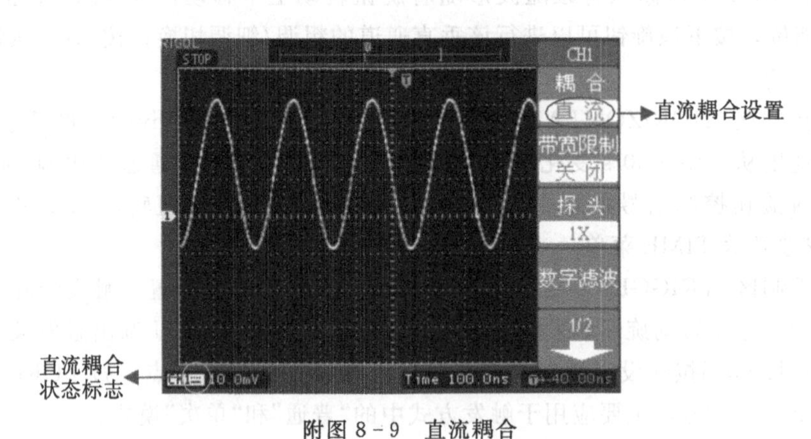

附图 8-9　直流耦合

按 CH1→耦合→交流，设置为交流耦合方式，如附图 8-10 所示，被测信号含有的直流分量被阻隔，只显示交流信号。

按 CH1→耦合→接地，设置为接地方式，如附图 8-11 所示，被测信号的直流和交流分量都被阻隔。

3. 通道带宽限制

以 CH1 通道为例，被测信号是一含有高频振荡的脉冲信号。

按 CH1→带宽限制→关闭，设置带宽限制为关闭状态，如附图 8-12 所示，被测

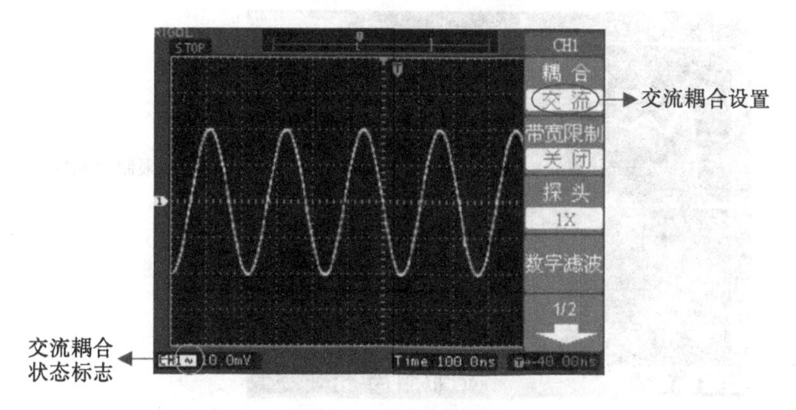

附图 8－10　交流耦合

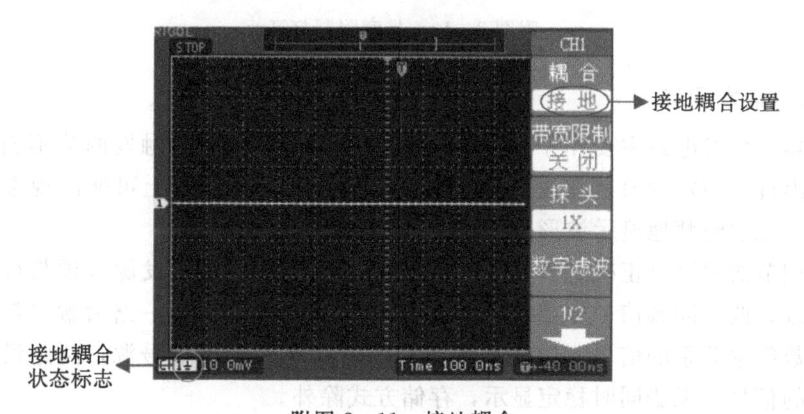

附图 8－11　接地耦合

信号的高频分量可以通过。

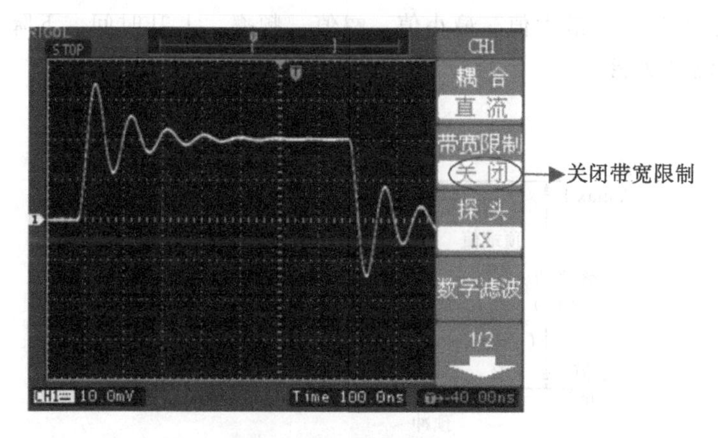

附图 8－12　带宽限制关闭

按 CH1→带宽限制→打开，设置带宽限制为打开状态，如附图 8－13 所示，被测信号中大于 20 MHz 的高频分量被阻隔。

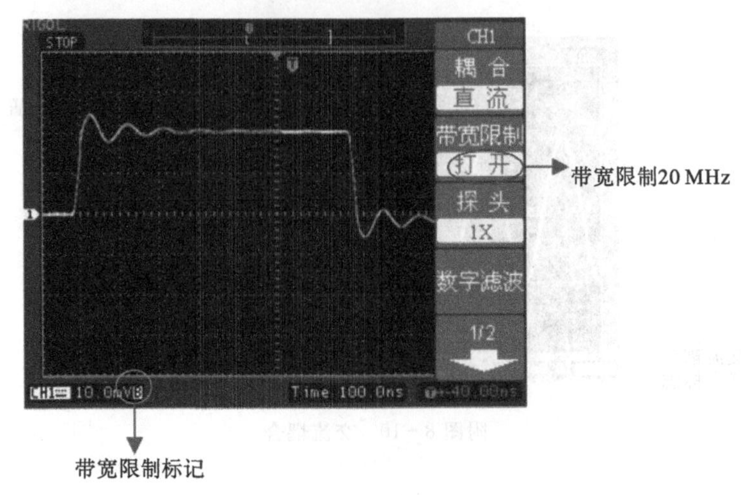

附图 8-13　带宽限制打开

4. 稳定触发调整

示波器的触发电路主要用于帮助所要显示的波形定位。当触发调节不当时，显示的波形将出现不稳定现象，即波形左右移动不能停止，在屏幕上可能出现多个波形交织在一起，无法清楚地显示波形。

触发调节的关键是正确选择触发源信号。单路测试时，触发源必须与被测信号所在通道一致；两个同频信号双路测试时，应选择稳定性较强的一路为触发信号源；两个有整倍数频率关系的信号，应选择频率低的一路作为触发信号源；两路没有整倍数频率关系的信号，无法同时稳定显示，存储方式除外。

5. 自动测量

按 MEASURE 自动测量功能键，显示自动测量操作菜单，如附图 8-14 及附图 8-18 所示，包括峰峰值、最大值、最小值、幅值、频率、上升时间、下降时间、占空比等 20 种自动测量功能。

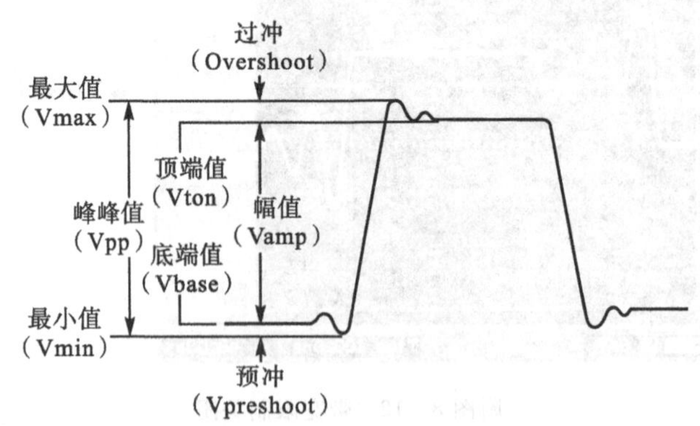

附图 8-14　电压参数的自动测量

峰峰值：波形最高点至最低点的电压值。

最大/小值：波形最高/低点至地(GND)的电压值。

顶/底端值：波形平顶/底至地(GND)的电压值。

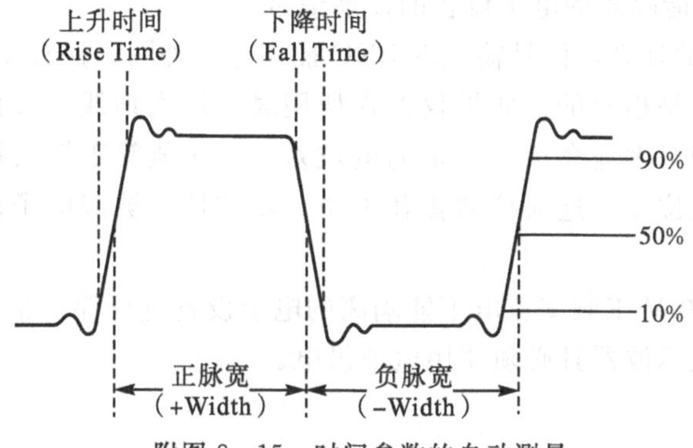

附图 8-15　时间参数的自动测量

幅值：波形顶端至底端的电压值。

过冲：波形最大值与顶端值之差与幅值的比值。

预冲：波形最小值与底端之差与幅值的比值。

上升时间：波形幅度从 10%上升至 90%所经历的时间。

下降时间：波形幅度从 90%下降至 10%所经历的时间。

正/负脉宽：正/负脉冲在 50%幅度时的脉冲宽度。

占空比：脉宽与周期的比值。

6. 数学运算(MATH)功能

数学运算(MATH)功能是显示 CH1、CH2 通道波形相加、相减、相乘、相除以及快速傅里叶变换(fast Fourier transform，FFT)运算的结果。运算波形的幅度可以通过垂直 SCALE 旋钮调整，以百分比形式显示。附图 8-16 显示相加运算功能。

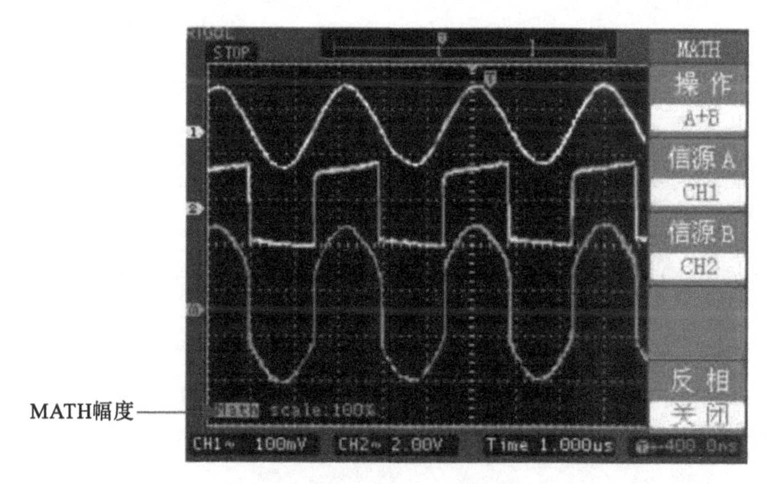

附图 8-16　相加运算

三、数字示波器使用注意事项

(1)被测设备和测量设备均应可靠连接参考地，如不能满足时应隔离良好。

(2)只能测量幅度小于 300V CAT Ⅱ的信号，绝对不能测量 220 V 工频交流电或与

220 V 工频交流电不能隔离的电子设备的浮地信号。

(3)通用示波器的外壳，信号输入端 BNC 插座金属外圈，探头接地线，交流 220 V 电源插座接地线端都是相通的。如果仪器在使用时不接大地线，直接用探头对浮地信号测量，那么仪器相对大地会产生一定的电位差，电压值等于探头接地线接触被测设备点与大地之间的电位差，这对仪器操作人员、示波器、被测电子设备都将带来严重的安全威胁。

(4)如须对与 220 V 工频交流电不能隔离的电子设备进行浮地信号测试时，必须用高压隔离差分探头或示波器且必须使用电池供电。

参考文献

[1]杨国光．近代光学测试技术[M]. 杭州：浙江大学出版社，1997.

[2]朱京平．光电子学基础[M]. 北京：科学出版社，2004.

[3]周炳琨，高以智，陈家骅，等．激光原理[M]. 北京：国防工业出版社，1984.

[4]谢建平，明海．近代光学基础[M]. 合肥：中国科学技术大学出版社，1990.

[5]王文生．干涉测试技术[M]. 北京：兵器工业出版社，1992.

[6]黄植文，黄显玲．激光实验[M]. 北京：北京大学出版社，1996.

[7]孙长库，叶声华．激光测量技术[M]，天津：天津大学出版社，2001.

[8]苏俊宏，田爱玲，杨利红．现代光学测试技术[M]. 北京：科学出版社，2013.

[9]郝晓剑，李仰军．光电探测技术与应用[M]. 北京：国防工业出版社，2009.

[10]王庆有，蓝天，胡颖，等．光电技术[M]. 北京：电子工业出版社，2005.

[11]张广军．光电测试技术[M]. 北京：中国计量出版社，2003.

[12]陈家璧，苏显渝．光学信息技术原理及应用[M]. 北京：高等教育出版社，2002.

[13]何勇，王生泽．光电传感器及其应用[M]. 北京：化学工业出版社，2004.

[14]黎敏，廖延彪．光纤传感器及其应用技术[M]. 武汉：武汉大学出版社，2008.

[15]张乃国．电子测量技术[M]. 北京：人民邮电出版社，1985.

[16]吴国安．光谱仪器设计[M]. 北京：科学出版社，1978.

[17]达飞鹏，盖绍彦．光栅投影三维精密测量[M]. 北京：科学出版社，2011.

[18]刘培森．散斑统计光学基础[M]. 北京：科学出版社，1987.

[19]刘迎春，叶湘滨．传感器原理、设计与应用[M]. 5 版．北京：国防工业出版社，2015.

[20]吴健，严高师．光学原理教程[M]. 北京：国防工业出版社，2007.

[21]顾 M. 共焦显微术的三维成像原理[M]. 王桂英，陈侦，杨莉松，译．北京：新时代出版社，2000.

[22]王驰．激光检测技术及应用[M]. 上海：上海大学出版社 2016.

[23]冯雪红，冯选旗，邱复生，等．激光光束质量 M^2 因子测试及分析[J]. 应用光学，2012，33(增刊)：74－77.

[24]陆璇辉，陈许敏，张蕾．刀口法测量高斯光束光斑尺寸的重新认识[J]. 激光与红外，2002，32(3)：206－208.

[25]李直，赵洋，李达成．用于微位移测量的笔束激光干涉仪[J]，光学技术，2001，27(3).

[26]金锋，姬文越．对光纤 PZT 相位调制器的研究[J]. 光通信技术，1989(1)：84－86.

[27]孔兵，王昭，谭玉山．利用共焦成像原理实现微米级的三维轮廓测量[J]，西安交

通大学学报，2001，35(11)：1151－1154.

[28]唐志列，黄佐华，梁瑞生，等．共焦显微镜的纵向分辨率极限及其判据[J]．量子电子学报，2000，17(3)：199－204.

[29]宋雷，岳晓峰，王乐．多频外差相移三维测量关键技术[J]．长春工业大学学报(自然科学版)，2012，33(4)：391－396.

[30]李中伟．基于数字光栅投影的结构光三维测量技术与系统研究[D]．武汉：华中科技大学，2009.